物联网工程专业核心教材体系建设——建议使用时间

学期	物联网嵌入式开发方向（硬件）	物联网软件工程方向（软件）	物联网应用方向（应用）	物联网安全方向（安全）	移动物联网方向（移动）
四年级上					移动物联网方向（移动）
三年级下	ARM硬件接口开发	中间件技术原理	物联网标准和商业模式	入侵检测与网络防护	云计算与大数据
三年级上	ARM结构及编程	ZigBee/蓝牙编程	近距离无线传输技术	区块链安全	Android 底层开发
二年级下	Linux应用技术	JavaScript脚本语言	无线传感器网络	物联网安全标准	iOS 应用开放技术
二年级上	传感器技术	IoT操作系统	射频识别(RFID)	密码与身份认证	Objective-C 编程
二年级上	嵌入式系统及单片机	Python语言	二维条码形码技术	物联网信息安全	现代密码
一年级下	物联网工程导论	物联网工程导论	物联网工程导论	物联网工程导论	
一年级上					物联网

U0234951

面向新工科专业建设计算机系列教材

物联网系统开发
综合实验教程

郝玉胜◎主编　王维兰　林　强　张国权　满正行◎副主编

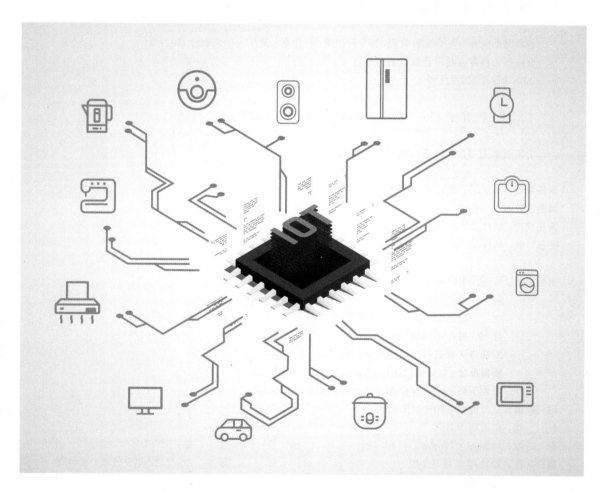

清华大学出版社
北　京

内 容 简 介

本书以介绍物联网系统开发的基础知识为目标,全面介绍物联网系统开发过程中所涉及的元器件基础、电路设计与制作基础、嵌入式系统开发基础以及 Android 应用开发入门等基础知识和基本技能。

全书共分 5 章:第 1 章着重介绍构建嵌入式系统常见的电子元器件以及相关仪器仪表的使用方法;第 2 章介绍电路设计软件 Altium Designer 的应用方法以及电路制作的基本技能;第 3 章阐述嵌入式系统组织、嵌入式系统开发流程以及嵌入式系统发展趋势等内容;第 4 章介绍构建 Android 应用程序的基本方法;第 5 章提供了一个嵌入式系统设计与开发综合案例并给出基于 STM32 的参考方案;第 6 章设计了一个基于智能家居模型的物联网实训项目并给出参考方案。

本书适合作为高等院校物联网工程、计算机专业高年级本科生的实验教材,同时可供对电子电路设计、嵌入式系统开发、物联网系统开发有所了解的开发人员、广大科技工作者和研究人员参考。

图书在版编目(CIP)数据

物联网系统开发综合实验教程/郝玉胜主编. —北京:清华大学出版社,2022.8
面向新工科专业建设计算机系列教材
ISBN 978-7-302-61130-1

Ⅰ.①物…　Ⅱ.①郝…　Ⅲ.①物联网—教材　Ⅳ.①TP393.4 ②TP18

中国版本图书馆 CIP 数据核字(2022)第 111985 号

责任编辑:白立军　常建丽
封面设计:刘　乾
责任校对:胡伟民
责任印制:丛怀宇

出版发行:清华大学出版社
　　　　网　　　址:http://www.tup.com.cn,http://www.wqbook.com
　　　　地　　　址:北京清华大学学研大厦 A 座　　　　　　邮　　编:100084
　　　　社 总 机:010-83470000　　　　　　　　　　　　邮　　购:010-62786544
　　　　投稿与读者服务:010-62776969,c-service@tup.tsinghua.edu.cn
　　　　质量反馈:010-62772015,zhiliang@tup.tsinghua.edu.cn
　　　　课件下载:http://www.tup.com.cn,010-83470236
印 装 者:三河市铭诚印务有限公司
经　　销:全国新华书店
开　　本:185mm×260mm　　印　张:24.75　　插　页:1　　字　　数:620 千字
版　　次:2022 年 9 月第 1 版　　　　　　　　　　　　印　　次:2022 年 9 月第 1 次印刷
定　　价:79.00 元

产品编号:095256-01

出版说明

一、系列教材背景

人类已经进入智能时代,云计算、大数据、物联网、人工智能、机器人、量子计算等是这个时代最重要的技术热点。为了适应和满足时代发展对人才培养的需要,2017 年 2 月以来,教育部积极推进新工科建设,先后形成了"复旦共识""天大行动""北京指南",并发布了《教育部高等教育司关于开展新工科研究与实践的通知》《教育部办公厅关于推荐新工科研究与实践项目的通知》,全力探索形成领跑全球工程教育的中国模式、中国经验,助力高等教育强国建设。新工科有两个内涵:一是新的工科专业;二是传统工科专业的新需求。新工科建设将促进一批新专业的发展,这批新专业有的是依托于现有计算机类专业派生、扩展而成的,有的是多个专业有机整合而成的。由计算机类专业派生、扩展形成的新工科专业有计算机科学与技术、软件工程、网络工程、物联网工程、信息管理与信息系统、数据科学与大数据技术等。由计算机类学科交叉融合形成的新工科专业有网络空间安全、人工智能、机器人工程、数字媒体技术、智能科学与技术等。

在新工科建设的"九个一批"中,明确提出"建设一批体现产业和技术最新发展的新课程""建设一批产业急需的新兴工科专业"。新课程和新专业的持续建设,都需要以适应新工科教育的教材作为支撑。由于各个专业之间的课程相互交叉,但是又不能相互包含,所以在选题方向上,既考虑由计算机类专业派生、扩展形成的新工科专业的选题,又考虑由计算机类专业交叉融合形成的新工科专业的选题,特别是网络空间安全专业、智能科学与技术专业的选题。基于此,清华大学出版社计划出版"面向新工科专业建设计算机系列教材"。

二、教材定位

教材使用对象为"211 工程"高校或同等水平及以上高校计算机类专业及相关专业学生。

三、教材编写原则

(1) 借鉴 *Computer Science Curricula* 2013(以下简称 CS2013)。CS2013 的核心知识领域包括算法与复杂度、体系结构与组织、计算科学、离散结构、图形学与可视化、人机交互、信息保障与安全、信息管理、智能系统、网络与通信、操作系统、基于平台的开发、并行与分布式计算、程序设计语言、软件开发基础、软件工程、系统基础、社会问题与专业实践等内容。

(2) 处理好理论与技能培养的关系,注重理论与实践相结合,加强对学生思维方式的训练和计算思维的培养。计算机专业学生能力的培养特别强调理论学习、计算思维培养和实践训练。本系列教材以"重视理论,加强计算思维培养,突出案例和实践应用"为主要目标。

(3) 为便于教学,在纸质教材的基础上,融合多种形式的教学辅助材料。每本教材可以有主教材、教师用书、习题解答、实验指导等。特别是在数字资源建设方面,可以结合当前出版融合的趋势,做好立体化教材建设,可考虑加上微课、微视频、二维码、MOOC 等扩展资源。

四、教材特点

1. 满足新工科专业建设的需要

系列教材涵盖计算机科学与技术、软件工程、物联网工程、数据科学与大数据技术、网络空间安全、人工智能等专业的课程。

2. 案例体现传统工科专业的新需求

编写时,以案例驱动,任务引导,特别是有一些新应用场景的案例。

3. 循序渐进,内容全面

讲解基础知识和实用案例时,由简单到复杂,循序渐进,系统讲解。

4. 资源丰富,立体化建设

除了教学课件外,还可以提供教学大纲、教学计划、微视频等扩展资源,以方便教学。

五、优先出版

1. 精品课程配套教材

主要包括国家级或省级的精品课程和精品资源共享课的配套教材。

2. 传统优秀改版教材

对于已经出版的、得到市场认可的优秀教材,由于新技术的发展,计划给图书配上新的教学形式、教学资源的改版教材。

3. 前沿技术与热点教材

反映计算机前沿和当前热点的相关教材，例如云计算、大数据、人工智能、物联网、网络空间安全等方面的教材。

六、联系方式

联系人：白立军

联系电话：010-83470179

联系和投稿邮箱：bailj@tup.tsinghua.edu.cn

"面向新工科专业建设计算机系列教材"编委会

2019 年 6 月

FOREWORD

前言

计算技术已然进入"计算无处不在"的后 PC 时代，各种具备计算能力的设备充斥在人类生活的方方面面。物联网技术的快速发展对处于物联网感知源头的嵌入式技术的发展和教学研究提出新的挑战。传统的"感知→信息处理"模型已经向着"感知→传输→智能信息处理"的模型快速发展。单纯地掌握嵌入式开发技术已经难以满足市场对人才的培养需求，在新工科教育背景下必须立足于物联网技术的感知层、网络层和应用层，在实践类课程中着力培养读者应用专业知识分析和解决问题的能力，切实提高动手实践能力。必须强调知识体系的综合性，在关键实践环节上下功夫，确保读者掌握感知层、网络层以及应用层的核心知识和实践技能，全面提高自主学习的能力。

尽管智能物联网技术使得各类异构数据爆炸式地增长，但感知层的技术依旧以嵌入式技术为基础。嵌入式系统强调以应用为中心，以计算技术为基础，软硬件可裁剪，适用应用系统对功能、可靠性、成本、体积以及功耗的严格要求。以嵌入式系统开发技术为基础，逐步扩展系统功能，指导读者在熟悉物联网相关网络协议的前提下设计和开发系统的网络通信功能，解决物物互联的实际问题并构建人机交互 App 以控制感知层的智能设备是物联网实践教学中必须完成的关键任务。由于物联网专业知识涉及电子电路设计、嵌入式系统开发、网络互联、服务器搭建、应用程序开发等众多知识，相关的教材很难兼顾一切细节。因此，必须以"梳理核心知识，掌握核心技能"为基本原则，指导读者获悉每一个知识模块的"大本大源"，在扎实掌握相关核心知识和核心技能的前提下，为以后进一步深入的学习奠定基础。

本书以嵌入式技术为切入点，介绍了物联网系统在感知层、传输层和应用层的重要技术及其应用方法，以提高动手实践能力为主要教学目标，使读者能够较为全面地了解物联网系统设计与开发中涉及的软、硬件方面的相关内容。同时，本书还为读者准备了两个综合性的实践项目，全方位地指导读者在不依赖任何商用硬件平台的情况下完成实践任务，达到综合实训的目的。全书的教学内容如下。

第 1 章　元器件与仪器仪表。阐述物联网感知层嵌入式系统开发技术中常见的电子元器件基础和常规仪器仪表的使用方法,从实践的角度介绍元器件,以具体仪表为样例,使用大量的图示讲解使用方法,便于读者快速入门,掌握核心知识和实践技能。

第 2 章　电路设计与制作基础。以 Altium Designer 软件的应用为目标,着重介绍了电子电路设计的核心知识,使读者能够在短时间内掌握电子电路设计的基本技能,熟悉电子电路制作的基本方法。

第 3 章　嵌入式系统开发基础。讲述嵌入式系统软硬件协同设计的基本理念和基础知识,使读者理解嵌入式系统的软硬件组成、嵌入式软件开发方法、嵌入式系统设计的规范流程以及嵌入式系统的发展趋势。

第 4 章　Android 应用开发入门。讲述 Android 系统平台基础知识、Android 应用程序架构及运行机理、UI 布局基础、后台消息处理机制、Android 移动应用开发步骤以及使用 Android Studio 开发工具快速构建 Android App 的实践技能。

第 5 章　综合实训——电子秤设计与实现。为读者提供了一个嵌入式系统综合实训项目——电子秤设计与实现。项目以 STM32 嵌入式开发为基础,以设计开发一款电子秤为核心任务,全面讲解了系统软硬件设计与实现的过程。

第 6 章　综合实训——物联网智能家居模型设计与实现。为读者提供了一个物联网系统开发综合实训项目—物联网智能家居模型设计与实现。项目涵盖物联网系统设计与开发中感知层、网络层和应用层的核心知识和技能,对于读者掌握物联网技术的全貌具有一定的参考价值。

任何事物都有其发展规律,新工科教学改革亦不例外。在较短的时间内探索行之有效的实验/实践教学改革方案以快速适应市场对人才的需求并非一件一蹴而就的事情。在本书的编写过程中,囿于时间和经验的不足,难免会有错漏、不足之处,敬请读者批评指正。

本书在出版过程中得到了清华大学出版社白立军、杨帆、常建丽编辑的鼎力支持,也得到了西北民族大学计算机科学与民族信息技术一流学科建设项目、甘肃省创新创业试点改革项目(计算机科学与技术专业)、青软创新科技集团股份有限公司教育部产业合作协同育人项目(202102383034,202102383017,202102383049)、国家民委教育教学改革研究项目(数据驱动的学习质量评价改革研究-21024)以及西北民族大学创新创业教学团队项目(编程提高与竞赛算法教学团队)的大力支持,在此一并表示感谢。

郝玉胜

2022 年 4 月于广州

CONTENTS

目录

第1章

元器件与仪器仪表

◆ 1.1 认识元器件

1.1.1 电阻器

电阻器是电路元件中最常见和应用最广泛的元器件之一,在电路设备中占据元器件总数的 30% 以上。电阻器的主要用途在于在电路中调节电路的电流或电压,可以将电阻器当作分流器、分压器以及负载来使用。电阻器的种类多种多样,其质量的优劣对电路性能有着重要的影响。

电阻器的外形多种多样,图 1-1 列举了各种常见的电阻器。

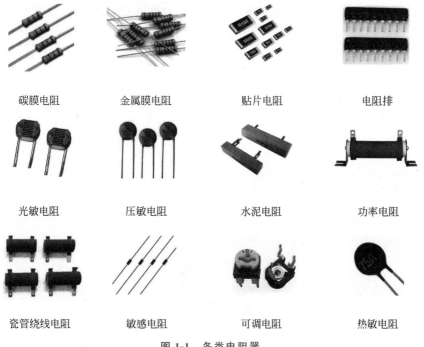

碳膜电阻	金属膜电阻	贴片电阻	电阻排
光敏电阻	压敏电阻	水泥电阻	功率电阻
瓷管绕线电阻	敏感电阻	可调电阻	热敏电阻

图 1-1 各类电阻器

按照不同的分类标准可将电阻器分为多种类型,见表 1-1。

表 1-1　电阻器分类

分 类 方 式	类　　别
按阻值	固定阻值、可调电阻、特种电阻（敏感电阻）
按制造材料	碳膜电阻、绕线电阻、无感电阻、薄膜电阻、金属膜电阻
按安装方式	插件电阻、贴片电阻
按功能	负载电阻、分流电阻、保护电阻、采样电阻

电阻器在电路中一般用字母 R 表示，电阻的单位为欧姆（Ω），在电路分析中，常见的电阻符号见表 1-2。

表 1-2　电阻符号

电阻符号	⊏▭⊐	⧄	↓	⧄
电阻类型	定值电阻	可变电阻	滑动变阻器	可调电阻

1.1.2　电容器

在两块平行的导体板之间置入绝缘材料可制成电容器，电容器是一种临时存储电荷的单元，当在两块导板上施加电压时，电子从电源负极流出汇聚在下极板上，同时也有电子从上极板上溢出进入电池正极。这样一来，上极板将因缺乏电子而出现正电荷 $+Q$，下极板因汇聚了大量电子出现负电荷 $-Q$，从而使得上、下极板间产生电场。当极板间电压与电池电压相等时，系统达到平衡。当电容器脱离电源后，因为极板间材质的绝缘特性并不理想，会出现"漏电流"现象，使电容器在几秒内甚至几小时内完全放电。电容器的工作原理如图 1-2 所示。

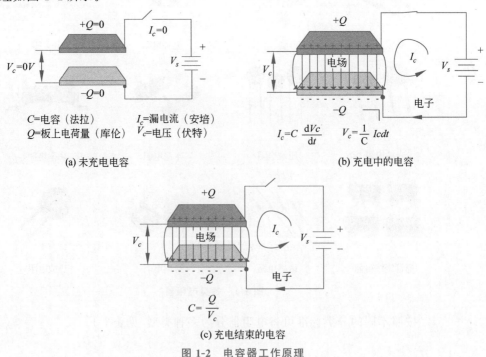

(a) 未充电电容

$C=$电容（法拉）　$I_c=$漏电流（安培）
$Q=$板上电荷量（库伦）　$V_c=$电压（伏特）

(b) 充电中的电容

$$I_c=C\frac{\mathrm{d}V_c}{\mathrm{d}t} \qquad V_c=\frac{1}{C}\int I_c \mathrm{d}t$$

(c) 充电结束的电容

$$C=\frac{Q}{V_c}$$

图 1-2　电容器工作原理

电容器极板上的电荷量与板间电压之间的比值称为电容,用符号 C 表示,即

$$C = \frac{Q}{V}$$

式中 C 总为正值,单位为法拉,简写为 F,1 法拉等于 1 库伦/伏特(C/V),即

$$1F = 1C/1V$$

在生产电子产品时购买的电容,其电容值往往不是以法拉为单位的,而是介于 $1pF(1 \times 10^{-12}F) \sim 1000 \mu F(1 \times 10^{-6}F)$。电容前两位数字的典型值有:10,12,15,18,22,27,33,39,47,56,68,82,100 等,如 $100 \mu F$、$27pF$。

市面上常见的电容器及其在电路中常用的符号如图 1-3 所示。

图 1-3 电容器及其符号

1.1.3 电感器

电感是导线内通过交流电流时,在导线内部周围产生交变磁通,导线的磁通量与生产此磁通的电流之比。当线圈中通过直流电流时,其周围只呈现固定的磁感线;当在线圈中通过交流电流时,其周围将出现随时间变化的磁感线。根据法拉第电磁感应定律,变化的

磁感线会在线圈两端产生感应电动势,感应电动势在闭合回路中产生感应电流。根据楞次定律,感应电流产生的磁感线总量会阻止磁感线的变化。因此,电感线圈具有阻止交流电路中电流变化的特性。与电阻和电容不同,电感反映的是电流和电压的变化,而电流和电压变化是由于自由电子受力的作用引起磁场变化的结果,变化的磁场通常集中在各个电感中。电感效应只有在外加电压或电流随时间增大或减小的变化过程中才会产生。

电感器(电感线圈)和变压器绕组一样,都是采用绝缘导线(纱包线、漆包线)绕制而成的电磁感应元件,也是电子电路中常见的元器件之一。电感器在外形上最显著的特征是具有"环状"结构,如螺线管、环形螺线管以及螺旋形导线等。常见的电感器有空心电感线圈、铁芯电感线圈、磁心电感线圈、可变电感线圈等,如图 1-4 所示。

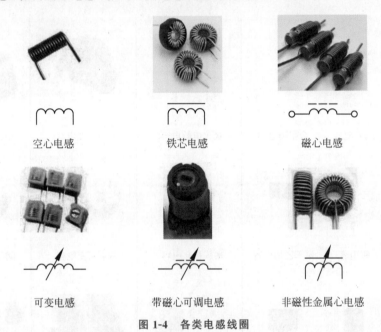

空心电感　　　　　　　　铁芯电感　　　　　　　　磁心电感

可变电感　　　　　带磁心可调电感　　　　非磁性金属心电感

图 1-4　各类电感线圈

在电子电路中,电感线圈的主要作用是对交流信号进行隔离、滤波或与电容器、电阻器等组成谐振电路。在电路图中,电感线圈用字母 L 表示,电感量的基本单位是亨利(H),1H 等于电流变化率为 1A/s 时 1V 感应电压,即

$$1H = \frac{1V}{1A/s}$$

电路制作中,电阻和电容常常采用制作商提供的商用产品,但自制电感线圈却是很多工程师常见的做法。制造商提供的商用电感有如表 1-3 所示的特性。

表 1-3　商用电感特性

磁心类型	最小电感	最大电感	是否可调	是否大电流	限定频率
空心,自激	20nH	1mH	是	是	1GHz
空心,一般	20nH	100mH	否	是	500MHz

续表

磁心类型	最小电感	最大电感	是否可调	是否大电流	限定频率
密绕线圈	100nH	1mH	是	否	500MHz
铁氧环心磁头	10mH	20mH	否	否	500MHz
RM 铁氧体磁心	20mH	0.3H	是	否	1MHz
EC/ETD 铁氧体磁心	50mH	1H	否	是	1MHz
铁心	1H	50H	否	是	10kHz

1.1.4 二极管

二极管是二端半导体器件,其作用相当于一个单向阀,当二极管的阳极相对其阴极的电压为正时,二极管导通,允许电流通过;当二极管阳极相对其阴极的电压为负时,二极管截止,不允许电流通过。二极管在电子电路中的应用十分广泛,常见的二极管及其符号表示如图 1-5 所示。

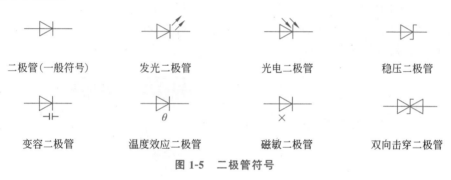

| 二极管(一般符号) | 发光二极管 | 光电二极管 | 稳压二极管 |
| 变容二极管 | 温度效应二极管 | 磁敏二极管 | 双向击穿二极管 |

图 1-5 二极管符号

可从多个角度将二极管进行分类,见表 1-4 所示。

表 1-4 二极管分类

分类标准	二极管
按功能	开关二极管、整流二极管、稳压二极管、检波二极管
按半导体材质	锗二极管(Ge 管)、硅二极管(Si 管)
按管心结构	点接触型二极管、面接触型二极管、平面型二极管

下面介绍几种在电子电路中常见的二极管。

1. 发光二极管

发光二极管(LED)是电子电路中使用最多的元器件,一般用作指示灯。当然,也有能够发出不可见红外线的红外二极管。当发光二极管的正极引脚(长脚)电压比负极引脚电压高(至少 0.6V)时,电流通过发光二极管,使二极管发光。

LED 一般有可见光 LED、红外 LED、闪烁 LED、三色 LED 以及 LED 数码管等,电子电路中常见的 LED 如图 1-6 所示。

LED   红外LED   三色LED   全彩贴片LED   闪烁LED

图 1-6　各类发光二极管

2. 稳压二极管

稳压二极管相当于一个双向的电流闸门,其正向与一个标准的二极管类似,只需要一个较小的电压(约 0.6V)就可以导通,但其反向时,则难以导通,需要一个等于二极管击穿电压 V_z 的电压。不同类型的稳压二极管,其击穿电压并不相同,范围一般是 1.8～200V。

在实际电路中,常常将稳压二极管和一个电阻串联起来工作在反偏方向下,从而起到稳定电压,防止电源电压或负载电流的改变使提供给负载的电压发生变化。电子电路中常见的稳压二极管如图 1-7 所示。

玻璃稳压二极管   贴片稳压二极管

图 1-7　稳压二极管

3. 整流二极管

整流二极管是一种用于将交流电能转化为直流电能的半导体器件。它通常包含一个 PN 结,当外加电压使 P 区相对于 N 区为正电压时,电流通过二极管,但会产生小幅的压降(Ge 管压降一般为 0.2V,肖特基二极管一般为 0.4V),称为正向导通状态;当施加反向电压时,整流二极管能够承受较高的反向电压,也只有很小的电流通过(反向漏电流),称为反向截止状态。整流二极管具有十分明显的单向导通性质,一般采用 Ge 和 Si 材料来制作,反向漏电流极小,高温性能良好。

使用整流二极管时,需要重点关注二极管的如下几个参数:反向峰值电压 PIV 和电流的额定值 $I_{O(max)}$。拟被二极管阻断的反向电压应该低于 PIV,通过二极管的最大电流必须要小于 $I_{O(max)}$。电子电路中常见的整流二极管如图 1-8 所示。

直插式整流二极管　　　贴片肖特基整流二极管　　　螺栓型整流二极管　　　　整流桥

图 1-8　整流二极管

4. 光电二极管

光电二极管也是一个 PN 结,它由一片很薄的 N 型半导体和很厚的 P 型半导体结合在一起组成(N 型半导体一侧有大量的电子,P 型半导体一侧有大量的空穴)。光电二极管以 N 侧为负极,以 P 侧为正极,当用光照射二极管时,许多光子通过 N 型半导体进入 P 型半导体,进入 P 区的光子与原来被束缚在 P 区的电子发生碰撞,导致一些束缚电子脱离 P 区后进入 N 区。结果,在 N 区产生额外的电子,P 区产生额外的空穴,PN 结内部形成电位差。此时,在 N 侧和 P 侧连接闭环导线,就会形成电流。显然,光电二极管的作用是将光能转化成电能,相关研究已经证明输入的光照强度和输出的电流呈线性关系。图 1-9 给出几种光电二极管实物。

图 1-9　光电二极管

5. 肖特基二极管

肖特基二极管并不是普通的 PN 结,而是基于金属与半导体接触形成的金属-半导体结原理制作而成,属于热载流子二极管。肖特基二极管以贵金属为正极,以 N 型半导体为负极,具有正向压降低、功耗低等优点,但其反向击穿电压较低,大多数在 60～100V。尽管如此,肖特基二极管在高频电路整流中仍然有着广泛的应用。图 1-10 给出几种肖特基二极管。

图 1-10　肖特基二极管

1.1.5　晶体管

晶体管属于半导体器件,其用途一般是作为电控开关或者放大器。晶体管控制电路类似于通过水龙头控制水流,利用施加在晶体管上的一个小电压或小电流可以控制通过晶体管另外两端的大电流。

晶体管在开关电路、电源电路、放大器电路、数字逻辑电路、稳压器电路、振荡器电路、电流源电路等诸多电子电路中有着广泛的应用。几乎所有的晶体管应用场景都是以小信号控制大信号。

晶体管包括两大系列:双极型晶体管和场效应晶体管(FET)。双极型晶体管在控制端需要输入(或输出)基极电流,而场效应管只需要电压,几乎没有电流,因为场效应管的输入阻抗一般都很高(大于 $10^{14}\Omega$)。由于场效应管生产成本低,体积微小,因而在实际应用中更受欢迎。

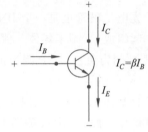

如图 1-11 所示,以 NPN 型双极型晶体管为基本模型,当基极电流 I_B 有一个微小变化时,受基极电流 I_B 控制,集电极电流 I_C 会有一个很大的变化,基极电流 I_B 越大,集电极电流 I_C 也越大;基极电流 I_B 越小,集电极电流 I_C 也越小。因此,通过控制基极电流 I_B 可达到控制

图 1-11　NPN 型双极型晶体管

集电极电流 I_C 的目的,这就是晶体管的放大作用,I_C 与 I_B 之间的关系可用晶体管的放大倍数 $\beta = \Delta I_C / \Delta I_B$ 来表示,其中 Δ 表示变化量,晶体管的放大倍数 β 一般介于 $10 \sim 500$。电子电路中常见的晶体管实物如图 1-12 所示。

图 1-12　晶体管

1.1.6　传感器

传感器已经广泛应用于人类生活的各个方面,作为相关专业的从业人员,有必要了解各类传感器的基本原理及其使用方法。通俗地讲,传感器是一种能把物理量或化学量转变成便于利用的电信号的器件,通常由敏感元件和转换元件组成。国际电工委员会(IEC)将传感器定义为:"传感器是测量系统中的一种前置部件,它将输入变量转换成可供测量的信号。"

1. 温敏传感器

温敏传感器是将温度转换为电信号的器件,基本上分为接触式与非接触式两大类。接触式温敏传感器在测量时与被测物体充分接触才可以准确获取温度信息,此类传感器在测温时最大的缺点在于当传感器接触被测物体时,如果被测物体的温度因为传感器的接触而显著降低,就会导致测温不准确。非接触式测温方式通过测量被测物体的热辐射,可以实现对温度的"远程"测量,应用范围十分广泛,但该类测温设备的价格往往较高。图 1-13 列举了电子电路中常见的温度传感器。

图 1-13　常见的温度传感器

2. 气敏传感器

气敏传感器是将待测气体浓度和成分转换为相应电信号的传感器,在安全和环保领域有着广泛的应用。气敏传感器需要暴露在待测气体中使用,工作现场可能存在油污、粉尘等,工作条件较为恶劣,加之气敏传感元件在测量过程中可能依赖化学反应,反应产物附着在元器件表面,也会导致传感器性能降低。因此,工业中对气敏传感器有一些使用要求,如适用于一定的气体浓度范围、能长期稳定工作、重复性好、响应速度、共存物影响小等特点。图 1-14 中给出了几种常见的气敏传感器。

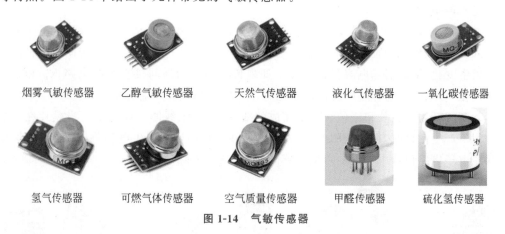

| 烟雾气敏传感器 | 乙醇气敏传感器 | 天然气传感器 | 液化气传感器 | 一氧化碳传感器 |

| 氢气传感器 | 可燃气体传感器 | 空气质量传感器 | 甲醛传感器 | 硫化氢传感器 |

图 1-14　气敏传感器

3. 光敏传感器

光敏传感器是利用光敏元件将光信号转换为电信号的传感器,它的敏感波长在可见光波长附近,包括红外线波长和紫外线波长。光敏传感器不只局限于对光的探测,它还可以作为探测元件组成其他传感器,对许多非电量进行检测,只要将这些非电量转换为光信号的变化即可。光敏传感器是目前产量最多、应用最广的传感器之一,它在自动控制和非电量电测技术中占有非常重要的地位。光敏传感器种类很多,包括红外线传感器、紫外线传感器、CCD 和 CMOS 图像传感器等,常见的光敏传感器如图 1-15 所示。

红外线传感器　　　紫外线传感器　　　光照强度传感器　　　CCD镜头　　　CMOS镜头

图 1-15　光敏传感器

4. 声敏传感器

声敏传感器是将声音振动转换为电信号的器件,在实际的电子电路中,声敏器件有基于各种原理制作而成的,大致可以分为电阻变换型声敏传感器、压电声敏传感器、电容式声敏传感器以及动圈式声敏传感器。

电阻变换型声敏传感器利用电阻丝应变片或者半导体应变片粘贴在膜片上构成,当声压作用在膜片上时,膜片产生形变,使应变片的阻抗发生变化,检测电路将这种变化转换成电压信号输出,从而实现声音到电信号的转换。

压电式声敏传感器的工作原理是:当声压作用在膜片上使其振动时,膜片带动压电晶体产生机械振动,使压电晶体在机械应力的作用下产生随声压大小变化而变化的电压,从而完成声-电转换。

电容式声敏传感器由膜片、护盖和固定电极构成,膜片一般是一块弹性极好的金属薄片,与固定电极构成间距很小的电容。当膜片在声压作用下振动时,膜片与固定电极间的距离发生变化,从而引起电容量的变化。如果传感器的两极间接有负载电路 R_L 和直流电流极化电压 E,在电容随声波振动变化时,R_L 的两端就会产生交变电压。

动圈式话筒由膜片和漆包线绕制而成的线圈组成,该线圈也叫音圈。当膜片在声压的作用下产生振动时,带动音圈产生振动,音圈在磁场中运动产生电动势,从而完成声-电转换。电子电路设计中常见的声敏传感器如图 1-16 所示。

声音传感器　　　电容式驻极体话筒　　　动圈式咪头　　　贴片式咪头　　　MEMS麦克风咪头

图 1-16　声敏传感器

5. 压力传感器

压力传感器是将外界压力按照一定规律转换成电信号的器件或装置,通常有压力敏感器件和信号处理单元组成。压力传感器在工业实践中广泛应用,涉及工业控制、铁路交通、水利水电、航空航天、石油化工、矿产勘探、电力、管道运维、医疗器械等诸多领域。根据压-电转换基本原理,可将压力传感器分为应变式、压阻式、电容式、压电式、振频式、光电式、超声波压力传感器等。电子电路设计中常见的压力传感器如图 1-17 所示。

柱形压力传感器　　薄膜压力传感器　　　称重压力传感器　　　轮辐式压力传感器　　通用压力传感器

图 1-17　压力传感器

6. 磁敏传感器

磁敏传感器是将各种磁场及其变化量转换为电信号输出的器件或装置。磁敏传感器已经成为信息产业中不可或缺的基础元器件。目前,已经出现的磁敏传感器主要有霍尔效应传感器、半导体磁电阻器、磁敏二极管、载流子畴磁强计、Z-元件以及以这些器件为基础的磁-电转换装置。

以霍尔传感器为例,霍尔效应在 1879 年被霍尔发现,他定义了磁场和感应电压之间的关系,这种感应与传统的感应方式完全不同。将导体置于磁场当中,当电流通过导体时,磁场会对导体中的电子产生一个垂直于电子运动方向的作用力,从而在导体两端产生电压差。当控制电流的方向或磁场方向改变时,输出电势的方向也将改变。同时,霍尔电势的大小正比于控制电流和磁感应强度。电子电路设计中常用的磁敏传感器实物如图 1-18 所示。

线性霍尔传感器　　磁敏角度传感器　　　霍尔开关　　　磁敏三极管　　　磁敏电流传感器

图 1-18　磁敏传感器

7. 生物传感器

生物传感器是一种对生物物质敏感并将其浓度转换为电信号的仪器,其基本结构包括一种或几种相关生物活性材料、将生物信号转换为电信号的物理或化学换能器以及信号放大电路。生物传感器具有选择性好、灵敏度高、成本低、高度自动化、微型化与集成化等特点，在很多领域广泛应用。图 1-19 给出了几种生物传感器。

表面离子共振生物传感器

心电传感器

指纹传感器

生物计量传感器

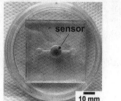
器官芯片含氧量检测传感器

血液纳米传感器

塑料汗液传感器

"纹身"电路传感器

图 1-19　生物传感器

1.1.7　显示设备

物联网系统开发过程中的底层感知设备往往是一个嵌入式系统，大多数的嵌入式系统无须显示设备也可正常工作，也有一些应用需要系统提供一般的显示设备，电子电路设计中常见的显示设备有数码管、点阵以及液晶显示屏。

1. 数码管

数码管按照其显示段数可分为 7 段数码管和 8 段数码管，后者较前者多一个发光二极管（小数点）。按照数码管能够显示多少位数据，可将数码管分为 1 位、2 位、3 位、4 位。按照数码管在电路中的连接方式可将数码管分为共阳极数码管和共阴极数码管。共阳极数码管指的是构成数码管的每一个发光二极管的阳极都接到统一的公共阳极（＋5V），当某一字段的发光二极管阴极为低电平时，该字段点亮。当某一字段的发光二极管阴极为高电平时，该字段不亮。图 1-20 为数码管原理图以及实物图。

2. 点阵显示器

点阵显示器是由可亮可暗的许多小单元（灯或其他结构，只要在色彩上有所区别即可）排成阵列（一般为矩形，其他形状也有但并不常见）来显示文字或图形内容的显示装置。点阵显示器可用于显示运行状态、速度、常规公告等无须较高分辨率要求的文字或图形。对点阵显示器的控制往往需要点阵控制电路（控制器），点阵控制器按照所需要显示的内容开启或关闭特定的显示单元，达到显示信息的目的。市面上常见的点阵显示单元

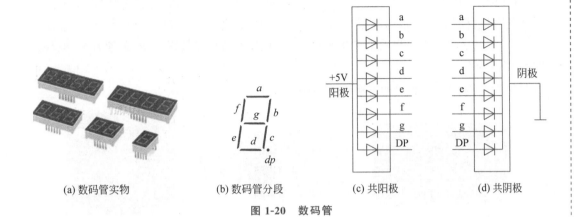

(a) 数码管实物　　　　(b) 数码管分段　　　　(c) 共阳极　　　　(d) 共阴极

图 1-20　数码管

有多种分辨率规格,如 128×16(两行)、128×32(四行)以及 128×64(八行)等。图 1-21 给出了两种常见的点阵显示器。

图 1-21　点阵显示器

3. 液晶显示屏

液晶显示器(Liquid Crystal Display,LCD)是一种借助于薄膜晶体管显示画面的显示器,它主要以电流刺激液晶分子产生点、线、面配合背部灯管构成画面,IPS、TFT、SLCD 都属于 LCD 的子类。其工作原理是,在电场的作用下,利用液晶分子的排列方向发生变化,使外光源透光率改变(调制),完成电-光转换,再利用 R、G、B 三基色信号的不同激励,通过红、绿、蓝三基色滤光膜,完成时域和空间域的彩色重显。液晶显示器常见的类型有 TFT 型 LCD、IPS 屏、S-LCD 以及 OLED 液晶屏。

TFT 型 LCD:又称为"真彩"屏,属于有源矩阵液晶显示器,主要由玻璃基板、栅极、漏极、源极、半导体活性层(a-Si)等组成。每个像素都可以通过点脉冲控制两片玻璃基板之间的液晶,即通过有源开关来实现对各个像素"点对点"的独立精确控制。因此,像素的每一个节点都是相对独立的,并且可以进行连续控制。

IPS 屏:IPS 屏幕(In-Plane Switching,平面转换)是日立公司于 2001 年推出的液晶面板技术,俗称 Super TFT。IPS 硬屏创新性的水平转换分子排列,改变了 VA 软屏垂直的分子排列,因此具有更加坚固稳定的液晶结构和清晰超稳的动态显示效果。

S-LCD:S-LCD 面板就是 PVA 面板,三星主推的 PVA 模式广视角技术采用透明的 ITO 电极层,因此其更高的开口率可获得优于 MVA 的亮度输出;PVA 技术还具有 500∶1 的高对比能力以及高达 70% 的原色显示能力。

OLED：OLED 显示技术不同于传统的液晶显示方式，它不需要背光灯，而是采用非常薄的有机材料涂层和玻璃基板，当有电流通过时，这些有机材料就会发光，所以它的视角很大，从各个方面都可以看清楚屏幕内容，并且显示器可以做得很薄，节能省电，被誉为"梦幻显示器"。

图 1-22 给出了几种液晶显示器实物图。

图 1-22　液晶显示器

1.1.8　频率元器件

输入与输出具有频率标识的元器件称为频率元器件，在电子电路设计中常见的频率元器件有分频器、振荡器、滤波器以及谐振器等。

1. 分频器

分频器(Frequency Divider)是产生振荡频率为其输入频率整约数的非线性器件。例如，音响内的模拟分频器将输入的模拟音频信号分离成高音、中音、低音等不同部分，然后分别送入相应的高、中、低音喇叭单元中重放，使得各个频段的声音都能被完整地重放出来。图 1-23 给出了一个分频器的实物图和原理图。

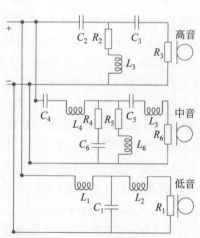

(a) 分频器实物图　　　　　　　　(b) 分频器原理图

图 1-23　分频器

2. 晶体振荡器

石英晶体振荡器也叫石英晶体谐振器,它利用电信号频率等于石英晶片固有频率时晶片因压电效应而产生谐振现象的原理制成,是晶体振荡器和窄带滤波器的关键元件。石英晶体振荡器外形各异、尺寸和频率不尽相同,但结构原理是基本相同的,为了提高石英晶体工作的稳定可靠性,石英谐振器外壳构件经过密封处理(金属、玻璃或陶瓷外壳),并抽成真空或充入氮气。图 1-24 为常见的晶体振荡器。

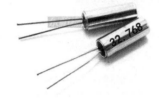

图 1-24　晶体振荡器

3. 滤波器

滤波器可以对信号中特定频率的频点或除该频点以外的频率进行有效滤除,得到一个特定频率的信号,或消除一个特定频率后的信号。滤波器属于典型的选频装置,可以使信号中特定的频率成分通过,而极大地衰减其他频率成分。滤波是信号处理中的一个重要概念,在直流稳压电源中滤波电路的作用是尽可能减小直流电压中的交流成分,保留其直流成分,使输出波形变得比较平滑。图 1-25 是常见的滤波器。

图 1-25　滤波器

4. 谐振器

谐振又称“共振”,即振荡系统在周期性外力作用下,当外力作用频率与系统固有振荡频率相同或很接近时,振幅急剧增大的现象,产生谐振时的频率称“谐振频率”。在电子电路中,振荡电路也存在共振现象。电感与电容串联电路发生谐振称“串联谐振”或“电压谐振”;两者并联电路发生谐振称“并联谐振”或“电流谐振”。谐振器就是利用谐振电路产生谐振频率的元器件,常用的有石英晶体谐振器和陶瓷谐振器,在各类电子产品中被广泛应用。图 1-26 展示了几种常见的谐振器。

直插式陶瓷谐振器

贴片晶体谐振器

无源贴片晶振

图 1-26 谐振器

1.1.9 集成电路

集成电路(Integrated Circuit,IC)是一种微型电子器件或部件,它采用一定的工艺,把一个电路中所需的晶体管、电阻、电容和电感等元件及布线互连在一起,制作在一小块或几小块半导体晶片或介质基片上,然后封装在一个管壳内,成为具有所需电路功能的微型结构,其中所有元件在结构上已组成一个整体,使电子元件向着微小型化、低功耗、智能化和高可靠性方面迈进一大步。集成电路已经在各行各业中发挥着非常重要的作用,构成现代信息社会的基石。

集成电路可以分为模拟型、数字型和数模混合型。模拟型集成电路的基本电路包括电流源、单级放大器、滤波器、反馈电路等,由它们组成的高一层次的基本电路为运算放大器、比较器,更高一层的电路有开关电容电路、锁相环、ADC/DAC 等。根据输出与输入信号之间的响应关系,又可以将模拟型集成电路分为线性集成电路和非线性集成电路两大类。数字型集成电路是基于数字逻辑(布尔代数)设计和运行的,用于处理数字信号的集成电路。根据集成电路的定义,也可以将数字型集成电路定义为:将元器件和连线集成于同一半导体芯片上而制成的数字逻辑电路或系统。根据数字型集成电路中包含的门电路或元器件数量,可将数字型集成电路分为小规模集成电路、中规模集成电路、大规模集成电路、超大规模集成电路、特大规模集成电路和巨大规模集成电路。数模混合型集成电路在一小块介质基片上同时集成有模拟电路和数字电路两个部分,同时兼有二者的特点。集成电路芯片多种多样,功能迥异,但就其封装形式而言,大致具有如下几类。

DIP 封装:双列直插式封装(Dual In-line Package,DIP),是一种集成电路的封装方式,集成电路的外形为长方形,在其两侧则有两排平行的金属引脚,称为排针。DIP 封装的元件可以焊接在印制电路板电镀的贯穿孔中,或是插入在 DIP 插座(socket)上。常用的 DIP 封装符合 JEDEC 标准,两个引脚之间的间距(脚距)为 0.1 英寸(2.54mm)。两排引脚之间的距离则依引脚数而定,最常见的是 0.3 英寸(7.62mm)或 0.6 英寸(15.24mm),其他较少见的距离有 0.4 英寸(10.16mm)或 0.9 英寸(22.86mm),也有一些包装是脚距 0.07 英寸(1.778mm),行间距则为 0.3 英寸、0.6 英寸或 0.75 英寸。图 1-27 为一款 DIP 封装的单片机芯片。

QFP 封装:方型扁平式封装技术(Quad Flat Package),该技术实现的 CPU 芯片引脚之间距离很小,引脚很细,一般大规模或超大规模集成电路采用这种封装形式,其引脚数一般都在 100 以上。该技术封装 CPU 时操作方便,可靠性高;而且其封装外形尺寸较小,寄生参数减小,适合高频应用。QFP 封装技术为四侧引脚扁平封装,是表面贴装型封装之一,引脚从四个侧面引出呈海鸥翼形。基材有陶瓷、金属和塑料 3 种。从数量上看,塑料封装占绝大部分。当没有特别表示材料时,多数情况为塑料 QFP。塑料 QFP 是最普及的多引脚 LSI 封装,不仅用于微处理器,门阵列等数字逻辑电路,而且也用于信号处理、音响信号处理等模拟电路。引脚中心距有 1.0mm、0.8mm、0.65mm、0.5mm、0.4mm、0.3mm 等多种规格。图 1-28 展示了 QFP 封装的 CPU 芯片。

图 1-27　DIP 封装单片机

图 1-28　基于 QFP 封装的 STM32 芯片

　　BGA 封装:球栅阵列封装(Ball Grid Array Package,BGA),该种封装技术的 I/O 端子以圆形或柱状焊点按阵列形式分布在封装下面,其特点是 I/O 引脚数虽然增加,但引脚间距并没有减小反而增加,从而提高组装成品率。采用 BGA 技术封装的内存,可以使内存在体积不变的情况下内存容量提高 2～3 倍,体积更小,散热性能更好。图 1-29 展示了采用 BGA 封装技术封装的 ARM 芯片。

图 1-29　基于 BGA 封装的 ARM 芯片

◆ 1.2　仪器、仪表使用

1.2.1　数字万用表

　　数字万用表是一种多用途电子测量仪器,其主要功能是对电压、电阻和电流等物理量进行测量,一般包含安培计、电压表、欧姆计等功能,有时也称为万用计、多用计、多用电表或三用电表。作为现代化多用途的电子测量仪器,数字万用表的使用是电子电气类专业的工程师所必须掌握的技能。

数字万用表主要有液晶显示面板、模拟(A)/数字(D)转换挡、电子计数器、转换开关等组成。如图 1-30 所示,其基本的测量过程为:先将被测模拟量经由 A/D 转换模块转换成数字量,然后通过电子计数器,最后将测量结果以数字形式显示在液晶面板上。

模拟量 → A/D转换器 → 数字量 → 电子计数器 → 液晶面板

图 1-30　万用表测量过程

本节面向初学者,以市面上常见的胜利 VC9808+数字万用表为例,详细介绍其基本用法。VC9808+系列数字万用表是一种性能稳定、用电池驱动的可靠性数字万用表,仪表采用 42mm 字高 LCD 显示器,约 15s 延时背光及过载保护功能。仪表可用来测量直流电压和交流电压、直流电流和交流电流、电阻、电容、电感、二极管、三极管、通断测试及频率等参数。整机以双积分 A/D 转换为核心,性能优越,是技术人员、电子爱好者的理想工具。

1. 技术特性

1) 性能

注:▲表示仪表有此功能,见表 1-5。

表 1-5　VC9808+功能列表

功　能	型号 VC9808+	功　能	型号 VC9808+
直流电压 DCV	▲	电感 L	▲
交流电压 ACV	▲	三极管 hFE	▲
直流电流 DCA	▲	电容 C	▲
交流电流 ACA	▲	频率 f	▲
电阻/二极管/通断	▲	温度℃/℉	▲
自动断电	▲	背光显示	▲
单位符号显示	▲	真有效值测量	▲

2) 技术指标

注:* 表示仪表无此量程。

准确度:±(读数的 a%+最低有效位),保证准确度环境温度:(23±5)℃,相对湿度<75%。

(1) 直流电压(DCV),见表 1-6。

表 1-6 直流电压指标

量程	准 确 度		分辨力
	VC9808＋		
200mV	±(0.5％＋3)		0.1mV
2V			0.001V
20V			0.01V
200V			0.1V
1000V	±(0.8％＋10)		1V

输入阻抗：10MΩ。

过载保护：200mV 量程为 250V 直流或 750V 交流峰值；其余为 1000V 直流或 750V 交流峰值。

（2）交流电压真有效值（ACV），见表 1-7。

表 1-7 交流电压技术指标

量程	准 确 度		分辨力
	VC9808＋		
200mV	±(0.8％＋5)		0.1mV
2V			1mV
20V			10mV
200V			100mV
750V	±(1.2％＋10)		1V

输入阻抗：10MΩ。

频率响应：标准正弦波及三角波频率响为 40～1000Hz；其他波形频率响为 40～200Hz。

（3）直流电流（DCA），见表 1-8。

表 1-8 直流电流技术指标

量程	准 确 度		分辨力
	VC9808＋		
200μA	±(0.8％＋10)		0.1μA
2mA			0.001mA
20mA			0.01mA
200mA			0.1mA
20A	±(2.0％＋5)		0.01A

最大测量压降：200mV；最大输入电流：20A（不超过 10s）。

过载保护：0.2A/250V 保险丝，20A/250V 陶瓷速熔保险丝。

（4）交流电流（ACA），见表 1-9。

表 1-9　交流电流技术指标

量程	准确度	
	VC9808＋	分辨力
200μA		0.1μA
2mA	±(0.8％＋10)	0.001mA
20mA		0.01mA
200mA		0.1mA
20A	±(2.0％＋5)	0.01A

最大测量压降：200mV；最大输入电流：20A（不超过 10s）。

过载保护：0.2A/250V 保险丝，20A/250V 陶瓷速熔保险丝。

频率响应：标准正弦波及三角波频率响为 40～1000Hz；其他波形频率响为 40～200Hz。

显示：真有效值。

（5）电阻（Ω），见表 1-10。

表 1-10　电阻技术指标

量程	准确度	
	VC9808＋	分辨力
200Ω	±(0.8％＋5)	0.1Ω
2kΩ		1Ω
20kΩ	±(0.8％＋3)	10Ω
200kΩ		100Ω
2MΩ		1kΩ
20MΩ	±(1.0％＋25)	10kΩ
200MΩ	±(5％＋30)	100kΩ

开路电压：小于 3V。

过载保护：250V 直流或交流峰值。

注意事项：

● 在测 200Ω 量程时，先将表笔短路，测得引线电阻，然后在实测中减去。

● 测大于 1MΩ 电阻时，读数反应缓慢变化属正常现象，待显示值稳定后再读数。

（6）电容（C），见表 1-11。

表 1-11 电容技术指标

量程	准确度	
	VC9808＋	分辨力
20nF		10pF
200nF		100pF
2μF	±(3.5%＋20)	1nF
20μF		10nF
200μF	±(5.0%＋10)	100nF
2000μF		1μF

过载保护：250V 直流或交流峰值。

(7) 频率(f)，见表 1-12。

表 1-12 频率技术指标

量程	准确度	
	VC9808＋	分辨力
10Hz		0.01Hz
100Hz		0.1Hz
1kHz		1Hz
10kHz	±(0.1%＋3)	10Hz
100kHz		100Hz
1MHz/10MHz		1kHz/10kHz

输入灵敏度：1V 有效值。

过载保护：250V 直流或交流峰值(不超过 10s)。

(8) 温度，见表 1-13。

表 1-13 温度技术指标

量程	准确度	
	VC9808＋	分辨力
(－20～1000)℃	±(1.0%＋5)<400℃ ±(1.5%＋15)≥400℃	1℃
(0～1832)℉	±(0.75%＋5)<750℉ ±(1.5%＋15)≥750℉	1℉

(9) 晶体三极管 hFE 参数测试，见表 1-14。

表 1-14　三极管技术指标

量　程	显　示　范　围	调 试 条 件
hFE、NPN 或 PNP	显示值为被测三极管的 hFE 近似值（0～1000β）	基极电流约 $10\mu A$ V_{ce} 约 3V

（10）二极管及通断测试，见表 1-15。

表 1-15　二极管测试指标

量程	显　示　值	测 试 条 件
▸|◂ 🔊	二极管正向压降	正向直流电流约 1mA 开路电压约 3V
	蜂鸣器发声长响，测试两点阻值小于 $(70\pm10)\Omega$	开路电压约 3V 按 HOLD/B/L 为两挡功能切换

过载保护：250V 直流或交流峰值。

警告：为了安全在此量程禁止输入电压值。

（11）电感测量（L），见表 1-16。

表 1-16　电感技术指标

量　程	准　确　度	
	VC9808＋	分辨力
2mH		$1\mu H$
20mH		$10\mu H$
200mH	$\pm(2.5\%＋30)$	$100\mu H$
2H		1mH
20H		10mH

过载保护：36V 直流。

警告：为了安全，此量程禁止输入电压。

2. 使用方法

1）操作界面说明

VC9808＋数字万用表的主面板如图 1-31 所示。

2）直流电压测量

（1）将黑表笔插入 COM 插孔，红表笔插入 V/Ω/Hz 插孔。

（2）将量程开关旋转至相应的 DCV 量程上，如果被测电压大小未知，应该选择最大量程，再逐步减小。

（3）将测试表笔可靠地接触到测试点上，屏幕即显示被测电压值，测量直流电压时，屏幕显示红表笔所接点电压与其极性。

1—液晶显示器；2—触发REL/MAX/MIN键为相对值测量，大于2S触发；3—三极管输入插孔；4—背光及功能选择；5—电源开关；6—旋钮开关；7—200mA电流及电感测试输入插座；8—20A/2A电流测试插座；9—电感、温度、公共地输入端；10—电压、电阻、二极管、电容、频率、温度、+输入端。

图 1-31 VC9808＋数字万用表面板说明

注意：

(1) 如果屏幕显示0L,表明已经超过量程范围,须将量程开关旋转至高一挡。

(2) 输入电压切勿超过 DC 1000V,如超过,则有可能存在损坏仪表电路的危险。

(3) 当测量高电压电路时,一定要注意安全,避免触电。

(4) 当完成所有测量操作后,要断开表笔与被测电路的连接。

3) 交流电压测量

(1) 将黑表笔插入 COM 插孔,红表笔插入 V/Ω/Hz 插孔。

(2) 将量程开关旋转至相应的 ACV 量程上,然后将表笔跨接在被测电路上。

注意：

(1) 如果事先对被测电压大小没有概念,应该选择最大量程,然后根据显示值逐步调整至相应挡位;如果屏幕显示0L,表明已经超过量程范围。须将量程开关旋转到相应挡位上。

(2) 测试前各量程存在一些残留数字,但不影响测量准确度。

(3) 输入电压切勿超过 750Vrms,如超过,则有损坏仪表电路的危险。

(4) 当测量高电压电路时,要特别注意安全,避免触电危险。

(5) 在完成所有测量操作后,要断开表笔与被测电路的连接。

4) 直流电流测量

(1) 将黑表笔插入 COM 插孔,红表笔插入 mA 插孔中(最大为 200mA),或红表笔插入 20A 插孔中(最大为 20A)。

(2) 将量程开关旋转至相应 DCA 挡位上,然后将仪表串入待测回路中,被测电流值及红色表笔点的电流极性将同时显示在屏幕上。

注意：

(1) 在仪表串联到待测回路之前,应先将回路中的电源关闭。

(2) 如果事先对被测电流范围没有概念,应将量程开关旋转到最高的挡位,然后根据显示值转到相应挡上;如果屏幕显示0L,表明已经超过量程范围,须将量程开关旋转至相应挡位上。

(3) 最大输入电流为 200mA 或者 20A(视红表笔插入的位置而定),过大的电流将会损坏 mA 挡的保险丝,在测量 20A 时千万要小心,每次测量时间不得大于 10 秒,过大的电流将使电路发热,导致仪表损坏。

(4) 当表笔插在电流输入端口上时,切勿把表笔测试针并联到任何电路上,这样会损坏保险丝和仪表。

(5) 在完成所有的测量操作后,应先关断电源再断开表笔与被测电路的连接,对大电流的测量更为重要。

(6) 禁止在电流插孔与 COM 插孔之间输入高于 36V 直流、25V 交流电压。

5) 交流电流测量

(1) 将黑表笔插入 COM 插孔,红表笔插入 mA 插孔中(最大为 200mA),或红表笔插入 20A 中(最大为 20A)。

(2) 将量程开关旋转至相应 ACA 挡位上,然后将仪表串入待测回路中。

注意:

(1) 在仪表串联到待测回路之前,应先将回路中的电源关闭。

(2) 如果事先对被测电流范围没有概念,应将量程开关旋转到最高的挡位,然后根据显示值转到相应挡位上;如果屏幕显示 0L,表明已经超过量程范围,须将量程开关旋转至相应挡位上。

(3) 最大输入电流为 200mA 或者 20A(视红表笔插入的位置而定),过大的电流将会损坏 mA 挡的保险丝,在测量 20A 时千万要小心,每次测量时间不得大于 10s,过大的电流将使电路发热,导致仪表损坏。

(4) 当表笔插在电流输入端口上时,切勿把表笔测试针并联到任何电路上,这样会损坏保险丝和仪表。

(5) 在完成所有的测量操作后,应先关断电源再断开表笔与被测电路的连接,对大电流的测量更为重要。

(6) 测试前各量程存在一些残留数字,但不影响测量准确度。

(7) 禁止在电流插孔与 COM 插孔之间输入高于 36V 直流、25V 交流电压。

6) 电阻测量

(1) 将黑表笔插入 COM 插孔,红表笔插入 V/Ω/Hz 插孔。

(2) 将量程开关旋转至相应的电阻量程上,将两表笔跨接在被测电阻上。

注意:

(1) 如果被测电阻开路或阻值超过所选的量程,则屏幕会显示 0L,这时应将开关旋转至相应挡位上;当测量电阻值超过 1MΩ 时,读数需几秒时间才能稳定,这在测量高阻值电阻时是正常的。

(2) 测量低阻值电阻时,表笔会带来内阻,为获得精确读数,可以先短接红、黑表笔,记录线路内阻,之后在实际测量中减去导线内阻。

(3) 测量在线电阻时,必须将被测电路中所有电源关断且所有电容完全放电,才能保证测量值的正确。

（4）虽然仪表在电阻挡位上有电压防护功能，但绝对禁止在电阻量程输入电压。

7）电容测量

（1）将黑表笔插入 COM 插孔，红表笔插入 V/Ω/Hz 插孔。

（2）将表笔开关旋转至相应的电容量程上，然后将红、黑表笔跨接在被测电容两端。

注意：

（1）如果事先对被测电容范围没有概念，应将量程开关旋转到最高的挡位，然后根据显示值转到相应挡上；如果屏幕显示 0L，表明已经超过量程范围，须将量程开关旋转至相应挡位上。

（2）用 20nF 挡测量电容时，屏幕显示值可能有残留读数，此数为表笔的分布电容，为精确读数，可在测量后，减去此数值。

（3）大电容挡位测量严重漏电或击穿电容时，将显示一些不稳定的数值；测量大电容时，读数需要几秒才能稳定，这在测量大电容时是正常的。

（4）在测量电容之前，对电容充分地放电，以防止损坏保险管和仪表。

（5）单位：$1F=1000mF$，$1mF=1000\mu F$，$1\mu F=1000nF$，$1nF=1000pF$。

8）三极管 hFE

（1）将量程开关旋转至 hFE 挡。

（2）决定所测晶体管为 NPN 型还是 PNP 型，将发射极、基极、集电极分别插入相应的插孔。

9）二极管及通断测试

（1）将黑表笔插入 COM 插孔，红表笔插入 V/Ω/Hz 插孔（注意红表笔极性为＋）。

（2）将量程开关旋转至 ➡️🔊 挡，并将表笔连接到待测试二极管，读数为二极管正向压降的近似值，对于硅 PN 结而言，一般约为 $500\sim800mV$ 确认为正常值；若被测二极管开路或极性反接，则显示 0L。

（3）将表笔连接到待测线路的两点，如果内置蜂鸣器发声且通断报警指示灯亮起，则两点之间的电阻值低于 $(50\pm20)\Omega$，可判断两点之间是连通的导体。

注意：

禁止在 ➡️🔊 挡位输入电压值，以免损坏仪表。

10）频率测量

（1）将表笔或屏蔽电缆插入 COM 插孔和 V/Ω/Hz 插孔。

（2）将量程开关旋转至频率挡上，将表笔或电缆跨接在信号源或被测负载上。

注意：

（1）输入超过 10Vrms 时，可以读数，但可能超差。

（2）在噪声环境下，测量小信号时最好使用屏蔽电缆。

（3）在测量高压电路时，特别要注意避免触电。

（4）禁止输入超过 250V 直流或交流峰值的电压值，以免损坏仪表。

11）电感测量

（1）将红表笔插入 mA 插孔，黑表笔插入 COM 插孔中。

（2）将量程开关旋转至 mH 或 H 挡位，将测试表笔连接到被测电感上。

（3）如果屏幕显示 0L 或事先对被测电感未知，须将量程开关旋转至更高的量程。

注意：

（1）当仪表无输入时，如开路情况，屏幕显示 0L。

（2）mH 挡为 2mH/20mH/200mH 的自动转换，H 为 2H/20H 的自动转换。

（3）禁止输入电压值，以免损坏仪表。

12）数据保持/背光的开启与关闭

按 HOLD B/L 键，除二极管、蜂鸣器及频率挡为功能转换键外，其他挡为锁存功能，同时屏幕出现 HOLD 符号，当前数据就会保持在屏幕上；再次按按键，退出锁存，触发此键大于 2s 为背光灯的开启与关闭。

13）自动开关机

当仪表停止使用约 15min 后，仪表便自动断电进入休眠状态；若要重新启动电源，按 POWER 键就可重新接通电源。按住 REL/MAX/MIN 键，同时开启电源开关，屏幕上 APO 符号消失，将取消自动关机功能。

1.2.2 数字示波器

数字示波器是一种用途十分广泛的电子测量仪器，也是电子电路设计开发中不可或缺的设备。技术人员利用数字示波器，可以快速、准确地采集、分析、自动跟踪信号，呈现各种电现象的变化过程。因此，熟练使用示波器是每一位电子信息类工程师的必修课程。本节以 Tektronix（泰克）DPO 2000 系列数字示波器为例，介绍示波器入门基础。

1. 快速入门

Tektronix DPO 2000 系列的数字荧光示波器是国内很多实验室和高校选用的中低端数字示波器，不同机型的带宽一般为 70MHz、100MHz 或 200MHz，通道数为 2 或 4个，信号采样率一般都能达到 1GS/s，上升时间一般为 2～5ns，普遍采用无源探头，是较为可靠的多功能混合信号设计调试工具。图 1-32 展示了配备有 7 英寸 TFT-LCD 显示屏的 Tektronix DPO 2004B 型数字荧光示波器。

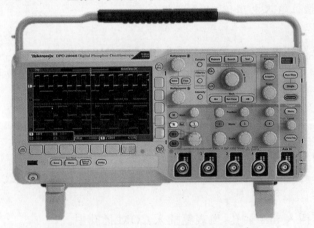

图 1-32　DPO 2004B 数字示波器正面

1）使用菜单系统

使用菜单系统的操作步骤如下。

（1）按某个前面板菜单按钮以显示要使用的菜单，如图 1-33 所示。

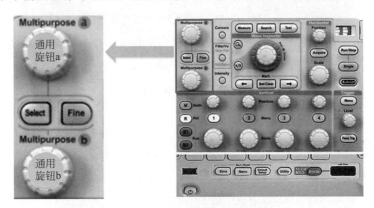

图 1-33　前面板菜单按钮

（2）如图 1-34 所示，按屏幕下方任意一个 bezel 按钮选择菜单项。如果出现弹出式菜单，旋转通用旋钮 a 选择所需的选项。如果出现弹出式菜单，再次按下按钮选择所需的选项。

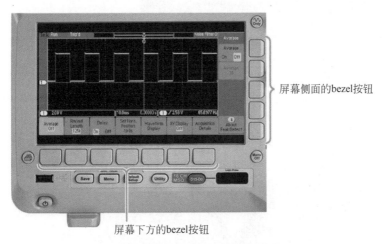

图 1-34　面板下面和侧面的 bezel 按钮

（3）如图 1-34 所示，按下屏幕右侧的某个 bezel 按钮选择菜单项。如果菜单项包含多个选项，可重复按下侧面的 bezel 按钮可看到全部选项。如果出现弹出式菜单，旋转通用旋钮 a 选择所需的选项。

（4）要清除侧面的 bezel 菜单，需再按下屏幕下方的 bezel 按钮或按下 Menu Off 按钮，如图 1-35 所示。

（5）某些菜单选项需要设置数字值才能完成设置。使用上方或下方通用旋钮 a 和 b 来调整数值如图 1-36 所示。

（6）按下"Fine（微调）"按钮以关闭或打开进行细微调整的功能，如图 1-36 所示。

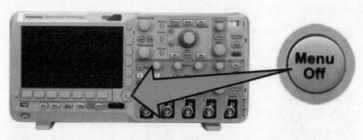

图 1-35 取消菜单

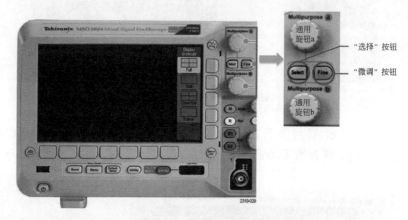

图 1-36 上、下方通用旋钮

2) 使用菜单按钮

一款数字示波器上通常有许多菜单按钮用以实现不同的功能,图 1-37~图 1-40 分别展示了 Tektronix DPO 2004B 的不同功能选项。

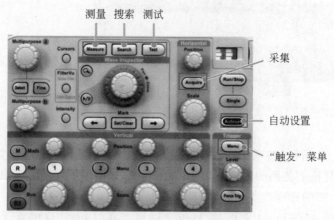

图 1-37 功能按钮(一)

(1) 测量。按此按钮对波形执行自动测量或配置光标。

(2) 搜索。按此按钮在捕获数据中搜索用户定义的事件/标准。

"保存/调出" 菜单　　公用（Utility）

图 1-38　功能按钮（二）

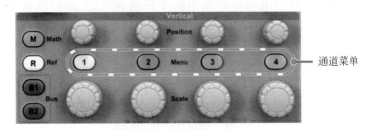

图 1-39　功能按钮（三）

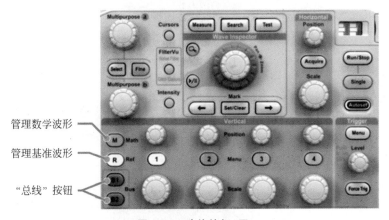

图 1-40　功能按钮（四）

（3）测试。按此按钮可以激活高级的或专门应用的测试功能。

（4）采集。按此按钮可以设置采集模式并调整记录长度。

（5）自动设置。按此按钮可以对示波器设置执行自动设置。

（6）"触发"菜单。按此按钮可以指定触发设置。

（7）公用。按此按钮可以激活系统辅助功能，如选择语言或设置日期/时间。

（8）"保存/调出"菜单。按下此按钮可保存和调出内部存储器或 USB 闪存驱动器内的设置、波形和屏幕图像。

（9）通道菜单。按下对应的按钮可以设置输入波形的垂直参数，并在显示器上显示或删除相应的波形。

（10）总线管理。如果有对应的模块应用密钥，则按下即可定义和显示串行总线。DPO2AUTO 模块支持 CAN 和 LIN 总线。DPO2EMBD 模块支持 I2C 和 SPI 总线。

DPO2COMP 模块支持 RS-232、RS-422、RS-485 和 UART 总线。另外,按 B1 或 B2 按钮可以显示总线或删除所显示的相应总线。

(11) 基准波形管理。按此按钮可以管理基准波形,包括显示每个基准波形或删除所显示的基准波形。

(12) 数学波形管理。按此按钮可以管理数学波形,包括显示数据波形或删除所显示的数据波形。

3) 使用其他控制功能

数字示波器面板上,还有其他一些按钮用于控制波形、光标以及其他数据的输入,图 1-41~图 1-46 展示了示波器的其他控制功能。

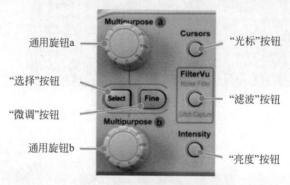

图 1-41　其他功能(一)

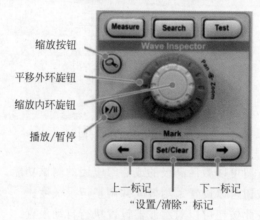

图 1-42　其他功能(二)

(1) 通用旋钮 a。激活后,旋转上方的通用旋钮 a 可以移动光标、设置菜单项的数字参数值或从选项的弹出列表中进行选择。按附近的"微调"按钮可以在粗调和微调之间进行切换。当通常旋钮 a 或 b 被激活时,屏幕图标会提示。

(2) "光标"按钮。按一次便可激活两个垂直光标,再按一次可以打开两个垂直光标和两个水平光标,再按一次将关闭所有光标。光标打开时,可以旋转通用旋钮以控制其位置。

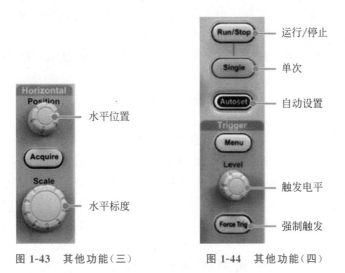

图 1-43　其他功能（三）　　　　图 1-44　其他功能（四）

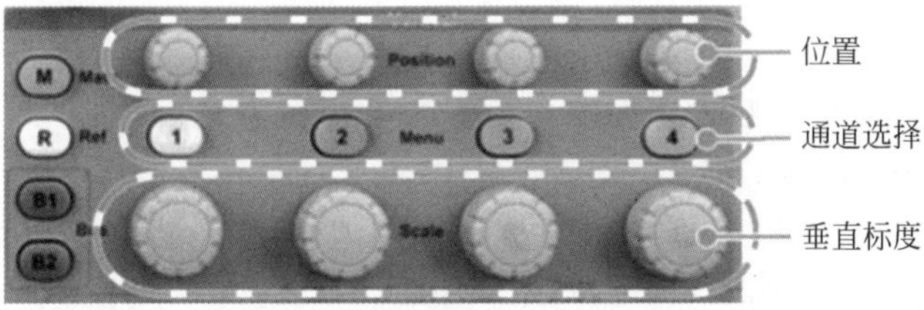

图 1-45　其他功能（五）

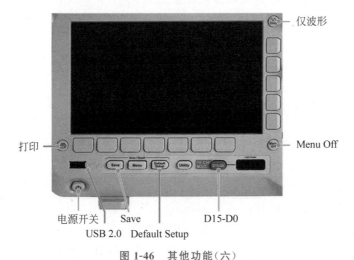

图 1-46　其他功能（六）

（3）"选择"按钮。按此按钮可以激活特殊功能。例如，当使用两个垂直光标（水平光标不可见）时，可以按此按钮链接光标或取消光标之间的链接。当两个垂直光标和两个水平光标都可见时，可以按此按钮激活垂直光标或水平光标。

（4）"滤波"按钮。按下此按钮可过滤信号中无用的噪声而同时仍然捕获毛刺。

(5) "微调"按钮。按此按钮可以使用通用旋钮 a 和 b 的垂直和水平位置旋钮、触发电平旋钮以及许多操作在粗调和精细之间进行切换。

(6) "亮度"按钮。按此按钮可用通用旋钮 a 控制波形的显示亮度,用通用旋钮 b 控制刻度亮度。

(7) 通用旋钮 b。旋转下方通用旋钮 b,可以移动光标或设置菜单项的数字参数值。按"微调"按钮可以更缓慢地进行调整。

(8) 缩放按钮。按此按钮可激活缩放模式。

(9) 平移外环旋钮。旋转该旋钮可以在采集的波形上滚动缩放窗口。

(10) 缩放内环旋钮。旋转该旋钮可以控制缩放因子。顺时针旋转可以放大,逆时针旋转可以缩小。

(11) 播放/暂停按钮。按此按钮可以开始或停止波形的自动平移。使用平移旋钮控制速度和方向。

(12) ←上一标记。按此按钮可以跳到上一波形标记。

(13) 设置/清除标记。按此按钮可以建立或删除波形标记。

(14) →下一标记。按此按钮可以跳到下一波形标记。

(15) 水平位置。旋转此旋钮可以调整触发点相对于采集的波形的位置。按"微调"按钮可以进行更小的调整。

(16) 水平标度。旋转此旋钮可以调整水平标度(时间/分度)。

(17) 运行/停止。按此按钮可以开始或停止采集。

(18) 单次。按此按钮进行单一采集。

(19) 自动设置。按此按钮可以自动设置垂直、水平和触发控制以进行有用、稳定的显示。

(20) 触发电平。旋转此旋钮可以调整触发电平。按"触发"部分的"位置"旋钮可将触发位置设为波形的中点。

(21) 强制触发。按此按钮可以强制执行立即触发事件。

(22) 位置。旋转这些旋钮可以调整相应波形的垂直位置。按"微调"按钮可以进行更小的调整。

(23) 通道选择。按这些按钮之一可以显示波形或删除所显示的相应波形以及访问垂直菜单。

(24) 垂直标度。旋转此旋钮可以调整相应波形的垂直标度因子(伏特/分度)。

(25) 打印。按此按钮可打印到 PictBridge 打印机。

(26) 电源开关。按此按钮可打开或关闭示波器电源。

(27) USB 2.0 主机端口。将 USB 外设(如键盘或闪存驱动器)插入示波器。

(28) Save。按此按钮可以执行立即保存操作。保存操作使用当前保存参数,如 Save/Recall 菜单中所定义的。

(29) Default Setup。按此按钮可以将示波器立即还原为默认设置。

(30) D15-D0。按此按钮即在显示器上显示或删除数字通道,并访问通道设置菜单(仅适用于 MSO2000 系列)。

（31）Menu Off。按此按钮可以清除屏幕中显示的菜单。

（32）仅波形。按此按钮即可从屏幕中清除菜单和读数信息,使示波器仅显示波形或总线。再按一次可调出先前的菜单和读数信息。

4）识别显示内容

数字示波器屏幕上会显示很多内容,如图 1-47 所示的各项内容可能会显示在屏幕上。当菜单关闭时,相关内容则不会显示。

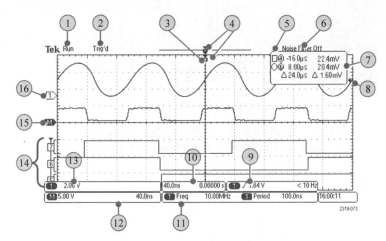

图 1-47　示波器屏幕显示内容

（1）采集读数显示采集运行、停止或采集预览有效的时间。

（2）触发状态读数显示触发状态。

（3）触发位置图标显示采集的触发位置。

（4）扩展点图标(橙色三角)显示一个点,水平标度以该点为中心扩展或缩小。

（5）波形记录视图显示相对于波形记录的触发位置。线的颜色与选定波形颜色相对应。

（6）FilterVu 指示器显示可变低通滤波器是否处于活动状态。

（7）光标读数显示每个光标的时间、幅度和增量(△)值。对于 FFT 测量,该读数显示频率和幅度。对于串行总线,读数显示解码后的数值。

（8）触发电平图标显示波形的触发位置。图标颜色与触发源通道颜色相对应。

（9）触发读数显示边沿触发的触发信号源、斜率、电平和频率。其他触发类型的触发读数显示其他参数。

（10）水平位置/刻度读数出现在水平刻度的顶行内(使用"水平比例尺"旋钮调节)。

（11）测量读数显示选定的测量。每次最多可选择 4 个测量。

（12）辅助波形读数显示数学波形和基准波形的垂直和水平刻度因子。

（13）通道读数显示通道的刻度系数(每分度)、耦合、反相和带宽状态。

（14）对于数字通道(仅适用于 MSO2000 系列),基线指示器对通道进行标记,并指向高低电平。其颜色则采用电阻器上使用的颜色编码。

5）面板连接方法

数字示波器在前面板、侧面板以及后面板都有一些接口用于连接各种导线，如图 1-48～图 1-50 所示。

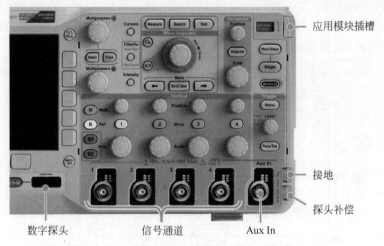

图 1-48　前面板接口

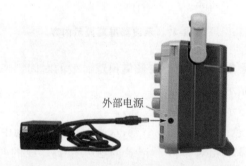

图 1-49　侧面板接口

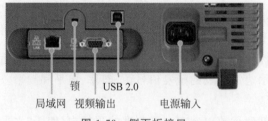

图 1-50　侧面板接口

（1）数字探头连接器（仅适用于 MSO2000 系列）。

（2）通道 1、2、3 或 4。具有 TekVPI 通用探头接口的通道输入。

（3）Aux In（辅助输入）。触发电平范围从 -12.5V 到 $+12.5\text{V}$ 可调。

（4）探头补偿。用来补偿探头的方波信号源。输出电压：$0\text{V}\sim5\text{V}$；频率：1kHz。

（5）接地。

(6) 应用模块插槽。

(7) TekVPI 外部电源连接器。如果 TekVPI 探头需要附加电源,使用该连接器连接 TekVPI 外部电源(Tektronix 部件号 119-7465-XX)。

(8) 局域网。使用 LAN(以太网)端口(RJ-45 连接器)将示波器连接到 10/100 Base-T 局域网。该端口通过可选的连接模块(DPO2CONN)提供。

(9) 锁。用于保护示波器和可选的连接模块。

(10) 视频输出。使用视频输出端口(DB-15 孔型连接器)在外部监视器或投影仪上显示示波器的显示屏。该端口通过可选的连接模块(DPO2CONN)提供。

(11) 使用 USB 2.0 全速设备端口连接 PictBridge 兼容打印机,或者通过 USBTMC 协议对示波器进行直接 PC 控制。

(12) 连接到带有整体安全接地的交流电源线。

2. 采集信号

1) 模拟信号采集

下面介绍通过设置数字示波器按需求采集信号并进行相关设置。

采集模拟信号的步骤如下。

(1) 将 P2221 探头或 TekVPI 探头连接到输入信号源,如图 1-51 所示。

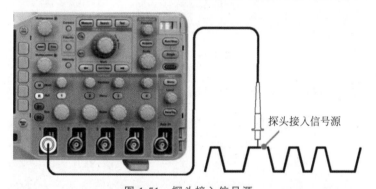

图 1-51　探头接入信号源

(2) 按下 Default Setup 按钮,如图 1-52 所示。

图 1-52　按下 Default Setup 按钮

（3）按前面板上的按钮，选择输入通道，如图 1-53 所示。

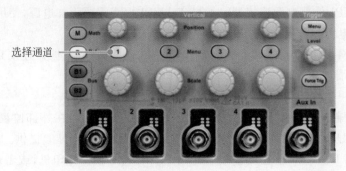

图 1-53　选择 1 号通道

（4）按"自动设置"按钮，如图 1-54 所示。

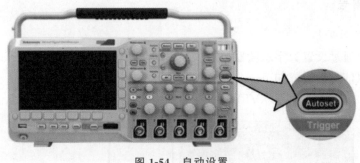

图 1-54　自动设置

（5）按下所需的通道按钮，调整垂直位置和标度，如图 1-55 所示。

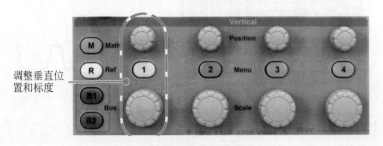

图 1-55　调整垂直位置和标度

（6）调整水平位置和标度，如图 1-56 所示。

2）信号采集设置

信号在示波器上显示之前，必须通过输入通道，并在通道内进行缩放并数字化。每个通道都有一个专用的放大器和数字化器。每个通道都会生成数字数据流，示波器从数字数据流中提取波形记录。

模拟信号数字化的过程是通过"采样"完成的，数字示波器按照一定的频率对模拟信号进行采样并将采样点进行数字化后存储。DPO 2000 系列数字示波器使用实时采样，通过单触发事件采集的所有点都进行数字化。采样过程如图 1-57 所示。

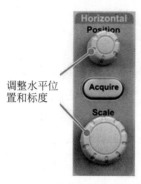

图 1-56　调整水平位置和标度

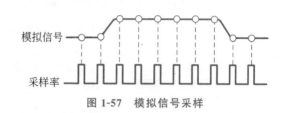

图 1-57　模拟信号采样

示波器通过下列参数来建立信号波形如图 1-58 所示,这些参数在波形建立的过程中都可以调整。

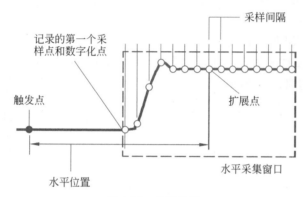

图 1-58　波形参数

采样间隔:记录的采样点之间的时间。可通过旋转水平"标度"旋钮,或使用 bezel 按钮更改记录长度来进行调节。

记录长度:需要填充波形记录的采样数。可通过按"采集"按钮,并使用所显示的下方和侧面 bezel 菜单进行设置。

触发点:波形记录中的零时基准点。该基准点在屏幕上显示为橙色的 T。

水平位置:当"延迟"模式打开时,这是从触发点到扩展点的时间。通过旋转"水平位置"旋钮调整该值;当"延迟"模式关闭时,扩展点固定为触发点。(按下"采集"前面板按钮可设置"延迟"模式)。使用正时间在触发点之后采集记录。使用负时间在触发点之前采集记录。

扩展点:水平标度围绕该点扩展和收缩。扩展点显示为一个橙色三角。

在采集信号时,通过下述步骤更改采集模式。

(1) 按下"采集"按钮,如图 1-59 所示。

(2) 单击"平均"开关,如图 1-60 所示。

(3) 从侧面 bezel 菜单中选择"平均"采集模式。可选择要平均的取样个数:2、4、8、16、32、64、128、256 或 512。

图 1-59　按"采集"按钮

平均 关	记录长度 100k	延迟 开 | 关	水平位置 设为10%	波形显示	XY显示 关闭	采集细节

图 1-60　设置开关

（4）旋转多功能旋钮 a 设置要平均的波形个数，如图 1-61 所示。

（5）按"记录长度"，如图 1-60 所示。选择 100k 或 1.00M 点。该选择取决于水平每分度时间设置。在较慢的每分度时间设置上可使用 125k 和 1.25M 记录长度。

（6）如果希望相对于触发事件延迟采集，按下方 bezel"延迟"按钮选择"开启"，如图 1-61 所示。

3. 触发设置

1）基本概念

图 1-61　多功能旋钮 a

（1）触发

通俗地讲，触发机制是为了在示波器屏幕上稳定波形，使用户便于观察信号。触发事件在波形记录中建立了时间基准点。所有波形记录数据都以相对于该点的时间进行定位。示波器连续采集并保留足够的取样点以填充波形记录的预触发部分。预触发部分是波形中之前已显示的部分，或是屏幕上触发事件的左边部分。当触发事件发生时，示波器开始采集取样以建立波形记录的触发后部分，即在触发事件后显示的部分或者触发事件右侧的部分。识别触发后，采集完成和释抑期满之前，示波器不会接受其他触发。如图 1-62 所示，没有触发的波形显示显然不利于用户观察波形，使用触发机制后的波形显示更加稳定，便于用户观察。

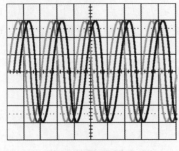

(a) 未触发显示

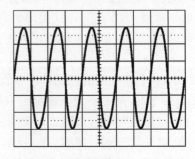

(b) 触发显示

图 1-62　示波器触发机制

（2）触发释抑

与示波器触发机制相关的另一个概念是"触发释抑"，释抑时间是指示波器重新启用触发电路所等待的时间，在触发释抑期间，触发电路封闭，触发功能暂停，即使有满足触发条件的信号波形，示波器也不会触发。当被测信号是大周期重复而在大周期内有很多满足触发条件的不重复的波形点的信号时，如果不采用触发释抑功能，触发点将不固定，造成显示不稳定，使用触发释抑后，每次都在同一个点触发，因此可以稳定显示。

例如，在重复波形上触发，重复波形之间具有多个边沿（或其他事件），如图1-63所示，图中黑色圈点处都满足触发条件，要在重复脉冲触发上获得稳定触发，可将释抑时间设置为大于200ns但小于600ns的值。注意，其中设置的600ns时间必须大于采样周期，否则无法稳定触发。

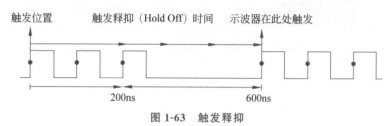

图1-63　触发释抑

（3）触发耦合

电子电路中，将前级电路（或信号源）的输出信号送至后级电路（或负载）称为"耦合"。耦合的作用就是把某一电路的能量输送（或转换）到其他电路中去。示波器中的触发耦合用来决定信号的哪一部分被传递到触发电路。耦合类型有直流耦合、交流耦合、低频抑制耦合、高频抑制耦合和噪声抑制耦合。

直流耦合也叫DC耦合，信号通过导线直接接到触发电路，被测信号的直流分量和交流分量都能通过，可用于查看低至0Hz且没有较大直流偏移的波形；交流耦合也叫AC耦合，信号通过电容耦合到触发电路，被测信号的直流信号被阻隔，只允许交流分量通过，可用于查看具有较大直流偏移的波形；低频抑制耦合用于抑制低频信号，截止频率为65kHz；高频抑制耦合用于抑制高频信号，截止频率为85kHz；噪声抑制耦合用于抑制信号中的噪声。

（4）斜率和电平

示波器提供的斜率控制功能用于确定在信号的上升沿还是下降沿寻找触发点，如果斜率为正，则在上升沿（正向边沿）确定触发点；如果斜率为负，则在下降沿（负向边沿）确定触发点。而电平控制则用于在上升沿（或下降沿）的哪个位置确定触发点，如图1-64所示。

2）触发设置与信号采集

选择与设置触发参数并开始采集信号，具体步骤如下。

（1）按触发Menu，选择"类型"调出"触发类型"列表，如图1-65所示。

（2）旋转通用旋钮a选择所需的触发类型，如图1-66所示。触发类型为：边沿、脉冲宽度、欠幅脉冲、逻辑、建立 & 保持、上升/下降时间、视频和总线。

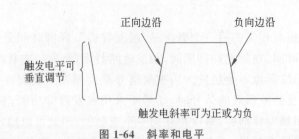

图 1-64 斜率和电平

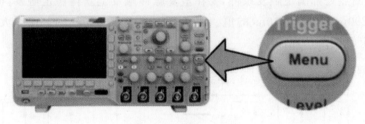

图 1-65 触发 Menu

图 1-66 通用旋钮 a

（3）使用显示的触发类型下方的 bezel 菜单控制完成触发设置，如图 1-67 所示。设置触发的控制因触发类型不同而不同。

类型	源	耦合	斜率	电平		模式
边沿	1	DC	⎍	100mV		自动 &释放

图 1-67 触发控制

（4）定义了采集和触发参数后，使用"运行/停止"或"单次"开始采集，如图 1-68 所示。

4. 显示波形数据

数字示波器带有丰富的功能用以显示采集的波形，与波形显示密切相关的功能有添加/清除波形、设置显示样式和余辉、设置波形亮度、缩放和定位波形、设置波形参数等。

图 1-68 开始采集

1）添加或清除波形

　　要在显示上添加波形或从显示上删除波形，可按下前面板上标号为 1～4 的"通道"按钮，也可按下 D15～D0 按钮。无论通道是否显示，都可以将其用作触发源，如图 1-69 所示。

(a) 选择通道

(b) 选择D15–D0

图 1-69　添加或清除波形

2）设置"显示样式"和"余辉"

设置波形"显示样式"和"余辉"，需遵循如下步骤。

(1) 要设置显示样式，按"采集"按钮，如图 1-70 所示。

图 1-70　按下"采集"按钮

(2) 在显示的菜单中选择"波形显示"，如图 1-71 所示。

平均关	记录长度100k	延迟开|关	水平位置设为0s	波形显示	XY显示关	采集细节

图 1-71　波形显示

　　在如图 1-72 所示的菜单中，选择不同的选项可用来执行设置余辉时间、自动设置余辉时间以及清除余辉等操作。

（3）按"余辉时间"，然后旋转通用旋钮 a 设置波形数据在屏幕上保留的时间为用户指定的时长。

（4）按"设置为自动"，使示波器自动确定余辉时间。

（5）按"清除余辉"，重新设置余辉信息。

3）设置波形亮度

用户可按照如下步骤调节波形亮度。

（1）按下前面板"亮度"按钮，将在显示器上显示亮度读数，如图 1-73 所示。

波形显示
余辉时间 （a）自动
设置为自动
清除余辉

图 1-72　余辉时间设置

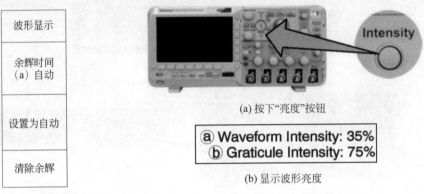

(a) 按下"亮度"按钮

ⓐ Waveform Intensity: 35%
ⓑ Graticule Intensity: 75%

(b) 显示波形亮度

图 1-73　显示波形亮度

（2）旋转通用旋钮 a 调整波形亮度，如图 1-74 所示。

（3）旋转通用旋钮 b 调整刻度亮度，如图 1-75 所示。

图 1-74　通用旋钮 a

图 1-75　通用旋钮 b

4）缩放和定位波形

使用水平控制旋钮可以更精密地调整时基、触发点和波形细节。可使用 Wave Inspector 的"平移"和"缩放"控制来调节波形的显示，如图 1-76 所示。

使用垂直控制旋钮选择波形、调整波形垂直位置和刻度，并设置输入参数。根据需要多次按通道菜单按钮（1、2、3 或 4）以及相关的菜单项，可选择、添加或删除波形，如图 1-77 所示。

5）设置输入参数

针对选定的通道波形，可以在其功能菜单中设置相关参数，步骤如下。

（1）如图 1-78 所示，按通道菜单按钮 1、2、3 或 4 调出指定波形的垂直菜单，该垂直菜单只影响所选的波形。按通道按钮也可以选择或取消波形选择。

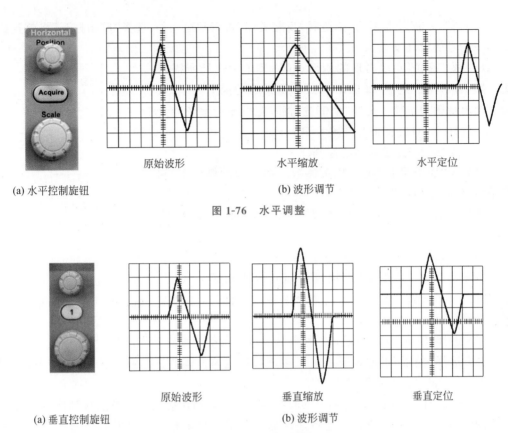

(a) 水平控制旋钮

原始波形　　　　　水平缩放　　　　　水平定位

(b) 波形调节

图 1-76　水平调整

(a) 垂直控制旋钮

原始波形　　　　　垂直缩放　　　　　垂直定位

(b) 波形调节

图 1-77　垂直调整

图 1-78　选择波形

在如图 1-79 所示的菜单中,选择相应的功能选项,可实现对相关参数的设置。

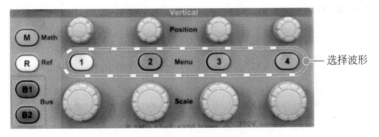

图 1-79　水平 bezel 菜单项

(2) 反复按"耦合"选择要使用的耦合,使用直流耦合通过交流和直流分量,使用交流耦合阻碍直流分量,仅显示交流信号,使用"接地"(GND)显示基准电位。

（3）按"反相"将信号反相,选择"反相关闭"进行常规操作,选择"反相打开"将前置放大器中信号的极性反相。

（4）按"带宽"并从出现的侧面 bezel 菜单中选择所需带宽。默认选择为"完整"和 20MHz。根据使用的探头类型,可能还会出现附加选项。选择"全带宽"将带宽设置为示波器全带宽。选择 20MHz 将带宽设置为 20MHz。

（5）按"标签"为通道创建标签。

（6）按"探头设置"定义探头参数。在出现的侧面 bezel 菜单中,执行下列操作:

选择"电压探头"或"电流探头"为不带 TekProbe II 或 TekVPI 接口的探头,设置探头类型。

使用通用旋钮 a 设置衰减与探头匹配。

按图 1-79 中的"更多"选项可访问其他的侧面 bezel 菜单,如图 1-80 所示。可在弹出的菜单中实现"精细标度""偏置"设置等功能。

图 1-80　垂直 bezel 菜单项

（7）选择"精细标度"可通过通用旋钮 a 进行精确的垂直刻度调节。

（8）选择"偏置"可通过通用旋钮 a 进行垂直偏置调节。在侧面 bezel 菜单中,选择"设置为 0V"将垂直偏置设置为 0V。

（9）选择"相差校正"设置通道的时滞修正。旋转通用旋钮 a 调整连接到选定通道的探头的时滞(相差校正)修正。这将使波形的采集和显示相对于触发时间向左或向右偏移。使用此偏移来补偿电缆长度或探头类型的差异。

5. 分析波形数据

在正确设置采集参数、触发和显示参数后,便可利用示波器提供的功能自动测量、光标、数学和 FFT 等项目中进行选择,完成对波形数据的分析。

1）自动测量

对波形进行自动测量的步骤如下。

（1）按"测量"按钮,如图 1-81 所示。

图 1-81　自动测量

（2）按"添加测量",如图 1-82 所示。

（3）旋转通用旋钮 a 选择特定的测量。如果需要,可旋转通用旋钮 b 选择要测量的通道,然后按"执行添加测量"。

添加测量	清除测量	指示器	选通 **屏幕**	高低方法 **自动**	在屏幕上 显示光标	配置光标

图 1-82　功能菜单

（4）要删除测量，按"清除测量"，如图 1-82 所示。然后按要删除的测量的侧面 bezel 菜单，或者按"删除所有测量"，然后按"执行删除测量"。

2）光标手动测量

光标是在屏幕中对波形显示进行定位的标记，用于对采集的数据进行手动测量。它们显示为水平线/或垂直线。在通道信号上使用光标的步骤如下。

（1）如图 1-83 所示，按"光标"按钮，可以改变光标状态。光标的 3 种状态分别为：①屏幕上不显示光标；②显示两个垂直波形光标，这两个光标隶属于所选的模拟波形或数字波形；③显示四个屏幕光标，两个垂直光标和两个水平光标。它们不再明确地连接到某个波形。

图 1-83　使用"光标"按钮

（2）再次按"光标"，两个垂直光标将出现在选定的屏幕波形上，如图 1-84 所示。当旋转通用旋钮 a 时，可以将一个光标向左或右移动。旋转通用旋钮 b 时，移动其他光标。如果通过按前面板 1、2、3、4、M、R 或 D15-D0 按钮改变选定的波形，则所有光标都会跳到新选定的波形上。

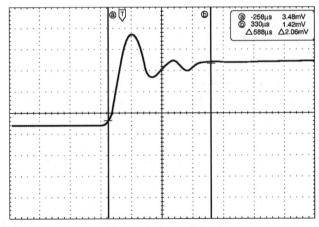

图 1-84　波形上显示光标

（3）按"选择"按钮，如图 1-85 所示。可以打开或关闭光标链接。如果链接打开，旋转通用旋钮 a 可以同时移动两个光标。旋转通用旋钮 b 调整光标之间的距离。

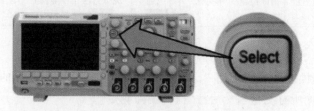

图 1-85　"选择"按钮

（4）按"微调"按钮，如图 1-86 所示，对通用旋钮 a 和 b 进行粗调或细调切换。按"微调"按钮还可以改变其他旋钮的灵敏度。

图 1-86　"微调"按钮

光标读数提供相对于当前光标位置的文本和数字信息。打开光标时，示波器始终显示该读数，读数出现在刻度的右上角。如果"缩放"处于开状态，则读数将显示在缩放窗口的右上角，如图 1-87 所示。

□ⓐ -16.0μs	22.4mV
○ⓑ 8.00μs	20.4mV
△ 24.0μs	△1.60mV

△读数：指示光标位置之间的差异；
a读数：表示该值由通用旋钮a进行控制；
b读数：表示该值由通用旋钮b进行控制。

图 1-87　光标读数

屏幕上显示的水平光标行测量垂直参数，通常为电压。屏幕上显示的垂直光标行测量水平参数，通常为时间，如图 1-88 所示。

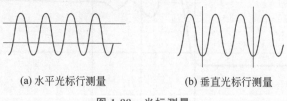

(a) 水平光标行测量　　　　　(b) 垂直光标行测量

图 1-88　光标测量

3）使用数学波形

创建数学波形，可以支持对通道和基准波形的分析。通过将源波形和其他数据进行运算，然后转换为数学波形，以此产生应用程序需要的数据视图。创建数学波形的步骤如下。

（1）按 M 选择数学菜单，如图 1-89 所示。

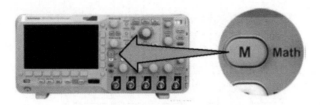

图 1-89　数学菜单

（2）选择"双波形数学"菜单项，如图 1-90 所示。

双波形数学	FFT			(M)标签		

图 1-90　"双波形数学"菜单项

（3）在侧面 bezel 菜单上，将信号源设为通道 1、2、3、4 或参考波形 R1 或 R2。选择 ＋、－或 x 运算符。例如，可以用电压波形乘以电流波形来计算功率，如图 1-91 所示。

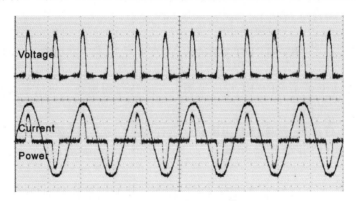

图 1-91　数学波形运算

4）使用 FFT

FFT 操作用于将时域上的波形转换到频域上，示波器使用这些频率显示待测波形的频谱图，具体步骤如下。

（1）按 M 选择数学菜单，如图 1-92 所示。

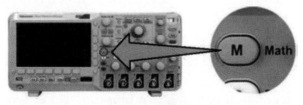

图 1-92　数学菜单

（2）选择 FFT 菜单项，波形频谱图将显示在屏幕上，如图 1-93 所示。

如图 1-94 所示，在垂直的 bezel 功能菜单项中，可选择对应的菜单项实现关于 FFT 的其他功能。

双波形数学	FFT		Abou FFT	(M)标签		

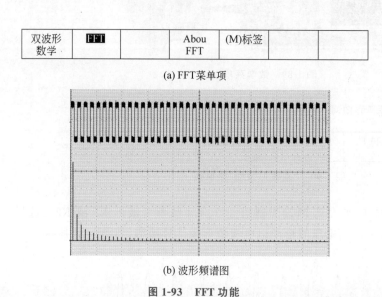

(a) FFT菜单项

(b) 波形频谱图

图 1-93　FFT 功能

FFT
FFT信号源 1
垂直单位 线性均方根
窗口 Hanning
水平 625kHz 1.25kHz/div
Gating Indica-tors On | Off

图 1-94　垂直的 bezel 菜单

(3) 选择侧面屏幕菜单的“FFT 信号源”，并旋转通用旋钮 a 将信号源设为通道 1、2、3 或 4。

(4) 选择“垂直单位”并旋转通用旋钮 a 选择“dBV 均方根”或“线性均方根”。

(5) 选择“窗口”并旋转通用旋钮 a 选择直角、Hamming、Hanning 或 Blackman-Harris。

(6) 选择侧面 bezel 的“水平”，激活通用旋钮 a 和 b 以平移和缩放 FFT 显示屏幕。

(7) 选择侧面屏幕菜单的 Gating Indicators(选通指示器)，激活可见的选通指示器，这将显示出分析的 FFT 区域。

5) 使用 Wave.Inspector 管理波形

Wave.Inspector 是 Tektronix 提供的创新管理工具，可以有效简化较为耗时的调试任务，比如探索波形记录、寻找感兴趣的事件等，简化了原来需要通过手动滚动采集数据、查看传送的波形流等流程，是一种响应速度极快的信息处理工具，为用户提供了更快、更高效的工作流程。

Wave Inspector 控制(缩放/平移、播放/暂停、标记、搜索)可帮助有效地操作记录长度较长的波形。要水平放大波形，旋转“缩放”旋钮(中心旋钮)。要滚动缩放的波形，旋转“平移”旋钮。

“平移/缩放”控制由一个外环全景旋转旋钮和一个内环缩放旋钮组成，如图 1-95 所示。

（1）缩放波形。

① 顺时针旋转"平移/缩放"控制上的内环旋钮以放大波形的选定部分。逆时针旋转旋钮可以缩小波形,如图 1-96 所示。

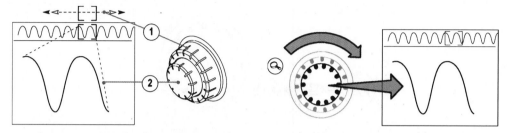

图 1-95 "平移/缩放"控制旋钮　　　　图 1-96 内环旋钮放大/缩小波形

② 通过按"缩放"按钮以启用或禁用缩放模式,如图 1-97 所示。

③ 检查在显示器中下方较大部分显示波形的缩放视图。显示器中上半部分将显示波形缩放部分在整个记录上下文中的位置和大小,如图 1-98 所示。

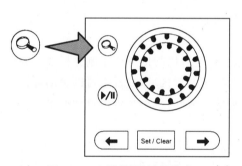

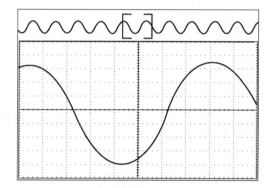

图 1-97 启用/禁用缩放模式　　　　图 1-98 缩放视图

（2）平移波形。

旋转"平移/缩放"控制的平移(外环)旋钮可平移波形,顺时针旋转旋钮向前平移,逆时针旋转旋钮向后平移,旋钮旋转得越多,缩放窗口平移得越快,如图 1-99 所示。

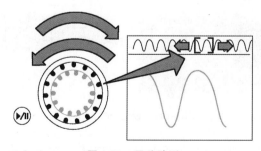

图 1-99 平移波形

（3）播放/暂停波形。

如图 1-100 所示,按下"播放/暂停"按钮启用"播放/暂停"模式。进一步旋转全景(外环)旋钮调整播放速度,旋转得越多,播放速度越快。反向旋转平移旋钮改变播放方向。

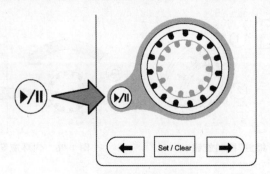

图 1-100　播放/暂停波形

播放期间,振荡旋转越多,波形加速越快,最高达一个点。如果以最大可能旋转振荡,播放速度不会改变,但缩放框会在该方向快速移动。使用该最大旋转功能重新播放刚看过又想再看的波形的某部分。

再次按下"播放/暂停"按钮,暂停"播放/暂停"功能。

（4）搜索并标记波形。

可以在采集的波形中标记感兴趣的位置。这些标记可以帮助用于限制分析波形的特定区域。如果波形区域满足特殊标准,就可以自动标记波形区域,或者也可以手动标记感兴趣的每个项。可以使用箭头键在标记间(感兴趣的区域间)跳动。可以自动搜索并标记能够触发的多个相同参数。

搜索标记提供了一种标记基准波形区域的方法。可以使用搜索标准自动设置标记。可以使用特定边沿、脉冲宽度、欠幅脉冲、逻辑状态、上升/下降时间、建立 & 保持、视频和总线搜索类型来搜索和标记区域。

手动设置/清除标记的步骤如下。

① 旋转平移(外环)旋钮移动(缩放框)到波形上欲设置(或清除)搜索标记的区域。按向后(→)或向前(←)箭头按钮可跳到某个现有标记,如图 1-101 所示。

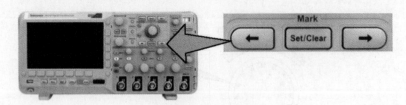

图 1-101　设置/清除标记

② 按"设置/清除"。如果屏幕中心无搜索标记,则示波器将添加一个搜索标记。

③ 在搜索标记之间查看波形。使用向后(→)或向前(←)箭头按钮在标记的位置之间跳动,无须调节任何其他控制。

④ 删除标记。按向后(→)或向前(←)箭头按钮跳到要清除的标记。要删除当前中心位置的标记,按"设置/清除"。对手动和自动创建的标记均可这样操作。

除了手动设置外,也可自动设置/清除搜索标记,其步骤如下。

① 按下"搜索"按钮,如图 1-102 所示。

② 如图 1-103 所示,按"搜索"下方的 bezel 菜单并选择"开","搜索"菜单与"触发"菜单类似。

| 搜索 |
| 开 \| 关 |
| 保存所有标记 |
| 清除所有标记 |
| 将搜索设置复制到触发 |
| 将触发设置复制到搜索 |

图 1-102　按下"搜索"按钮　　　　　　图 1-103　打开"搜索"菜单项

③ 如图 1-104 所示,选择"搜索类型"。

搜索	搜索类型	源	斜率			阈值
开	边沿	1				0.00v

图 1-104　"搜索类型"菜单项

旋转通用旋钮 a 选择一种搜索类型:边沿、脉冲宽度、欠幅脉冲、逻辑、建立 & 保持、上升/下降时间、视频和总线。

在屏幕上,空心三角显示自动标记的位置,而实心三角显示自定义(用户定义)的位置。它们会出现在正常波形视图和缩放波形视图上。

④ 通过使用向后(→)或向前(←)箭头按钮在搜索标记之间来回移动,可快速查看波形,如图 1-105 所示。

6. 保存和调出信息

1) 文件操作

示波器提供对设置、波形和屏幕图像的永久存储。使用示波器的内部存储器可保存设置文件和参考波形数据。使用外部存储器(如 USB 闪存驱动器)可保存设置、波形和屏幕图像。使用外部存储器可将数据转移到远程计算机进一步分析和归档。

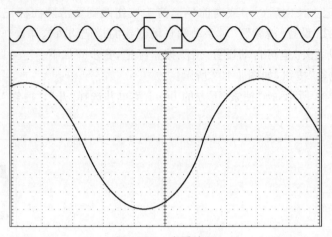

图 1-105 查看波形

外部文件结构：如果将信息存储到外部存储器，选择合适的菜单(例如"到文件"侧面 bezel 菜单可保存设置和波形)，然后旋转通用旋钮 a 翻阅外部文件结构。

文件命名规则：示波器将单个设置文件命名为 tekXXXXX.set，将单个图像文件命名为 tekXXXXX.png、tekXXXXX.bmp 或者 tekXXXXX.tif，将所有电子表格文件命名为 tekXXXXX.csv，其中 XXXXX 表示从 00000 到 99999 的数字；示波器内部文件格式为 tXXXXXYYY.isf，其中 XXXXX 表示从 00000 到 99999 的数字，YYY 表示模拟或数字通道号；如果文件名中包含字符串"ALL"，则表示保存全部波形。

当然，用户也可以自定义文件描述，为文件提供描述性的名称以便于识别。编辑文件名称、目录名称、参考波形和示波器设置标签的基本步骤如下。

(1) 按"Save/Recall"区域的 Save 按钮，如图 1-106 所示。

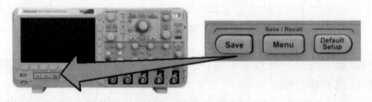

图 1-106 按下 Save 按钮

(2) 在菜单中可选择"保存屏幕图像""存储波形"或"储存设置"等选项进行设置，如图 1-107 所示。

保存屏幕图像	存储波形	储存设置	恢复波形	恢复设置	分配保存到设置	文件功能

图 1-107 设置菜单

(3) 如图 1-108 所示，对于设置文件，按侧面 bezel 菜单"到文件"项进入文件管理器。

对于波形文件,将"目标"设为一个文件。旋转通用旋钮 b 选择"电子表格文件(.csv)"或"内部文件(.isf)"。按"保存..."按钮,侧面 bezel 菜单进入文件管理器。

(4) 旋转通用旋钮 a 滚动文件结构。

(5) 按"选择"打开或关闭文件夹,如图 1-109 所示。

图 1-108　设置菜单项　　　　　　　图 1-109　"选择"按钮

(6) 按"编辑文件名"。按照编辑通道标签的方法,编辑文件名称。

(7) 按"Menu Off"按钮取消保存操作,或按侧面 bezel 菜单的"OK 保存"选项完成该操作,如图 1-110 所示。

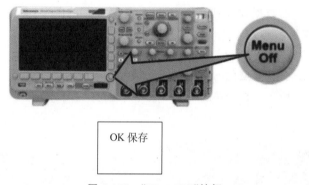

图 1-110　"Menu Off"按钮

2) 保存屏幕图像

与波形数据由波形中每个点的数值组成不同,屏幕图像由示波器屏幕的图形图像组成。保存屏幕图像也就是将示波器当前的屏幕保存为图像文件,具体操作步骤如下。

(1) 按"Save/Recall"区域的 Save 按钮,如图 1-111 所示。

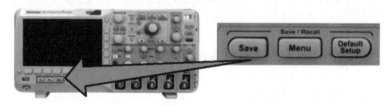

图 1-111　按下 Save 按钮

(2) 在下方的 bezel 菜单中选择"保存屏幕图像",如图 1-112 所示。

如图 1-113 所示,在侧面弹出的 bezel 菜单中,可执行如下功能。

保存屏幕图像	存储波形	储存设置	恢复波形	恢复设置	分配 保存 | 到 设置	文件功能

图 1-112 设置菜单项

(3) 从侧面的 bezel 菜单中，反复按“文件格式”选择.tif、.bmp 和.png 格式。

(4) 按“省墨模式”开启或关闭“省墨模式”。如果处于打开状态，该模式将提供白色背景。

(5) 按“编辑文件名”为屏幕图像文件创建自定义名称。跳过该步骤则使用默认名。

(6) 按“OK 保存屏幕图像”将图像写入选定的介质中。

保存屏幕图像
文件格式 .png
省墨模式 开启 | 关闭
编辑文件名
OK保存屏幕图像

图 1-113 选择“保存屏幕图像”

3) 保存和打开波形数据文件

波形数据由波形中每个点的数值组成。波形数据的保存是将构成波形的每个点的数据保存到文件中，并非复制屏幕的图形图像。保存当前波形数据或打开以前存储的波形数据的步骤如下。

(1) 按“Save/Recall”区域的 Save 按钮，如图 1-114 所示。

(2) 如图 1-115 所示，在下方的 bezel 菜单中选择“存储波形”或“调出波形”。

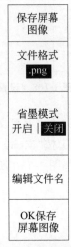

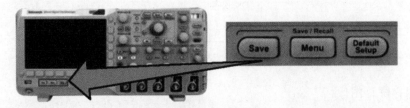

图 1-114 按下 Save 按钮

保存屏幕图像	存储波形	储存设置	恢复波形	恢复设置	分配 保存 | 到 设置	文件功能

图 1-115 屏幕下方 bezel 菜单

(3) 选择一个波形或全部波形。

(4) 如图 1-116 所示，在侧面的 bezel 菜单中，选择要存储波形数据的位置或要从中调出波形的位置，可实现保存等功能。

(5) 按“源”并旋转通用旋钮 a 选择要保存的波形。

(6) 按“目标”并旋转通用旋钮 b 选择参考波形或文件。

（7）按“保存”保存到 USB 闪存驱动器。

4）保存设置、屏幕图像和波形文件

要同时保存设置、屏幕图像和波形文件，可使用“分配保存到全部”功能，操作步骤如下。

（1）按“Save/Recall”区域的 Save 按钮，如图 1-117 所示。

源 （a）1
目标 （b）.csv
波形分辨率 完整
选通 关
保存...

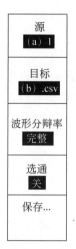

图 1-116　屏幕侧面的 bezel 菜单

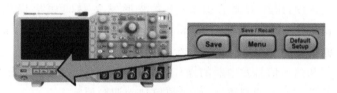

图 1-117　按下 Save 按钮

（2）如图 1-118 所示，在屏幕下方的 bezel 菜单，选择“分配保存到”菜单。

保存屏幕图像	存储波形	保存设置	恢复波形	恢复设置	分配 保存 到 设置	文件功能

图 1-118　屏幕下方的 bezel 菜单

（3）如图 1-119 所示，在屏幕侧面的 bezel 菜单，选择“图像、波形和设置”菜单。

分配保存到
屏幕图像
波形
设置
图像、波形和设置

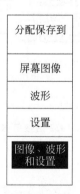

图 1-119　屏幕侧面的 bezel 菜单

（4）按下 Save 按钮，示波器将创建 3 个文件：设置、屏幕图像和波形。

1.2.3 函数信号发生器

函数信号发生器是一种信号发生装置,能产生某些特定的周期性时间函数波形(正弦波、方波、三角波、锯齿波和脉冲波等)信号,频率范围可从几微赫到几十兆赫。除供通信、仪表和自动控制系统测试用外,还广泛用于其他非电测量领域。本节以目前国内教学和电路调试中常用的 RIGOL DG1022 函数信号发生器为例,讲解其基本用法。

1. 快速入门

DG1022 双通道函数/任意波形发生器使用直接数字合成(DDS)技术,可生成稳定、精确、纯净和低失真的正弦信号。它还能提供 5MHz、具有快速上升沿和下降沿的方波。另外,还具有高精度、宽频带的频率测量功能。DG1022 实现了易用性、优异的技术指标及众多功能特性的完美结合,可帮助用户更快地完成工作任务。

DG1022 双通道函数/任意波形发生器向用户提供简单而功能明晰的前面板如图 1-120 所示。人性化的键盘布局和指示以及丰富的接口,直观的图形用户操作界面,内置的提示和上下文帮助系统极大地简化了复杂的操作过程,用户不必花大量的时间去学习和熟悉信号发生器的操作,即可熟练使用。内部 AM、FM、PM、FSK 调制功能使仪器能够方便地调制波形,而无须单独的调制源。

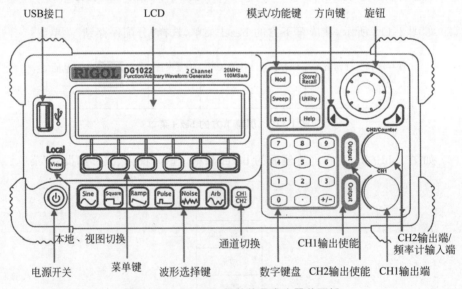

图 1-120 DG 1022 函数信号发生器前面板

DG1022 双通道函数/任意波形发生器提供了 3 种界面显示模式:单通道常规模式、单通道图形模式及双通道常规模式。这 3 种界面显示模式可通过前面板左侧的 View 按键切换。用户可通过 $\dfrac{\text{CH1}}{\text{CH2}}$ 来切换活动通道,以便于设定每个通道的参数及观察、比较波形。3 种界面显示模式如图 1-121 所示。

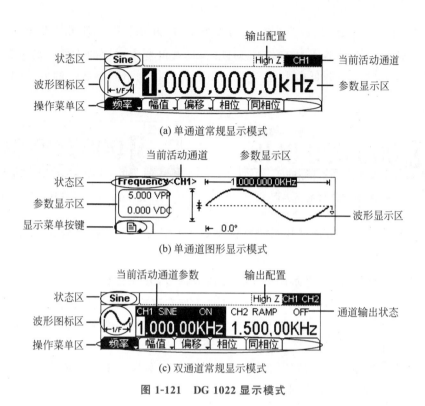

(a) 单通道常规显示模式

(b) 单通道图形显示模式

(c) 双通道常规显示模式

图 1-121　DG 1022 显示模式

2. 基本操作

1) 波形设置

如图 1-122 所示,在操作面板左侧下方有一系列带有波形显示的按键,它们分别是:正弦波、方波、锯齿波、脉冲波、噪声波、任意波,此外还有两个常用按键:通道选择和视图切换键。

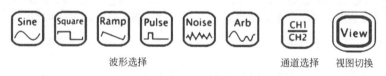

波形选择　　　　　　　　通道选择　视图切换

图 1-122　波形设置

下面的练习将引导读者逐步熟悉这些按键的设置。以下对波形选择的说明均在常规显示模式下进行。

(1) 使用 $\boxed{\text{Sine}}$ 按键,波形图标变为正弦信号,并在状态区左侧出现 Sine 字样。DG1022 可输出频率大小从 1μHz 到 20MHz 的正弦波形。通过设置频率/周期、幅值/高电平、偏移/低电平、相位,可以得到不同参数值的正弦波,如图 1-123 所示。

图 1-123 中的正弦波使用系统默认参数,频率为 1kHz,幅值为 5.0V_{PP},偏移量为 0V_{DC},初始相位为 $0°$。

（2）使用 Square 按键，波形图标变为方波信号，并在状态区左侧出现 Square 字样。DG1022 可输出频率大小从 $1\mu\text{Hz}$ 到 5MHz 并具有可变占空比的方波。通过设置频率/周期、幅值/高电平、偏移/低电平、占空比、相位，可以得到不同参数值的方波，如图 1-124 所示。

图 1-123　正弦波常规显示界面

图 1-124　方波常规显示界面

图 1-124 中所示的方波使用系统默认参数：频率为 1kHz，幅值为 5.0V_{PP}，偏移量为 0V_{DC}，占空比为 50%，初始相位为 0°。

（3）使用 Ramp 按键，波形图标变为锯齿波信号，并在状态区左侧出现 Ramp 字样。DG1022 可输出频率大小从 $1\mu\text{Hz}$ 到 150kHz 并具有可变对称性的锯齿波波形。通过设置频率/周期、幅值/高电平、偏移/低电平、对称性、相位，可以得到不同参数值的锯齿波，如图 1-125 所示。

图 1-125 中所示的锯齿波使用系统默认参数：频率为 1kHz，幅值为 5.0V_{PP}，偏移量为 0V_{DC}，对称性为 50%，初始相位为 0°。

（4）使用 Pulse 按键，波形图标变为脉冲波信号，并在状态区左侧出现 Pulse 字样。DG1022 可输出频率大小从 $500\mu\text{Hz}$ 到 3MHz 并具有可变脉冲宽度的脉冲波形。通过设置频率/周期、幅值/高电平、偏移/低电平、脉宽/占空比、延时，可以得到不同参数值的脉冲波，如图 1-126 所示。

图 1-125　锯齿波常规显示界面

图 1-126　脉冲波常规显示界面

图 1-126 中所示脉冲波形使用系统默认参数：频率为 1kHz，幅值为 5.0V_{PP}，偏移量为 0V_{DC}，脉宽为 $500\mu\text{s}$，占空比为 50%，延时为 0s。

（5）使用 Noise 按键，波形图标变为噪声信号，并在状态区左侧出现 Noise 字样。DG1022 可输出带宽为 5MHz 的噪声。通过设置幅值/高电平、偏移/低电平，可以得到不同参数值的噪声信号，如图 1-127 所示。

图 1-127　噪声波形常规显示界面

图 1-127 中所示的波形为系统默认的信号参数：幅值为 $5.0V_{PP}$，偏移量为 $0V_{DC}$。

（6）使用 Arb 按键，波形图标变为任意波信号，并在状态区左侧出现 Arb 字样。DG1022 可输出最多 4k 个点和最高 5MHz 重复频率的任意波形。通过设置频率/周期、幅值/高电平、偏移/低电平、相位，可以得到不同参数值的任意波信号，如图 1-128 所示。

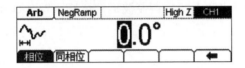

图 1-128　任意波形常规显示界面

图 1-128 中所示的 NegRamp 倒三角波形使用系统默认参数：频率为 1kHz，幅值为 $5.0V_{PP}$，偏移量为 $0V_{DC}$，相位为 $0°$。

（7）使用 $\dfrac{CH1}{CH2}$ 键切换通道，当前选中的通道可以进行参数设置。在常规和图形模式下均可以进行通道切换，以便用户观察和比较两通道中的波形。

（8）使用 View 键切换视图，使波形显示在单通道常规模式、单通道图形模式、双通道常规模式之间切换。此外，当仪器处于远程模式，按下该键可以切换到本地模式。

2）输出设置

如图 1-129 所示，在前面板右侧有两个按键，用于通道输出、频率计输入的控制。

使用 Output 按键，启用或禁用前面板的输出连接器输出信号。已按下 Output 键的通道显示 ON 且键灯被点亮。

在频率计模式下，CH2 对应的 Output 连接器作为频率计的信号输入端，CH2 自动关闭，禁用输出，如图 1-130 所示。

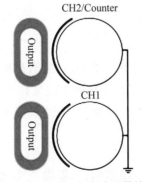

图 1-129　通道、频率计设置按键

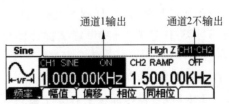

图 1-130　通道输出控制

3）调制/扫描/脉冲串设置

如图 1-131 所示，在前面板右侧上方有 3 个按键，分别用于调制、扫描及脉冲串的设置。脉冲串是指输出具有指定循环数目的波形。脉冲串可持续特定数目的波形循环（N循环脉冲串），或受外部门控信号控制（为门控脉冲串）。脉冲串可适用于任何波形函数（DC 除外），但是噪声只能用于门控脉冲串。

使用 Mod 按键，可输出经过调制的波形。并可以通过改变类型、内调制/外调制、深度、频率、调制波等参数，来改变输出波形。

DG1022 可使用 AM、FM、FSK 或 PM 调制波形。可调制正弦波、方波、锯齿波或任意波形（不能调制脉冲、噪声和 DC）。调制波形常规显示界面如图 1-132 所示。

图 1-131　调试/扫描/脉冲串按键　　　　图 1-132　调制波形常规显示界面

使用 Sweep 按键，对正弦波、方波、锯齿波或任意波形产生扫描（不允许扫描脉冲、噪声和 DC）。在扫描模式中，DG1022 在指定的扫描时间内从开始频率到终止频率变化输出。扫描波形常规显示界面如图 1-133 所示。

使用 Burst 按键，可以产生正弦波、方波、锯齿波、脉冲波或任意波形的脉冲串波形输出，噪声只能用于门控脉冲串。脉冲串波形常规显示界面如图 1-134 所示。

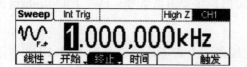　　　

图 1-133　扫描波形常规显示界面　　　　图 1-134　脉冲串波形常规显示界面

4）其他操作功能

（1）数字输入。

如图 1-135 所示，在前面板上有两组按键，分别是左右方向键和旋钮、数字键盘。其中方向键用于切换数值位数、任意波文件/设置文件存储位置；旋钮用于改变数值大小，切换内建波形种类、任意波文件/设置文件存储位置、文件名字符等；数字键盘用于输入数字，改变参数大小等。

（2）存储和调出/辅助系统/帮助功能。

如图 1-136 所示，操作面板上有 3 个按键，分别用于存储和调出、辅助系统功能及帮助功能的设置。

使用 Store/Recall 按键，存储或调出波形数据和配置信息。

(a) 方向键和旋钮　　　　　　　(b) 数字键盘

图 1-135　前面板数字输入　　　　　　图 1-136　存储和调出/辅助系统功能/
　　　　　　　　　　　　　　　　　　　　　　　　帮助功能设置按键

使用 Utility 按键，可以进行设置同步输出开/关、输出参数、通道耦合、通道复制、频率计测量；查看接口设置、系统设置信息；执行仪器自检和校准等操作。

使用 Help 按键，查看帮助信息列表。

1.2.4　直流稳压电源

由于电子技术的特性，电子设备对电源电路的要求就是能够提供持续稳定、满足负载要求的电能，而且通常情况下都要求提供稳定的直流电能。提供这种稳定的直流电能的电源就是直流稳压电源。直流稳压电源包括恒压源和恒流源。恒压源的作用是提供可调直流电压，其伏安特性十分接近理想电压源；恒流源的作用是提供可调直流电流，其伏安特性十分接近理想电流源。直流稳压电源的分类方法繁多，型号各异，但使用方法大致相同。目前市面上常见的直流稳压电源大都是数字直流稳压稳流电源，具有高效能、高精度、高稳定性等特性，广泛应用于国防、科研、大专院校、实验室、工矿企业、电解、电镀、直流电机、充电设备等。

本节以普源(RIGOL)DP831 线性直流电源为例，介绍其基本用法。DP831 是一款高性能的线性直流电源，拥有清晰的用户界面，优异的性能指标，多种分析功能，多种通信接口，可满足多样化的测试需求。

1. 快速入门

DP832 拥有简洁的前面板，面板上各个部件的作用及其介绍如图 1-137 所示。

(1) LCD：3.5 英寸的 TFT 显示屏，用于显示系统参数设置、系统输出状态、菜单选项以及提示信息等。

(2) 通道选择与输出开关。

(3) 参数输入区：包括方向键（单位选择键）、数字键盘和旋钮。

(4) Preset：用于将仪器所有设置恢复为出厂默认值，或调用用户自定义的通道电压/电流配置。

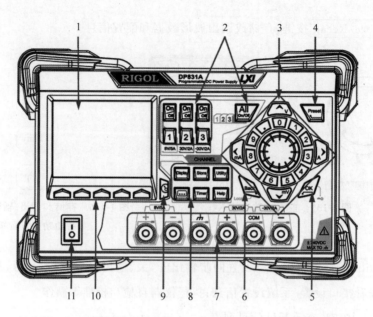

1—LCD；2—通道选择与输出开关；3—参数输入区；4—Preset；5—OK；
6—Back；7—输出端子；8—功能菜单区；9—显示模式；10—菜单键；
11—电源开关。

图 1-137　DP831 直流稳压电源前面板

（5）$\boxed{OK}$：用于确认参数的设置。

（6）$\boxed{Back}$：用于删除当前光标前的字符。当仪器工作在远程模式时，该键用于返回本地模式。

（7）输出端子。

（8）功能菜单区。

（9）显示模式：切换/返回主界面。

（10）菜单键。

（11）电源开关键。

DP831 直流稳压电源提供 3 种显示模式：普通显示模式、波形显示模式和表盘显示模式。默认为普通显示模式，按 $\boxed{Display}$ →显示模式，选择"波形"或"表盘"可切换为波形显示模式或表盘显示模式。下面介绍普通显示模式下用户界面的布局，如图 1-138 所示。

（1）电压、电流设置值。

（2）过压、过流保护设置值。

（3）实际输出电压。

（4）实际输出电流。

（5）实际输出功率。

（6）通道输出模式。

（7）菜单栏。

（8）通道编号。

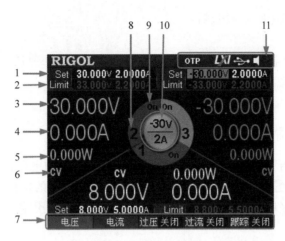

1—电压、电流设置；2—过压、过流保护设置；3—实际输出电压；
4—实际输出电流；5—实际输出功率；6—通道输出模式；7—菜单栏；
8—通道编号；9—通道输出状态；10—当前选中通道；11—状态栏。

图 1-138　DP831 直流稳压电源用户界面

（9）通道输出状态。

（10）当前选中通道。

（11）状态栏，显示系统状态标志，DP831 共有如下几种系统状态。

OTP：打开过温保护。

🔒：前面板已锁定。

LXI：网络已连接。

⟷：已识别 USB 设备。

🔊：打开蜂鸣器。

🔇：关闭蜂鸣器。

↱：仪器工作在远程模式。

对于初学者而言，可以方便地使用系统内置的帮助系统以获取帮助信息。用户可先按 Help 键将其点亮，然后按下面板上的任意功能按键，即可获得该按键的帮助信息，同时 Help 键背灯熄灭。按 ◄———— 退出帮助系统。用户也可以连续两次按下 Help 键打开内置的帮助界面，再按上、下方向键选择所需要的帮助主题。

2. 基本用法

1）恒压输出

DP831 直流稳压电源提供如下 3 种输出模式：恒压输出（CV）、恒流输出（CC）和临界模式（UR）。在 CV 模式下，输出电压等于电压设置值，输出电流由负载决定；在 CC 模式下，输出电流等于电流设置值，输出电压由负载决定；UR 是介于 CV 和 CC 之间的临界模式。下面介绍恒压输出的操作方法。

（1）打开电源开关键，启动仪器。

（2）选择通道。

根据需要输出的电压值，选择合适的输出通道。按对应的通道选择键，此时，显示屏突出显示该通道、通道编号及输出状态。

（3）设置电压。

方法一：按"电压"菜单键，使用左右方向键移动光标位置，然后旋转旋钮快速设置电压值，默认单位为 V。

方法二：按"电压"菜单键，使用数字键盘直接输入所需的电压数值，按 V 或 mV 菜单键或单位选择键◁△▷或◁▽▷即可。或者按 OK 键输入默认的单位 V。输入过程中，按 Back 键可删除当前光标前的字符；按"取消"菜单键，可取消本次输入。

（4）设置电流。

方法一：按"电流"菜单键，使用左右方向键移动光标位置，然后旋转旋钮快速设置电流值，默认单位为 A。

方法二：按"电流"菜单键，使用数字键盘直接输入合适的电流数值，按 A 或 mA 菜单键或单位选择键▷或◁即可。或者按 OK 键输入默认的单位 A。输入过程中，按 Back 键可删除当前光标前的字符；按"取消"菜单键，可取消本次输入。

（5）设置过流保护。

按"过流"菜单键，设置合适的过流保护值，设置方法参考第（4）步"设置电流"，再次按"过流"菜单键可打开过流保护功能，当实际输出电流大于过流保护值时，输出自动关闭。

（6）连接输出端子。

如图 1-139 所示，将负载与对应通道的输出端子连接。

（7）打开输出。

打开对应通道的输出，用户界面将突出显示该通道的实际输出电压、电流、功率以及输出模式（CV）。

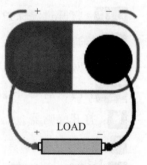

图 1-139　连接输出端子

（8）检查输出模式。

恒压输出模式下，输出模式显示为 CV，如果输出模式显示为 CC，可适当增大电流设置值，电源将自动切换到 CV 模式。

2）恒流输出

恒流输出模式下，输出电流等于电流设置值，输出电压由负载决定，操作步骤如下。

（1）打开电源开关键，启动仪器。

（2）通道选择。

根据需要输出的电流值，选择合适的通道，按对应的通道选择键，此时，显示屏中心突出显示该通道、通道编号及输出状态。

（3）设置电压。

按电压菜单键，设置合适的电压值，设置方法参考"恒压输出"中"设置电压"。

（4）设置电流。

按电流菜单键,设置所需的电流值,设置方法参考"恒压输出"中"设置电流"。

(5) 设置过压保护。

按过压菜单键,设置合适的过压保护值,设置方法参考"恒压输出"节"设置电压",再次按过压菜单键可打开过压保护功能,当实际输出电压大于过压保护值时,输出自动关闭。

(6) 连接输出端子。

如图 1-140 所示,将负载与对应通道的输出端子连接。

(7) 打开输出。

打开对应通道的输出,用户界面将突出显示该通道的实际输出电压、电流、功率以及输出模式(CC)。

(8) 检查输出模式。

恒流输出模式下,输出模式显示为 CC,如果输出模式显示为 CV,可适当增大电压设置值,电源将自动切换到 CC模式。

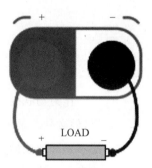

图 1-140　连接输出端子

3) 跟踪功能

DP831 直流稳压电源的 CH2 和 CH3 通道具有跟踪功能,CH1 不具备通道功能。对于支持跟踪功能的两个通道,打开其中一个通道(被跟踪通道)的跟踪功能时,修改该通道的电压设置值,另一个通道(跟踪通道)的电压设置值会随之改变。跟踪功能默认为关闭状态,常用于为运算放大器或其他电路提供对称的电压。设置跟踪的基本操作步骤如下。

(1) 打开电源开关键,启动仪器。

(2) 打开跟踪功能。

选择通道 2,按跟踪,打开跟踪功能。此时,用户界面通道 2 区域显示跟踪状态图标 ∾ 。

(3) 设置电压。

按电压菜单键,设置合适的电压值。此时,通道 2 的电压值将随之改变。例如:将通道 3 的电压设置为 −5V,通道 2 的电压值则自动变化为 +5V。

(4) 关闭跟踪功能。

选择通道 3,按跟踪,关闭跟踪功能。

4) 其他高级功能

除上述几个基本功能外,DP831 直流稳压电源还提供定时器与演示器、录制器、分析器、监测器、触发器、存储和调用、远程控制等高级功能。囿于篇幅限制,本书不再详细介绍。在拥有上述基础知识后,读者在学习和工作中可参考 DP831 直流稳压电源的用户手册以掌握更多功能的使用方法。

第2章

电路设计与制作基础

◆ 2.1 概　　述

作为物联网系统开发人员，可能不需要亲自完成系统的电子电路设计工作，但必须了解电子电路设计的基本知识，掌握最基本的电子电路设计技能并能够熟练地读懂电路原理图，这对于物联网系统开发具有重要的意义。就当前的发展形势而言，电子线路计算机辅助设计（Computer Aided Design，CAD）和计算机辅助制造（Computer Aided Manufacturing，CAM）已经成为行业主流，相关的工程技术人员在生产时都能够熟练运用有关电子设计自动化（Electronic Design Automation，EDA）软件进行线路设计、仿真分析以及印制电路板的设计。

为了保证产品质量，现代电子系统的设计流程都严格遵循一定的流程，十分重视过程管理，在每一个关键节点都有重要的质量保证活动。图 2-1 给出了现代电子系统设计的基本流程。

在上述工作流程中，大多数工作在技术岗位上的工程师只参与其中的一两个环节，公司通过高质量的流程管理将各个岗位的工作成果汇集起来，最终打造出符合要求的产品。作为在校的读者和电子电路设计的初学者，在实践过程中兼顾上述各个环节是不现实的，只有掌握其中的一些关键环节中用到的技术以及对相关知识的学习方法才有可能胜任将来的工作。

本章以 Altium Designer 为基础，通过案例引领读者初步掌握电子电路设计领域的基本概念和基础知识。囿于本书涵盖的内容较为广泛，对电子电路设计的课题不可能面面俱到，读者通过对本章的学习，初步打下基础后可通过其他教材进一步深入学习电子电路设计知识的全貌。

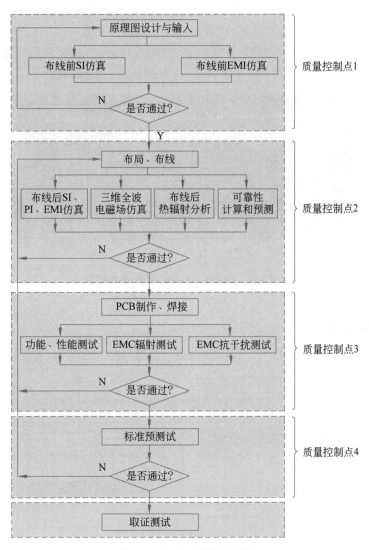

图 2-1　电子系统设计流程

◈ 2.2　电子电路设计基础

2.2.1　Altium Designer 简介

　　Altium Designer 是澳大利亚公司 Altium 推出的强大的 EDA 工具软件。由于 Altium Designer 的前身 Protel 软件进入我国较早，其应用范围广、用户群体较大、参考资料丰富，因此，Altium Designer 目前已经成为国内电子电路设计者最喜欢的 EDA 工具之一。

　　Altium Designer 主要运行在 Windows 操作系统，该软件通过把原理图设计、电路仿真、PCB 绘制编辑、拓扑逻辑自动布线、信号完整性分析和设计输出等技术完美融合,为设计者提供全新的设计解决方案,设计者可以轻松地使用该软件完成电子电路设计,友好的软件操作界面和简单易用的操作方式使工程师可以快速掌握软件的使用方法,大大提高电子电路设计的效率,图 2-2 展示了 Altium Designer 2020 的启动界面。

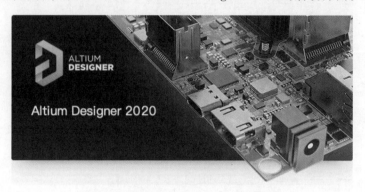

图 2-2　Altium Designer 2020 启动界面

2.2.2　创建工程

创建工程是使用 Altium Designer 进行电子电路设计的第一步,具体操作步骤如下。

(1) 选择 File→New→Project→Project 菜单项,如图 2-3 所示。

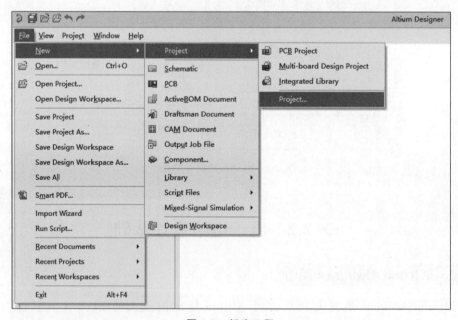

图 2-3　新建工程

(2) 在弹出的 New Project 对话框,需要选择工程类型(PCB Project),输入工程名称(Name),指定工程存储路径(Location)以及设定工程类型(Project Kind),如图 2-4 所示。

对初学者而言,一个基本的 PCB 工程需要包含电路原理图(.SchDoc)、PCB 设计图

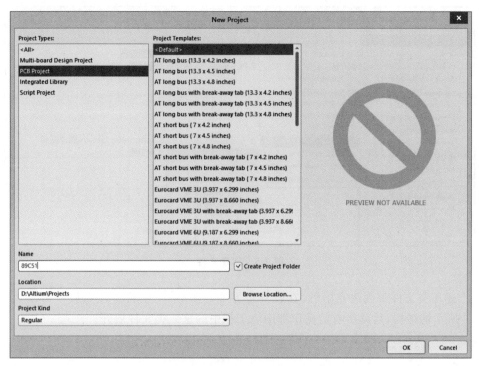

图 2-4　输入工程配置信息

（.PcbDoc）、原理图库（.SchLib）以及 PCB 封装库（.PcbLib）4 类文件，这 4 类文件所包含的内容如下。

（1）电路原理图（.SchDoc）：使用电子元器件的电气图形符号以及绘制电路原理图所需要的导线、总线等示意性绘图工具来描述电路系统中各个元器件之间的电气连接关系，是一种符号化、图形化的语言。

（2）PCB 设计图（.PcbDoc）：包含印制电路板尺寸、形状、布局、布线、层数以及元器件封装特性等属性，是指导印制电路板生产的关键文件。

（3）原理图库（.SchLib）：包含元器件电气图形符号的库文件，Altium Designer 默认包含 Miscellaneous Connectors.IntLib 和 Miscellaneous Devices.IntLib 两个库。大多数的电子电路设计项目需要用户重新创建或者修改已有的元器件图形符号。

（4）PCB 封装库（.PcbLib）：包含元器件封装图的库文件。元器件封装图中定义了元器件的封装尺寸，很多元器件具有标准的封装尺寸，对于一些非标准尺寸的元器件，则需要修改元器件封装图。

往项目中添加上述 4 类文件的操作步骤如下。

（1）单击 File→New 菜单项。

（2）在弹出的菜单中选择 Schematic 菜单项创建电路原理图，选择 PCB 菜单项创建 PCB 设计图。

（3）进一步进入 Library 菜单，选择 Schematic Library 菜单项创建原理图库，选择 PCB Library 菜单项创建 PCB 封装库，操作界面如图 2-5 所示。

图 2-5　创建文件

上述 4 类文件都创建完毕后,在软件主界面的 Project 项目管理面板下可以看到如图 2-6 所示的结构,后续所有的操作都围绕工程中的这 4 类文件展开。

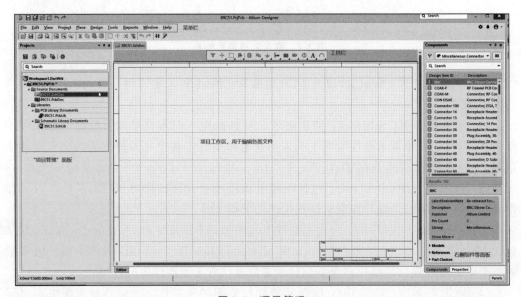

图 2-6　项目管理

2.2.3　原理图库与原理图

电子产品的设计与硬件工程师的经验有着密切的关系,硬件工程师必须熟练地使用 EDA 软件绘制电路原理图。很多时候,设计人员会首先使用手绘等传统手段大致描绘出电路原理图,然后再使用 Altium Designer 等专业工具完成制图。假设需要使用 Altium Designer 完成如图 2-7 所示的电路原理图并依次完成原理图库、PCB 设计图以及 PCB 封装图库的创建和编辑任务。

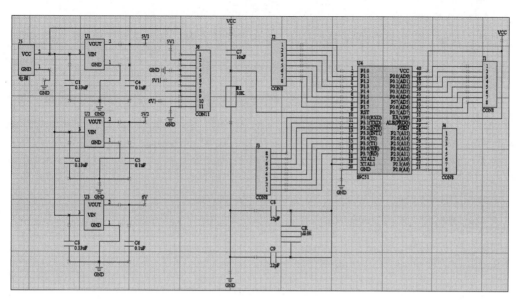

图 2-7　参考原理图

1. 创建原理图库

图 2-7 中所用到的元器件可分为电源端子、LDO 稳压器模块、排针、电容、电阻、晶振、89C51 单片机芯片这几大类,电路只是简单地实现了对 89C51 单片机的供电以及将其引脚引出到排针 J1、J2、J3、J4 的功能。原理图库文件中保存着电路中每一类元器件的电气图形符号,通过本节的学习,读者应该掌握使用 Altium Designer 创建元器件电气图形符号并组织成原理图库的方法。

1) 打开原理图库文件

双击打开项目中已经创建好的 89C51.SchLib 文件,如图 2-8 所示。

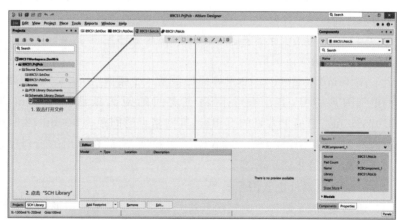

图 2-8　打开原理图库文件

2) 打开管理面板

单击左侧导航面板上的 SCH Library,对各类元器件图形符号进行管理(图 2-9 右侧)。

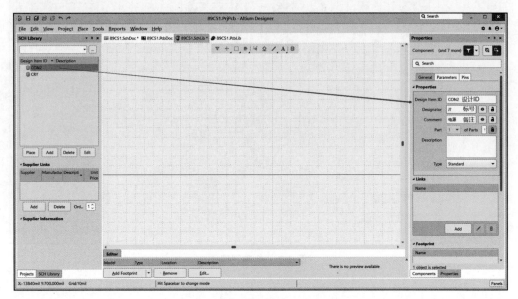

图 2-9　编辑元器件属性(**Properties**)

3) 编辑元器件属性

双击 SCH Library 面板中元器件列表中的第一个默认的元器件 Component_ * ,在弹出的 Properties 面板按照图 2-9 所示进行编辑。

针对每一类元器件,一般都要编辑的字段如下。

(1) Design Item ID(元器件的设计 ID,此例中使用的 CON2 表示带有两个引脚的 Connector)。

(2) Designator(元器件位号,此处用 J?,其中的问号用于系统自动编号和用户自定义编号)。

(3) Comment(备注字段,此处的 PWR 表示电源 Power)。

4) 设置编辑区网格点

Altium Designer 2019 主界面提供了一个带有"十字叉"的编辑区供用户设计元器件的电气图形符号,其中每个网格点之间的距离默认为 100mil(1mil = 1/1000inch = 0.0254mm),市面上常见的万用板,其网格点的间距为 100mil(2.54mm)。在设计过程中可选择 View→Grids→Set Snap Grid 菜单项,然后在弹出的窗口中设置编辑区网格点之间的距离,如图 2-10 所示。

5)绘制元器件电气图形符号

通俗地讲,元器件的电气图形符号就是一个简单的图形加上几只输入/输出引脚形成一个可以表示某一类元器件的符号。使用 Altium Designer 绘制元器件电气图形符号在操作上与 Windows 系统自带的画图软件类似,极易上手。在软件主界面的 Place 菜单中提供了各类图形供用户选择,其中 Place→Rectangle 菜单项以矩形框来表示电源端子。

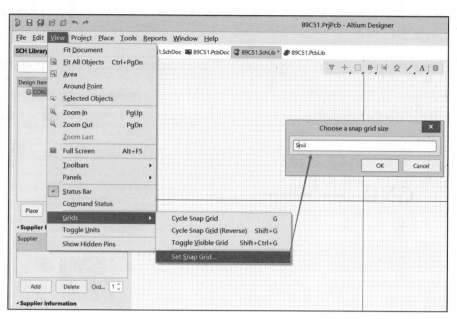

图 2-10　设置网格点

注意,选中 Rectangle 菜单项后鼠标变成一个带有 Rectangle 形状的十字光标,以编辑区的中心十字点为待绘制矩形的几何中心,单击,鼠标焦点会移动至 Rectangle 的右下角,再次单击,一个矩形就绘制成功了。此时,鼠标依旧是绘制矩形的状态,接连单击,可以绘制第 2 个、第 3 个矩形。当不需要继续绘制矩形时,按 Esc 键取消绘制操作。绘制完毕后,单击选中矩形框,可在其 Properties 面板中编辑其相关属性,如图 2-11 所示。

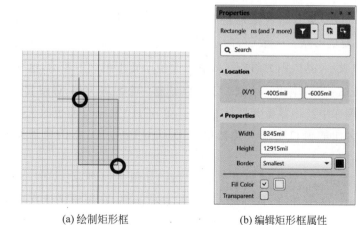

(a) 绘制矩形框　　　　　　　　　(b) 编辑矩形框属性

图 2-11　绘制矩形框

矩形绘制完毕后,还应该为其绘制用以连接导线的引脚。选择 Place→Pin 菜单项或者单击工具栏上的 图标,可绘制引脚。单击放置引脚,在放置引脚之前单击空格键可旋转引脚,单击 Tab 键可编辑引脚的属性。

注意：绘制引脚时，引脚带有十字叉符号（×）的一端应该向外，标志着与外界导线的连接点，如图 2-12 所示。

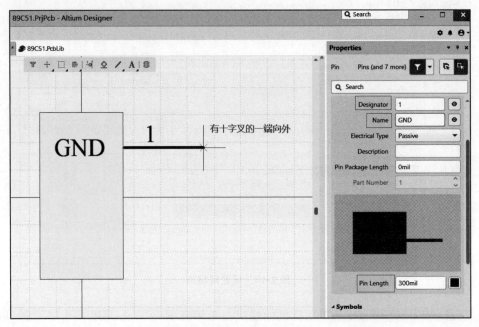

图 2-12　引脚绘制与属性编辑

对于引脚而言，其可编辑的属性有标号（Designator）、名称（Name）以及引脚长度（Pin Length）等。除此之外，用户还可以设置引脚上文字的字体、字号、颜色等属性。

对于电源端子、连接器、排针、89C51 单片机等元器件，使用矩形框（Rectangle）和引脚（Pin）组合就可以完成其电气图形符号的绘制。对于电容、电阻、晶振等，可使用线条（Line）组合成想要的形状。一般而言，电阻用蓝色空心矩形框（—□—）表示、电容用两条蓝色线段（⊥）表示、晶振则为两条短线和一个空心矩形框（⊡）表示，这些图形都可以通过选择 Place→Line 菜单项进行绘制。下面以绘制一个晶振为例，详解其绘制方法。

首先，在原理库中新增晶振元器件 CRY。在 SCH Library 面板的元器件列表下单击 Add 按钮，并在弹出的窗口中输入元器件的 Design Item ID，本例中为 CRY，如图 2-13 所示。

选中新增的元器件 CRY，并编辑其相关属性，如图 2-14 所示。

选择 Place→Line 菜单项，鼠标进入线条绘制状态后，在编辑区依次单击拟绘制矩形的 4 个顶点，然后按 Esc 键取消绘制。选中绘制好的空心矩形，将线条颜色设置为蓝色，如图 2-15 所示。

继续在蓝色空心矩形框的上下两侧添加蓝色线段并在蓝色线段上增加引脚以形成一个表示晶振的电气图形符号。对于晶振而言，其引脚的 Designator 和 Name 属性无须显示出来，因此设置为"不可见"即可，如图 2-16 所示。

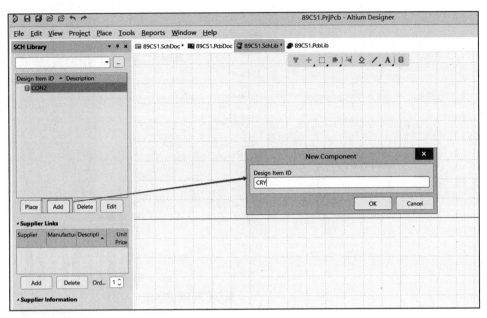

图 2-13　在原理图库中新增元器件

图 2-14　编辑晶振元件属性

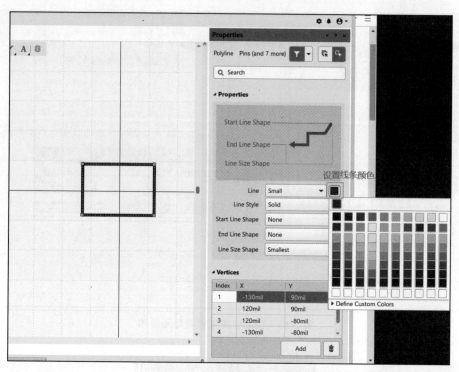

图 2-15　绘制空心矩形

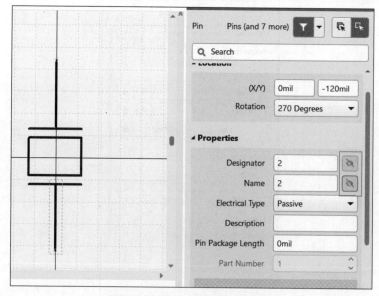

图 2-16　晶振元件电气图形符号

　　同理,我们依次可以创建 LDO 稳压器、电容、电阻、89C51 单片机以及各类排针的电气图形符号,见表 2-1。

表 2-1　元器件电气图形符号

SHC Library	元器件	器件名称代码	电气图形符号
	电源底座	CON2	GND 1　VCC 2
	普通底座（2Pin）	CON2_1	1　2
	稳压器	LDO7805	1 IN GND OUT 2　3
	电容	CAP	
	电阻	RES	
	晶振	CRY	
	排针（8Pin）	CON8	1 2 3 4 5 6 7 8
	排针（11Pin）	CON11	1 2 3 4 5 6 7 8 9 10 11
	89C51 单片机	89C51	

SCH Library

Design Item ID　Description
- 89C51
- CAP
- CON2
- CON2_1
- CON8
- CON11
- CRY
- LDO7805
- RES

Place　Add　Delete　Edit

89C51 引脚：40 VCC(AD0) 39 P0.0(AD0) 38 P0.1(AD1) 37 P0.2(AD2) 36 P0.3(AD3) 35 P0.4(AD4) 34 P57(AD5) 33 P0.6(AD6) 32 P0.7(AD7) 31 EA(VPP) 30 ALE(PROG) 29 PSEN 28 P2.7(A15) 27 P2.6(A14) 26 P2.5(A13) 25 P2.4(A12) 24 P2.3(A11) 23 P2.2(A10) 22 P2.1(A9) 21 P2.0(A8)；1 P1.0 2 P1.1 3 P1.2 4 P1.3 5 P1.4 6 P1.5 7 P1.6 8 P1.7 9 RST 10 P3.0(RXD) 11 P3.1(TXD) 12 P3.2(INT0) 13 P3.3(INT1) 14 P3.4(T0) 15 P3.5(T1) 16 P3.6(WR) 17 P3.7(RD) 18 XTAL2 19 XTAL1 20 GND

至此，原理图库文件创建完毕，其中包含绘制原理图时即将用到的各类元器件。创建好的原理图库文件的后缀名为.SchLib，在电子电路设计中已有大量的原理图库文件被创建出来，大多数的元器件厂商在销售芯片后也会发布原理图库文件，读者可以通过各类渠道获得已有的原理图库。

6) 电气图形符号库检查

制作好所有元器件的原理图库文件(.SchLib),通过 Reports 菜单下的 Reports→Component Rule Check 菜单项,可以在如图 2-17 所示的窗口内选择检查项目并按 OK 按钮执行检查。

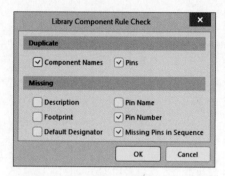

图 2-17　电气图形符号检查项目设置

其中,元器件名(Component Names)、引脚名(Pins)重复属于严重错误,必须检查;而信息丢失错误选项,可根据需要选择检查。常见的错误有:引脚号重复(Duplicate Pin Number)、没有封装信息(No Footprint)、丢失引脚编号(Missing Pin in Sequence)等。

如果所指定的元器件库文件没有错误,在生成的错误报告文件(.ERR)中显示没有错误,Errors 下面的区域为空白如图 2-18 所示,否则会列出详细的出错信息。

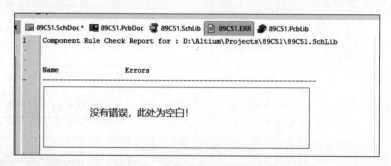

图 2-18　元器件库文件检查无误

2. 原理图编辑

在 Project 面板,双击 89C51.SchDoc 可在编辑区打开原理图文件。初学者应该掌握编辑原理图文件的基本方法,学会使用菜单栏和工具栏上的常用功能。

1) 图纸设计

双击原理图图纸的边缘,在弹出的 Properties 面板中可对图纸进行设计,包括图纸度量单位、纸张大小、纸张方向等,此类操作与 Microsoft Word 办公软件的页面设计非常类似,无须赘述,如图 2-19 所示。

2) 装载/启用原理图库

绘制原理图需要使用已经准备好的原理图库,可将原理图库文件放置在系统的默认

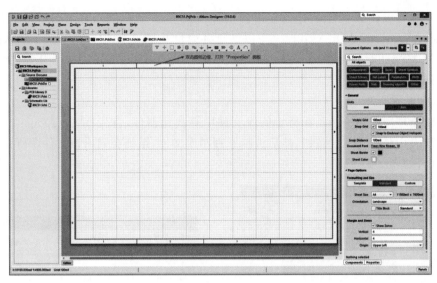

图 2-19　图纸设计

路径下，也可以在自己的工程中新建原理图库文件。在系统的 Components 面板单击库
列表按钮 ≡（如果 Altium Designer、主界面没有显示 Components 面板，可选择 View→
Panels→Components 菜单项进行显示），选择 File Libraries Preferences... 菜单，打开
Available File Libraries 窗口，可在该窗口中装载/启用原理图库文件。

窗口包含 Project 和 Installed 两个选项卡，前者列出当前工程中所有的库文件
（.SchLib和.PcbLib），默认为启用状态；后者列出当前系统默认路径下的所有库文件，复
选框处于勾选状态时表示库被激活启用，否则库没有被激活，如图 2-20 所示。

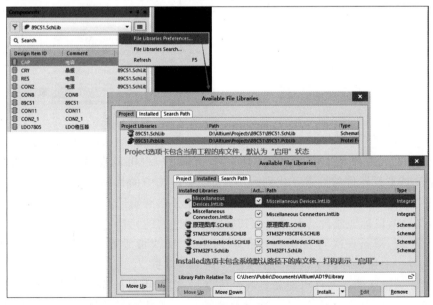

图 2-20　加载/启用原理图库

用户可将设计电子电路时经常用到的库复制到系统默认路径 C：\Users\Public\Documents\Altium\AD19\Library 下以供所有项目共享。Altium Designer 默认提供两个库文件 Miscellaneous Devices.IntLib 和 Miscellaneous Connectors.IntLib，其中包含一些常用的元器件。

3）放置元器件

绘制原理图的第一步是在特定的库文件中寻找元器件，首先在 Components 面板的库文件列表中单击"下拉"按钮，然后选择原理图库文件，系统会列出该文件库所存储的所有元器件，如图 2-21 所示。

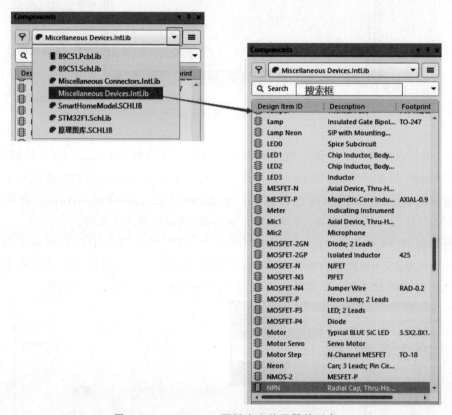

图 2-21　Components 面板库文件元器件列表

可以根据元器件的 Design Item ID 寻找元器件，也可以在搜索框输入关键字（如 NPN）来完成对元器件的检索。找到元器件后，单击选中的目标元器件并拖曳到编辑区的目标位置，释放鼠标即可放置一个元器件。如果要在编辑区放置多个目标元器件，可双击目标元器件，鼠标变成自动形式并在其后紧跟待绘制的元器件图形符号。此时，移动鼠标至目标位置，单击一次将放置一个元器件，单击 N 次可放置 N 个元器件，直到按 Esc 键取消放置。上述过程只需亲自动手实践一遍即可掌握。

放置在编辑区的元器件可能需要调整位置、方向。用鼠标拖曳元器件可实现位置调整；选中编辑区域内的元器件，按一次空格键可将元器件逆时针旋转 90°，以此可实现对元器件的旋转。

此外,还可以使用 X 键和 Y 键实现元器件的水平镜像(沿 Y 轴翻转)和垂直镜像(沿 X 轴翻转),具体操作步骤如下。

(1) 鼠标左键移动至目标元器件,按下左键不放。

(2) 待鼠标变成自动光标形式,同时出现"十字叉"符号。

(3) 按下 X 键或者 Y 键实现对元器件的翻转。

对元器件的旋转、翻转操作也可以在放置前进行操作,即用鼠标将元器件拖曳至编辑区,在还没有松开鼠标左键之前按空格、X 键或 Y 键就可实现对元器件的旋转和翻转,然后松开鼠标左键即可完成放置。对于从未接触过 CAD 软件的读者,上述操作需要反复练习几次,一旦熟悉了这个过程,就会适应这种快捷的操作方式。

选中编辑区中的某个元器件并按住 Shift 键不放,此时拖曳鼠标会产生该元件的一个副本(快速产生副本的操作);选中元器件并按下 Del 键可以删除它。同样,Ctrl+A、Ctrl+C 以及 Ctrl+V 等 Windows 系统常用的快捷键都适用于对 Altium Designer 编辑区的操作。

另外,放置元器件的时候,要注意布局,尽量使布局整洁、美观,不要产生太多的导线交叉。

4) 修改元器件属性

细心的读者可能已经发现,当将元器件放置到编辑区之后,元器件电气图形符号周围的 R?,C?,U? 等标号总是不那么自然。实际上,在放置元器件的过程中,可以编辑元器件的属性,有以下两种方法。

(1) 先选中已经放置好的元器件,然后双击鼠标就会弹出元器件的 Properties 面板,在其中可对元器件的标号(Designator)、注释(Comment)、描述(Description)、类型(Type)、方向(Rotation)等属性进行编辑。

(2) 在还没有放置元器件时,在 Components 面板列表中选中某个元器件并双击,鼠标变成自动形式并在其后紧跟待绘制的元器件图形符号,此时在单击鼠标左键放置元器件之前按下 Tab 键,编辑区将进入"放置暂停"状态并打开元器件的 Properties 面板,用户在编辑元器件属性后按 Enter 键,编辑区返回"放置"状态,此时单击左键即可放置元器件如图 2-22 所示。需要注意的是,如果在编辑元器件属性时指定元器件的标号(Designator),之后的放置操作将对元器件标号进行自动编号,极大地方便了用户操作。比如,第一次放置电阻时将标号从 R? 修改为 R_1,之后每次放置的电阻标号将是 R_2,R_3,$\cdots$,R_N,依次类推。

5) 连接线路

连线操作就是将原理图中已经摆放好的各个元器件的引脚通过导线连接起来,使用工具栏中的导线工具按钮 ≈ 或者选择 Place→Wire 菜单项后编辑器进入连线状态,将光标移动至引脚端点、导线端点以及电气节点时鼠标变为十字叉形状。

编辑器进入连线状态后,将光标移到起点并单击鼠标固定,然后可将光标直接移到连线终点,单击左键固定导线终点,并自动断开。如果起点、终点的 X 坐标或 Y 坐标相同,则自动生成一条水平导线或垂直导线;如果起点、终点的 X 坐标与 Y 坐标不同,则会自动生成 L 形走线。当然,也可以绘制以 45°或者任意角度开始的导线,此时需要在编辑器进

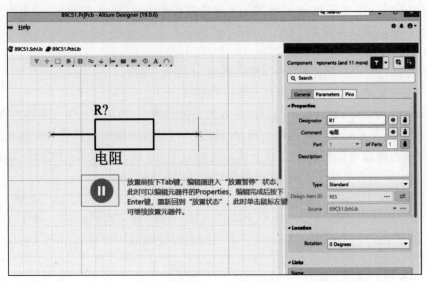

图 2-22　元器件属性编辑

入连线状态后按下 Shift＋Space 快捷键,在如下几种状态下切换。

45°Start：可绘制所示的呈 45°角的导线,如图 2-23(a)。

Any Angle：可绘制任意角度的导线,如图 2-23(b)。

Auto Wire：由软件自动规划导线路径,如图 2-23(c)。

90°Start：绘制 L 形导线,如图 2-23(d)。

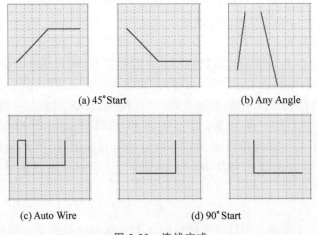

(a) 45°Start　　　　　　　　　　(b) Any Angle

(c) Auto Wire　　　　　　　　　　(d) 90°Start

图 2-23　连线方式

国内使用中文输入法的读者需注意,在 Windows 系统下,如果默认输入法为搜狗等中文输入法,Altium Designer 2019 在绘制原理图时按下 Shift＋Space 快捷键可能无法成功切换连线方式,只需要将系统的默认输入法修改为英文输入法即可解决该问题。另外,也不建议对 Altium Designer 软件进行"汉化",相关专业的技术人员应该努力去掌握相关的专业英语词汇而不是选择回避。

当用户要删除导线时,选中已经放置的导线,按下 Del 键即可;当用户要调整导线长度时,只需将鼠标移到导线端点处按住左键不放并实施拖曳操作即可调整导线长度。

对于初学者而言,走线时务必要注意如下几个问题:

(1) 只有工具栏内的导线(Wire)工具有电气连接特性,而线条(Line)、曲线(Arc)都不具备电气特性,不能用来表示元器件之间的电气连接关系。

(2) 走线时要从元器件引脚的端点处开始,不要从引脚、导线的中间部位连接线路。

(3) 走线过程中务必要注意不要"路过"元器件的引脚端点(找空白的地方走),否则会自动引入电气节点,造成误连。

6) 电气节点

如图 2-24(a)所示,以排针 J2 的 3 号引脚端点为起点,走线时经过 89C51 单片机 U1 的 1、2 号引脚后到达终点 3 号引脚并双击鼠标,此时会产生一条导线,由于导线经过 U1 的 1、2 号引脚端点,系统自动产生两个电气节点,表示导线和 U1 的 1、2 号引脚存在电气连接关系,很多情况下,用户要避免这种情况发生,因此走线时不要轻易经过元器件的引脚端点。

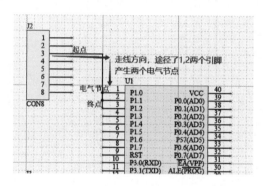

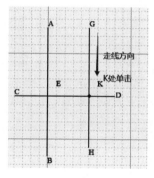

(a) 引脚端点处的电气节点　　　　　　(b) 导线交叉处的电气节点

图 2-24　电气节点

对于普通导线之间的交叉点,系统默认两条导线是不相互连接的,如果确实需要在两条导线的交叉点处产生电气连接,绘制交叉导线时中间需要停顿(本质上是绘制两条导线)。如图 2-24(b)所示,导线 AB 和 CD 交于 E 点,默认情况下 E 点不存在电气连接。如果需要在导线交叉处产生电气连接(如 GH 和 CD 的交点 K 处),需要首先绘制 GK(走线时在 K 处要单击鼠标,编辑器自动产生一个电气节点),然后再从 K 出发,绘制导线 KH 即可。

7) 放置电源和地线

Altium Designer 将电源、地线视为一个元器件,通过电源和地线的网络标号来区分。也就是说,即便是电源和地线的电气图形符号不同,只要它们的网络标号相同,也认为彼此之间是电气连接关系。因此,放置电源、地线要格外小心,否则具有相同标号的电源和地线符号会默认被连接到一起造成短路。或者具有相同网络标号的电源符号会将不同电位的电源连接起来造成短路。

　　一般情况下,电源的网络标号为 VCC,地线的网络标号为 GND,但也有例外。比如,CMOS 集成电路芯片的电源引脚被命名为 VDD,地线为 VSS;有一些集成电路芯片的电源引脚为 VS,甚至为 VSS,而地线为 GND;集成运算放大器的电路芯片的正极引脚为 V+,负极引脚为 V−。要了解一款芯片的电源、地线引脚,可双击该芯片,在其 Properties 面板中选择 Pins 选项卡即可查看,如图 2-25 所示。

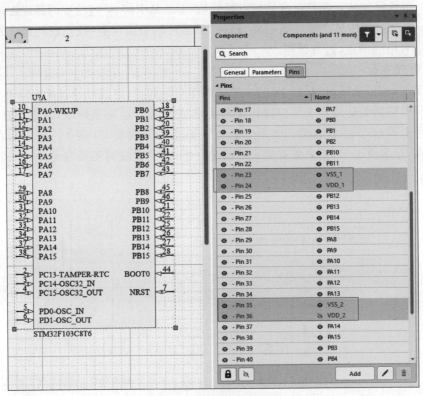

图 2-25　芯片引脚属性

　　Altium Designer 2019 通过工具栏的 ⬇ 图标来绘制电源和地线符号,右击该图标可选择多种电源和地线符号,如图 2-26 所示。

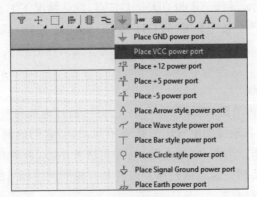

图 2-26　电源和地线符号

如同其他元器件一样,在放置电源和地线符号时也可按 Tab 键设置其相关属性。

8)总线与总线分支

如图 2-27 所示,拟将连接 J3 元件的 1～8 引脚和 U1 元件的 13～20 引脚连接起来,使用普通导线连接显然是正确的,但显得有些密集和凌乱。当需要绘制元器件之间的排线时,可通过使用总线(Bus)、总线分支(Bus Entry)以及网络标号来简洁地实现连接。

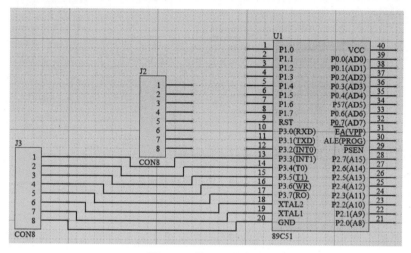

图 2-27　普通导线连接

绘制总线和绘制普通导线一样,选择 Place→Bus 菜单项后,将光标移动到总线起点并单击,移动光标至总线转折处单击,最后移动至终点,按 Esc 键或者右击结束放置,如图 2-28 所示。

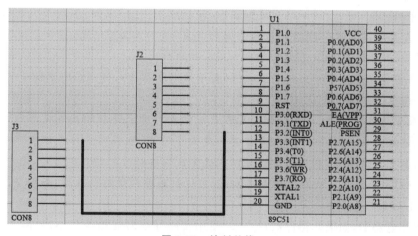

图 2-28　绘制总线

使用总线描述连接关系,一般还需要使用总线分支(Bus Entry)来连接元器件引脚和导线。选择 Place→Bus Entry 菜单项后,总线分支附在鼠标上,通过空格、X 键或 Y 键调整总线分支方向后,移动光标至需要放置总线分支的元器件引脚或导线端点处单击鼠标左键固定终点。紧接着绘制下一个总线分支,图 2-29 给出了处于激活状态的总线分支和已经绘制完毕的总线分支。

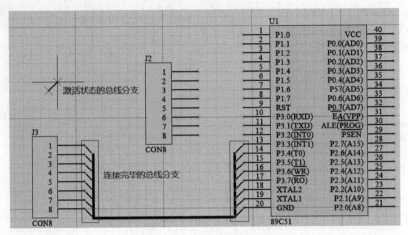

图 2-29 使用总线分支

9)网络标号

总线、总线分支只是一种示意性的连线,并未建立真正的电气连接关系,要建立真正的电气连接关系还需要使用网络标号(Net Label)来描述线段与线段、线段与元器件引脚,即两个电气节点之间的连接关系。原理图中,具有相同网络标号的电气节点均被认为是电气上相连的,这样就可以使用网络标号来代替实际连线。

放置网络标号的操作步骤如下。

(1)选择 Place→Net Label 菜单项,鼠标变成一个带有标号文本的十字叉。

(2)按下 Tab 键,设置网络标号的属性,包括文本内容、字体、颜色及大小等属性,将光标移动至需要放置这一网络标号的引脚端点或导线上,单击完成。

注意:

(1)当需要在网络标号上放置上画线(表示低电平有效),可以在网络标号名称字符之间插入反斜杠(\),如 W\R\,R\D\等。

(2)放置网络标号时,网络标号电气节点一定要对准元件引脚端点或导线,否则不能建立电气连接关系;网络标号可以是任意长度的字符串,但当网络标号以数字结尾时,网络标号工具会自动编号,利用该特性可以快速完成网络标号的绘制。另外,图中总线分支(Bus Entry)大小不能容纳网络标号文本时,可以利用导线做延长处理,如图 2-30 所示。

10)I/O 端口

在实际电路中,如果元器件数目众多,使用实际导线时显得凌乱不堪,除了使用网络标号来建立电气连接关系外,还可以使用 I/O 端口描述导线与导线或元器件引脚之间的连接关系。

与网络标号类似,电路中具有相同 I/O 端口的元器件引脚(或导线)在电气上被认为是相连的。I/O 端口既可以用于表示同一电路图内任何两个元器件之间的电气连接关系,也用于表示同一电路系统(层次电路)中各分电路图中元器件引脚之间的连接关系。

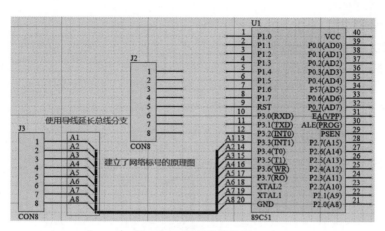

图 2-30 使用网络标号

与网络标号不同的是，I/O 端口具有方向性，能够具体表达信号的流向，其意义比网络标号更加明确。

在图 2-31 中，连接 U1 的 29 引脚和 IC1 的 23 引脚，可以使用 I/O 端口来表达它们之间的连接关系，其操作步骤如下。

（1）选择 Place→Port 菜单项，鼠标变成附有 I/O 的光标形式。

（2）在放置之前按下 Tab 键编辑 I/O 端口的属性，其包括如下 3 个属性。

- Name：I/O 端口名称，默认为 Port。电路中，具有相同名称的 I/O 端口被认为是电气连接的。
- I/OType：I/O 端口电气特性，其值为 Unspecified（未定义）、Output（输出口）、Input（输入口）、Bidirectional（双向端口）。
- Alignment：指定端口名称字符串的对齐方式。

（3）将光标移动到适当位置，单击，固定 I/O 端口一端，移动光标，找一个合适的终点位置，再次单击，固定另一端，即可完成放置过程，如图 2-31 所示。

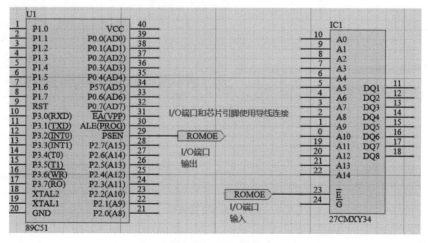

图 2-31 I/O 端口

删除 I/O 端口时，只需要选中 I/O 端口并按 Del 键即可。

设计层次电路图时，当需要将 I/O 端口和总线连接在一起时，必须在总线上放置总线标号，其格式为：总线名称［起始标号…终结编号］，如 PB［0…7］或 PB［7…0］，表示定义了 PB0 到 PB7 共计 8 个网络标号，并且总线标号与 I/O 端口名称、网络标号必须一致，如图 2-32 所示。

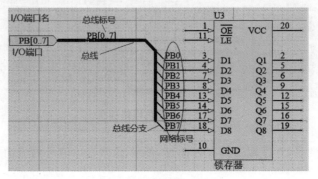

图 2-32　总线网络标号

可以看出，在层次电路图设计中，总线与 I/O 端口相连接，总线分支用于连接总线和导线，导线又连接到具体的元器件。

11) 编译项目

当原理图绘制完毕后，可尝试编译整个工程。选择 Project→Compile PCB Project 89C51.PrjPcb 菜单项开始执行项目编译过程，如果原理图中存在元器件编号重复等错误，编译过程会报告这些错误并在 Messages 窗口中打印输出，如图 2-33 所示。

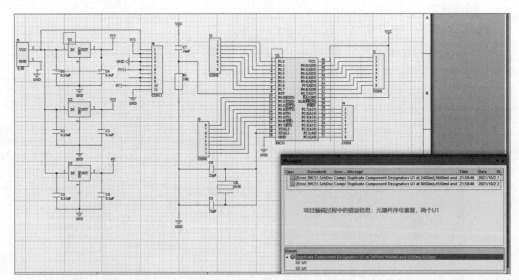

图 2-33　项目编译

如果 Messages 窗口没有显示，可选择 View→Panels→Messages 菜单项显示窗口。用户必须修改所有的编译错误才可以进行下一步的 PCB 封装操作。

2.2.4　PCB 封装

原理图库(.SchLib)统一组织管理各类元器件的电气图形符号,原理图(.SchDoc)描述电路中各个元器件之间的电气连接关系。而 PCB 封装库(.PcbLib)以及 PCB 设计图(.PcbDoc)用于指导 PCB 的生产,其中包含元器件布局、导线布局以及元器件尺寸、焊盘大小、引脚间距离等具体参数。对于电子电路设计人员而言,掌握 PCB 编辑基本常识与熟练使用电路 CAD 软件进行 PCB 设计已经成为必须掌握的技能。本节通过实例讲解PCB 封装库中元器件封装图的构建。

在 2.2.2 小节创建工程时,我们已经新建封装库文件 89C51.PcbLib,在 Project 面板双击打开该文件进入对 PCB 封装库文件的编辑,如图 2-34 所示。

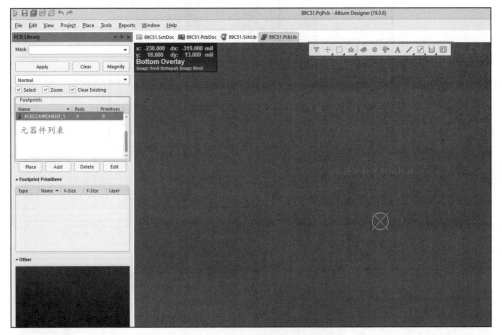

图 2-34　编辑 PCB 封装库文件

可以看到,在 PCB Library 面板的 Footprints 列表下仅有一个默认的 PCBCOMPONENT_1元件。对于元器件封装,下面以举例的方式,介绍创建元器件封装图的 3 种方式。

1. 手动创建元器件封装图

已知要用到的 LDO 稳压器为 SOT-23 封装,其具体规格参数如图 2-35 所示。

单击 PCB Library 面板中 FootPrints 列表下的 Add 按钮可新增一个元器件PCBCONPONENT_ * ,双击该器件,在弹出的窗口中输入器件名称 3P7805 完成对器件的重命名,如图 2-36 所示。

通过分析封装规格数据可知,焊盘宽度 b 的最大值为 0.5mm,其长度 L 为 0.55mm的参考值。选择 Top Layer 层,在工具栏中单击焊盘图标 ,在编辑区的几何中心 处

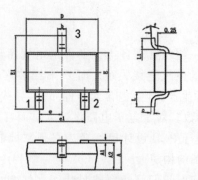

(a) 封装规格图

Symbol	Dimensions in Millimeters		Dimensions in Inches	
	Min	Max	Min	Max
A	0.900	1.150	0.035	0.045
A1	0.000	0.100	0.000	0.004
A2	0.900	1.050	0.035	0.041
b	0.300	0.500	0.012	0.020
c	0.080	0.150	0.003	0.006
D	2.800	3.000	0.110	0.118
E	1.200	1.400	0.047	0.055
E1	2.250	2.550	0.089	0.100
e	0.950 TYP		0.037 TYP	
e1	1.800	2.000	0.071	0.079
L	0.550 REF		0.022 REF	
L1	0.300	0.500	0.012	0.020
θ	0°	8°	0°	6°

(b) 封装规格图

图 2-35　7805 稳压管封装规格

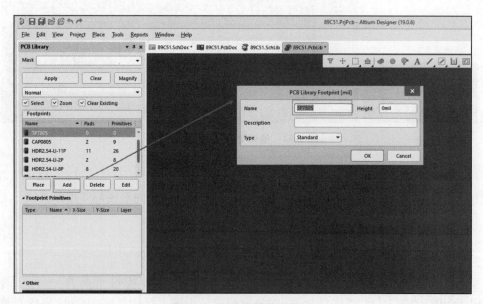

图 2-36　新增元器件封装图

放置第 3 引脚对应的焊盘。在放置焊盘前也可先按下 Tab 键暂停放置,待设置其相关属性后再放置,如图 2-37 所示。

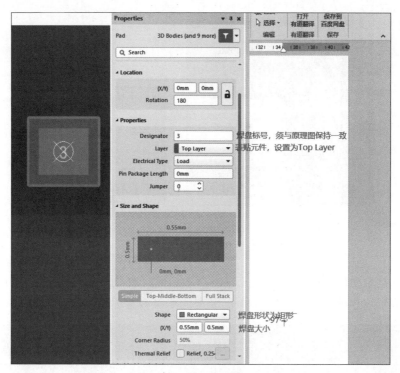

图 2-37　绘制焊盘

通过分析焊盘规格数据可知,焊盘 3 和焊盘 1 之间的水平距离为 E+L=1.95mm,焊盘 1 和 2 之间的距离为 e1=2mm。先复制焊盘 3(选中焊盘,按 Ctrl+C 快捷键并单击方可复制成功),按 Ctrl+V 快捷键后,鼠标变成十字形状,找到合适的位置放置即可产生一个副本,将产生的副本焊盘标号为 0,如图 2-38 所示。

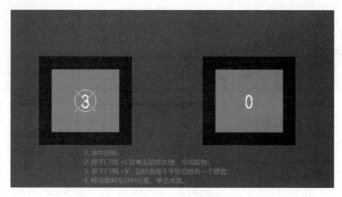

图 2-38　复制焊盘

为了精确定位焊盘,首先将焊盘 0 拖曳到焊盘 3 使二者重合(焊盘 0 在上,焊盘 3 在下),而后选中焊盘 0 按 M 键,在弹出的菜单中选择 Move Selection by X,Y…菜单项,对焊盘 0 按照坐标位置的相对位移进行移动,在弹出的窗口中设置水平位移为 1.95mm 即可(位移可以是正值,也可以是负值,取决于移动方向),如图 2-39 所示。

(a) 按照坐标进行位移   (b) 位移度量

图 2-39   精确移动对象

焊盘 0 被精确位移后的效果如图 2-40 所示。此时按 Ctrl＋M 快捷键,然后通过单击鼠标设置两个端点进行距离测量和标注,如果要取消测量标注,按 Shift＋C 快捷键即可。

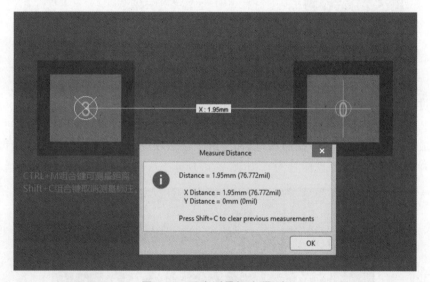

图 2-40   距离测量标注/取消

水平距离确定后,以焊盘 0 为参考焊盘,依次绘制出焊盘 1 和焊盘 2,焊盘 1、焊盘 2 与焊盘 0 在垂直方向上的距离为 e1/2＝1mm,所有焊盘绘制完毕后选择 Edit→Set Reference→Center 菜单项(或者直接在英文输入法状态下按 E、F、C 快捷键)恢复原点,效果如图 2-41 所示。

删除作为参考点的焊盘 0 并按 Shift＋C 快捷键清除距离测量标注后,器件的焊盘绘制完毕,接下来需要在丝印层(Top Overlay)绘制器件的丝印,丝印宽和高分别为 E＝1.4mm 和 D＝3.00mm。

选择丝印层(Top Overlay),单击工具栏上的线条图标 ╱ 在几何的中心绘制一条垂直

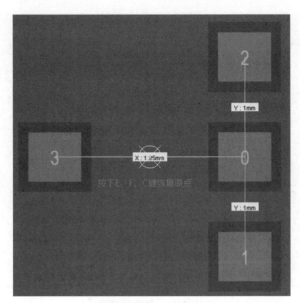

图 2-41　焊盘绘制完毕

线段作为参考线,复制这条参考线,生成两个副本线段,然后将两个副本分别在 X 轴方向移动 0.7mm 和 -0.7mm,生成左右两侧的丝印边界,如图 2-42(a)所示。

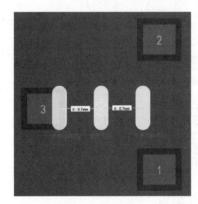
(a) 丝印水平边界

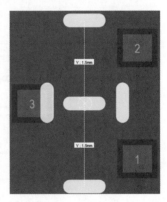
(b) 丝印垂直边界

图 2-42　丝印边界

同样地,在几何中心绘制一条水平的线段,以该线段为参考线段产生两个副本,将两个副本分别在 Y 轴方向移动 1.5mm 和 -1.5mm 得到垂直方向上的边界,如图 2-42(b)所示。

删除参考线段并将 4 个副本线段延长,围成器件的丝印即可,如图 2-43 所示。

2. 使用 Footprint Wizard 创建元器件封装图

为避免错误,提高效率,Altium Designer 提供了元器件向导(Component Wizard)来制作元器件封装图,假设要制作如图 2-44 所示规格的 89C51 封装图。

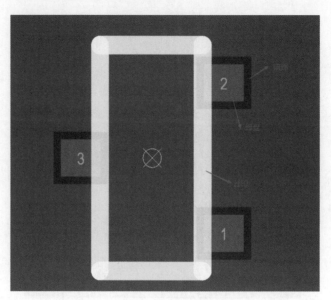

图 2-43　器件封装图

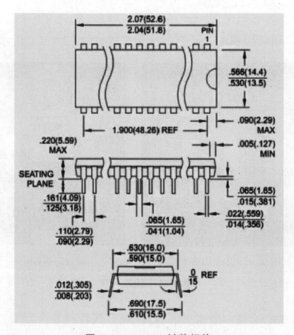

图 2-44　89C51 封装规格

使用向导制作封装图的基本步骤如下。

（1）选择 Tools→Footprint Wizard 菜单项打开向导，如图 2-45 所示。

（2）单击 Next 按钮，在弹出的窗口中设置器件的封装方式为 DIP，度量单位设置为毫米（mm），如图 2-46 所示。

（3）单击 Next 按钮，在弹出的窗口中设置焊盘参数，分别用来设置焊盘在顶层

图 2-45 Footprint Wizard 向导

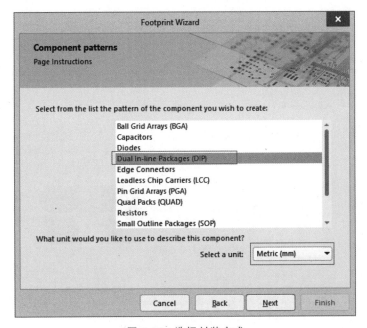

图 2-46 选择封装方式

（Top，元件面）、中间层和底层（Bottom，焊锡面）内的直径以及引脚孔径，如图 2-47 所示。

（4）单击 Next 按钮，在弹出的窗口设置焊盘间距，如图 2-48 所示。

（5）单击 Next 按钮，在弹出的窗口中设置丝印层上的元件外轮廓线宽度。丝印层内外轮廓线的宽度一般取 0.2～0.25mm，即 8～10mil，如图 2-49 所示。

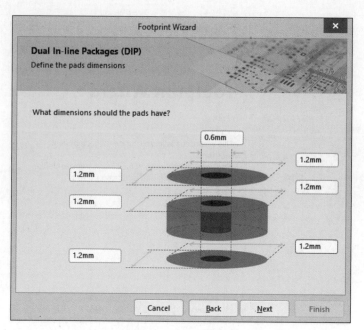

图 2-47　设置焊盘属性

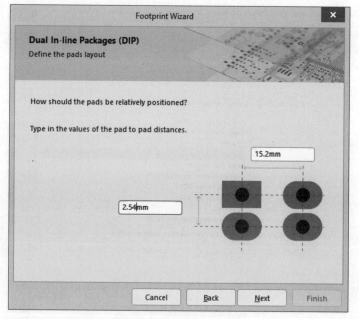

图 2-48　设置焊盘间距

（6）单击 Next 按钮，在弹出的窗口中设置器件引脚数量，如图 2-50 所示。

（7）单击 Next 按钮，在弹出的窗口中输入器件的封装图名称 89C51DIP40，如图 2-51 所示。

（8）单击 Next 按钮，在弹出的窗口单击 Finish 按钮完成器件封装，如图 2-52 所示。

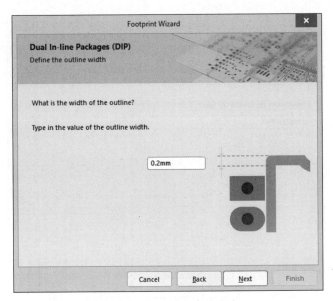

图 2-49　设置外轮廓线宽度

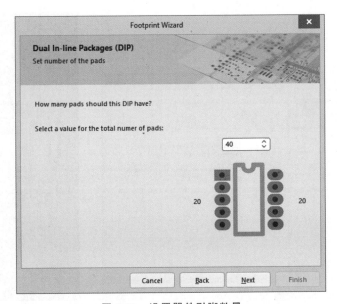

图 2-50　设置器件引脚数量

3. 使用 IPC Compliant Footprint Wizard 完成器件封装图

IPC 是 1957 年成立的"印制电路协会"(Institute of Print Circuits)的简称。1998 年，该协会更名为"电子互联行业协会"(Association Connecting Electronics Industries)，但依然保留 IPC 简称。IPC 制定了一系列与印制电路板、电子元器件封装、焊接工艺与质量的相关标准，已经在业界被广泛采用。

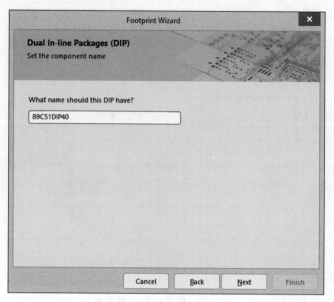

图 2-51 设置器件封装名称

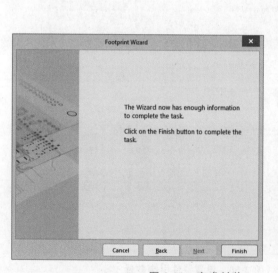

图 2-52 完成封装

利用 Altium Designer 提供的 IPC Compliant Footprint Wizard 向导可以很方便地创建符合 IPC-7351 规范(表面封装设计和焊盘设计标准)的表贴元件封装图。图 2-53 给出了 STM8S207 系列 64 引脚 PQFP 封装尺寸,下面介绍利用 IPC Compliant Footprint Wizard 向导制作该器件封装图的过程。

(1) 选择 Tools→IPC Compliant Footprint Wizard…菜单项,弹出向导窗口,如图 2-54 所示。

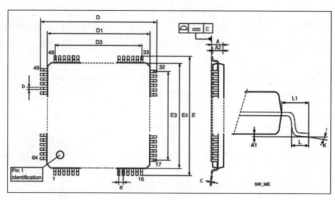

Symbol	mm			inches[1]		
	Min	Typ	Max	Min	Typ	Max
A			1.600			0.0630
A1	0.050		0.150	0.0020		0.0059
A2	1.350	1.400	1.450	0.0531	0.0551	0.0571
b	0.170	0.220	0.270	0.0067	0.0087	0.0106
C	0.090		0.200	0.0035		0.0079
D		12.000			0.4724	
D1		10.000			0.3937	
E		12.000			0.4724	
E1		10.000			0.3937	
e		0.500			0.0197	
K	0.000°	3.500°	7.000°	0.0000°	3.5000°	7.0000°
L	0.450	0.600	0.750	0.0177	0.0236	0.0295
L1		1.000			0.0394	

图 2-53 64 引脚 PQFP 封装尺寸

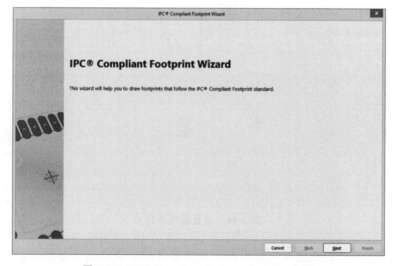

图 2-54 IPC Compliant Footprint Wizard 向导

（2）单击 Next 按钮，在弹出的窗口中选择封装类型 PQFP，如图 2-55 所示。

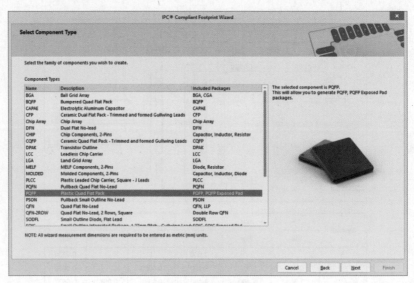

图 2-55　设置封装类型

（3）单击 Next 按钮，在弹出的窗口中设置器件的外形尺寸，器件规格尺寸 E、D 均为 12.0mm，考虑到焊盘向外延伸 0.5mm，以提高焊接可靠性，因此将 E、D 设置为 13.0mm，A 的值照抄规格数据中的 A2，A1 的值照抄规格数据中的 A1，如图 2-56 所示。

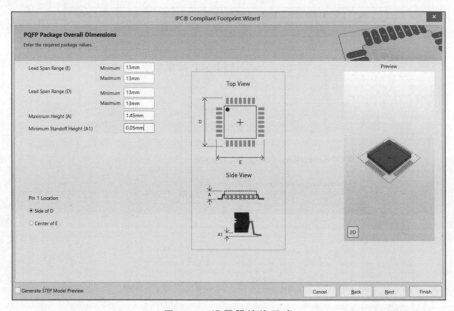

图 2-56　设置器件外尺寸

（4）单击 Next 按钮，在弹出的窗口中设置器件尺寸以及引脚宽度、间距、长度、引脚数等，如图 2-57 所示。

（5）后续其他多个步骤可以保持默认值，一直单击 Next 按钮直到 Finish 按钮，系统会自动生成一个封装图，如图 2-58 所示。

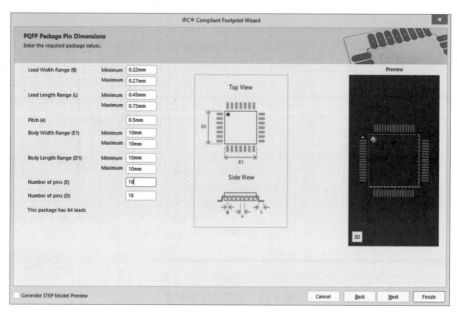

图 2-57　器件尺寸及引脚参数

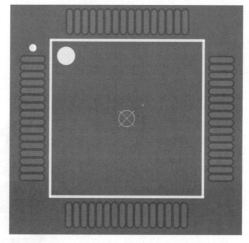

图 2-58　64 脚 PQFP 器件封装图

创建好 PCB 封装库以后,就可以为原理图中的各个器件添加封装了,具体操作步骤如下。

(1) 打开原理图(.SchDoc),选中其中的一个元器件,在其 Properties 面板中单击 Footprint 列表下的 Add 按钮,如图 2-59 所示。

(2) 在弹出的窗口中单击 Browse 按钮,弹出 Browse Libraries 窗口并在下拉列表中选择 PCB 库文件 89C51.PcbLib,然后在器件列表中选择电容的封装图 CAP0805,单击 OK 按钮即可,如图 2-60 所示。

当然,也可以在原理图中将具有相同封装的器件全部选中,一次性为同类型的全部器

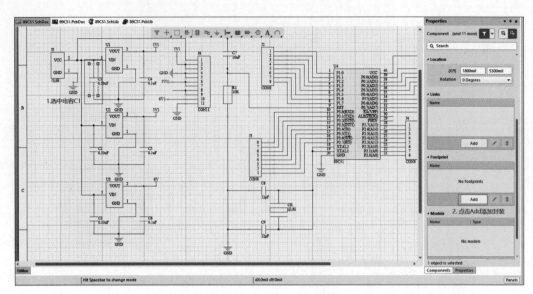

图 2-59　为器件添加封装

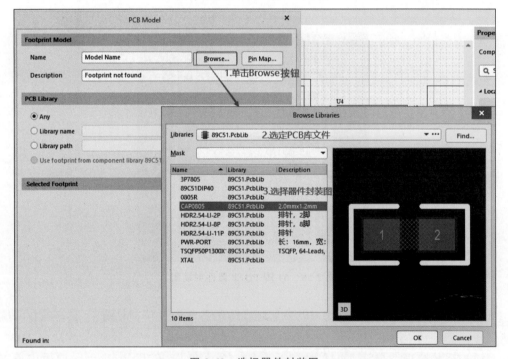

图 2-60　选择器件封装图

件添加封装,如图 2-61 所示。

　　还可以选择 Tools→Footprint Manager 菜单项打开元器件封装工具管理所有元器件的封装,使用该工具可以添加(Add)、移除(Remove)和编辑(Edit)每个元器件的封装,也可以在左侧的列表中批量选择同一类型的元器件后再添加封装,如图 2-62 所示。

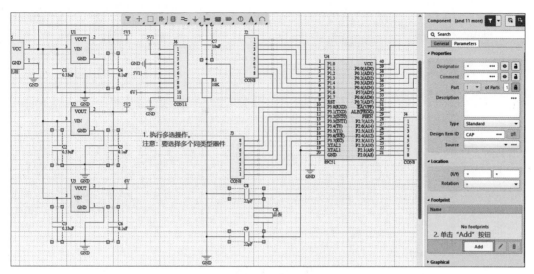

图 2-61　为同类型所有器件添加封装

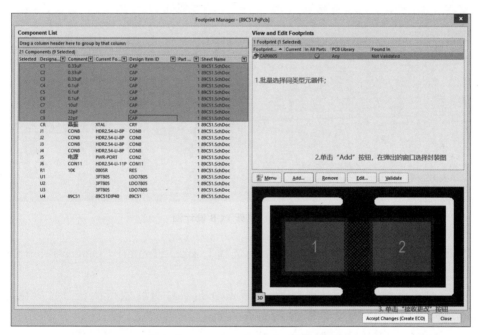

图 2-62　Footprint Manager 管理工具

（3）封装添加完毕后，要在 Engineering Change Order 窗口中单击 Execute Changes 按钮，系统会执行一系列检查（比如，元器件电气图形符号的引脚与封装图引脚的对应关系），检查通过后单击 Close 按钮即可，如图 2-63 所示。

（4）在原理图（.SchDoc）页面选择 Design→Update PCB Document...菜单项以更新 PCB 设计图。执行完毕后，可以看到所有元器件的封装图已被导入到 PCB 设计图（.PcbDoc）中，如图 2-64 所示。

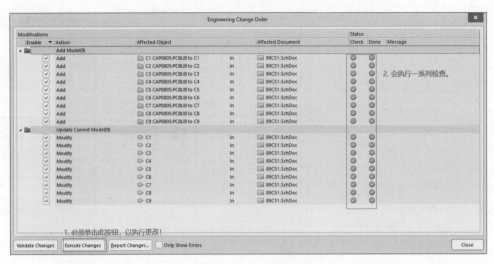

图 2-63　执行更改

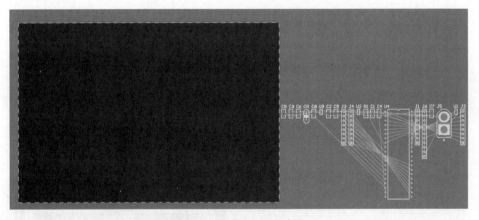

图 2-64　更新 PCB 设计图

当然,也可以在原理图(.PcbDoc)页面选择 Design→Import Changes From 89C51.PrjPcb 菜单项来更新 PCB 设计图。

注意,如果更新 PCB 设计图以后,有一部分元器件封装图可能会呈现绿色,说明 Altium Designer 对 PCB 设计图的检查存在问题,可以先选择 Tools→Design Rule Checker 菜单项,在其中少设置一点儿检查规则(比如,只保留电气检查(Electrical)规则),其他检查规则先清空,如图 2-65 所示。

元器件封装图出现绿色的另外一个原因是,从原理图中导入 PCB 设计图时,所有的封装图都会被放置在一个框内,按 Ctrl+A 快捷键可看到这个边框,删除该边框即可。

在对器件进行布局操作之前,建议对丝印做一些预处理。比如,图 2-64 中每个器件的标号(Designator)都位于器件上方,不便于元器件布局,后续印制出来的 PCB 也不太美观,器件数量较多时难以阅读。可以将器件的标号(Designator)置于器件中间,具体的操作步骤如下。

图 2-65　设置检查规则

（1）选中所有器件,按快捷键 A。

（2）在弹出的菜单中选择 Position Component Text..菜单项,或者直接按快捷键 P,如图 2-66 所示。

（3）在弹出的窗口中将标号位置设置为器件的中心,如图 2-67 所示。

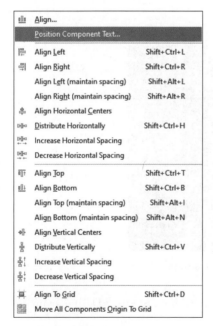

图 2-66　选择"文本位置"菜单项

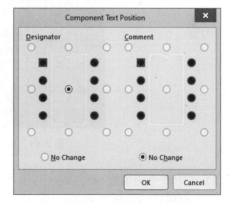

图 2-67　设置文本位置

2.2.5　板框绘制与布局

1. PCB 板框绘制

假设拟制作的开发板尺寸为 $75\text{mm} \times 75\text{mm}$,通过设置 PCB 边框即可确定 PCB 的大小和尺寸,具体操作步骤如下。

（1）选择 Edit→Origin→Set 菜单项，在 PCB 图纸区域选择一点作为坐标原点，如图 2-68 所示。

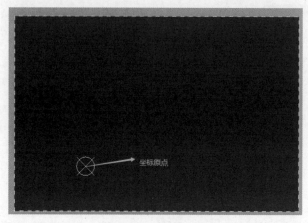

坐标原点

图 2-68　放置原点

（2）在图纸的 Mechanical 1 层内使用工具栏的线条图标 ╱ 放置线条，绘制出如图 2-69 所示的矩形框。

图 2-69　绘制开发板矩形框

（3）选中整个矩形框（所有线段），选择 Design→Board Shape→Define from Selected Objects 菜单项最终确定板框形状，如图 2-70 所示。

生成的 PCB 板框如图 2-71 所示。

2. 元件布局

针对初学者，本书只给出手工布局元件的一些基础知识。实际上，很多电路 CAD 软件都提供了所谓的"自动布局"功能，Altium Designer 也不例外，而且 Altium Designer 2019 对自动布局功能进行了很大的优化。即便如此，自动布局也不可能解决所有的电磁

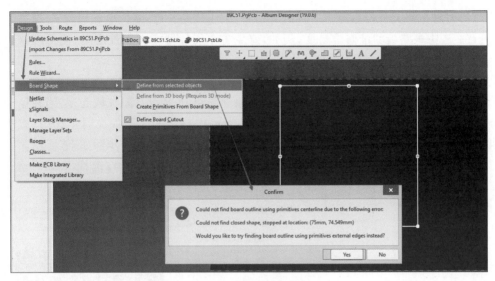

图 2-70 生成 PCB 板框

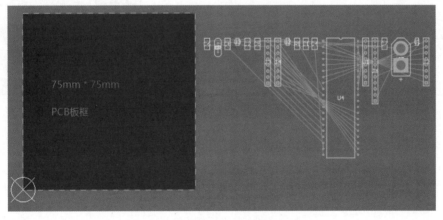

图 2-71 PCB 板框

兼容、热稳定性等问题,手工布局方式依然是目前必须要掌握的基本技能。

1)一般原则

(1)如果电路系统同时存在数字电路、模拟电路以及大电流回路,必须分布布局,使各部分之间的耦合最小。

(2)同类型电路(数字电路或模拟电路),按信号流向及功能,分块、分区放置元器件。

(3)各模块电路、模块内部元件布置要合理,连线尽可能短;避免信号迂回传送,防止强信号干扰弱信号;电位呈梯度变化,避免相邻元件因为电位差过大而导致打火现象。

(4)电路板的输入、输出模块应该尽量靠近板框边缘。

(5)热敏元件应远离发热元件。

(6)电路板上质量较大的元件应该靠近固定支撑点。

(7)对于调节元件(如电位器、微调电阻、可调电感等),安装位置应充分考虑操作的方便性,便于用户操作。

（8）时钟电路元件尽量靠近芯片时钟引脚，减小线路长度，降低电磁辐射。

（9）考虑电路板的维修难易度，例如，避免将小元件置于大元件之间，使得维修时拆卸难度增大。

2）交互式布局

在布局过程中，可以设置交互式布局，将原理图和 PCB 设计图关联起来，当在原理图（.SchDoc）中选中元器件时，PCB 设计图（.PcbDoc）中对应的元器件也同步选中，有利于用户对照原理图完成 PCB 设计图的布局。设置交互式布局的操作步骤如下。

分别在原理图页面（.SchDoc）和 PCB 设计图页面（.PcbDoc），选择 Tools→Cross Select Mode 菜单项激活"交互式选择"功能，如图 2-72 所示。

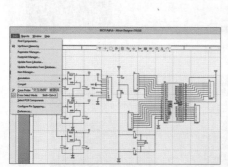
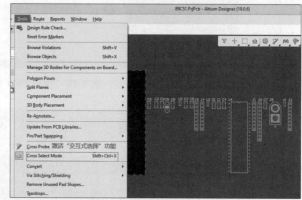

图 2-72　交互式布局设置

"交互式选择"功能激活后，在原理图中选中某个器件，PCB 设计图中的对应器件会处于同步选中状态。为了便于布局，用户还可以将 Altium Designer 的工作区进行垂直分割，具体操作步骤为：在标签页所在的空白处右击，在弹出的菜单中选择 Split Vertical，如图 2-73 所示。

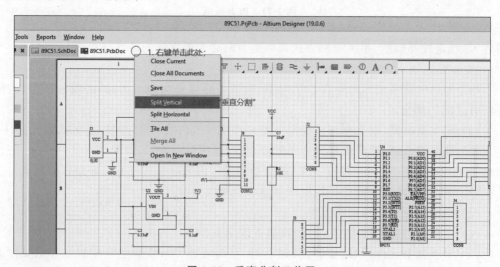

图 2-73　垂直分割工作区

垂直分割工作区后,可在屏幕左右两侧分别打开原理图(.SchDoc)和 PCB 设计图(.PcbDoc)进行布局,如图 2-74 所示。

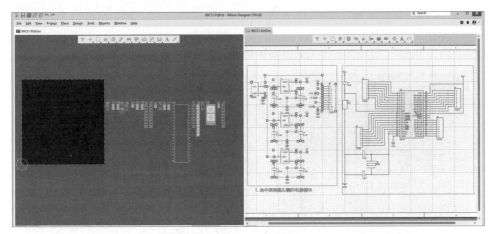

图 2-74　同步布局

3) 模块化布局

对于元件数目较多的 PCB,先做大致布局。在布局过程中,如果感到 PCB 设计视图中器件之间的"飞线"妨碍视线,可选择 View→Connections→Hide All 菜单项暂时隐藏所有飞线。对元器件进行布局后,选择 View→Connections→Show All 显示所有飞线,再通过调整元器件的位置、朝向等,使"飞线"交叉尽可能少,导线尽可能直且短。

模块化布局的基本思想是将属于同一个电路模块的元器件尽量安排在一个区域内,在 PCB 上呈现"模块化"的分布格局。如图 2-74 中所示的电源模块在布局时应尽量放置在一个区域内,右侧的核心模块应放置在另外一个区域。下面介绍使用 Altium Designer进行模块化布局的操作步骤。

(1) 在原理图中选择电源模块单元,PCB 设计图中的相关元器件被同步选中,如图 2-75所示。

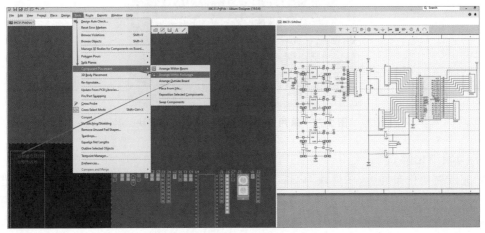

图 2-75　采用矩形框布局电源模块

（2）光标焦点切换至 PCB 设计图（.PcbDoc），选择 Tools→Component Placement→Arrange Within Rectangle 菜单项，待鼠标变为绿色十字光标时，在要布置电源模块的区域单击固定左上顶点，而后移动鼠标至右下顶点单击形成一个矩形区域，如图 2-75 所示。

（3）操作执行后，选中的元器件会被布局到刚刚绘制的矩形区域，如图 2-76 所示。

图 2-76　矩形框布局效果

（4）同样地，在原理图中选中 89C51 核心芯片模块并在 PCB 设计图中将其布局到板框右侧的区域，如图 2-77 所示。

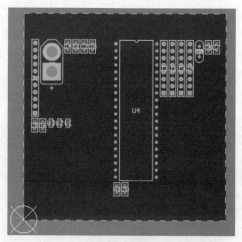

图 2-77　采用矩形框布局 89C51 核心模块

4）精细化调节

完成模块化布局后，在模块"内部"要通过精心调整，使得元件布局符合规则。选择 View→Connections→Show All 菜单项显示出所有导线，通过改变位置、朝向等，尽可能地减少导线交叉，缩短器件之间的连接距离。调整后的器件布局如图 2-78 所示。

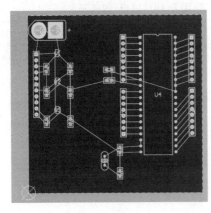

　　　　(a) 2D视图　　　　　　　　　　　(b) 3D视图

图 2-78　布局完成

2.2.6　常用规则与布线设置

　　布线,即利用印制导线完成原理图中元件之间的连接关系。与布局类似,布线也是印制板设计过程中的关键环节,不良的布线会降低电路的抗干扰性能甚至导致电路系统无法工作,电子电路设计者要熟练掌握 PCB 设计软件进行布线,同时还需牢记一些布线规则。

1. 布线规则

1) 印制导线寄生参数与串扰

印制导线并不是原理图中的"理想导线",其直流电阻、交流电阻、导线自感等寄生参数会使导线电抗上升;另外,导线之间存在"串扰"现象,线间"互感"和"互容"现象与线间距、走线长度都有关系。因此,同一层内不相干信号线平行走线时,线间距要遵循 3W 走线原则,即两条宽度为 W 的印制导线间距应该大于或等于 3W。

2) 最小线宽选择

大电流印制导线宽度选择原则为"毫米安培"经验。对于流过大电流的信号线、电源线、地线,印制导线最小宽度与流过导线的电流大小有关;线宽太小,印制导线电阻寄生电阻大,印制导线上的电压降也就大,会影响电路性能,严重时会使印制导线发热而损坏;相反,印制导线太宽,则布线密度低,板面积增加,成本上升,不利于产品微型化。

毫米安培经验可描述为:温升限定为 3℃ 以内时,50μm 厚度的铜箔导线宽度为 1mm 时,可承载的电流负荷为 1A。

在中高密度 PCB 中,导线温升限定为 10℃ 以内,电流负荷以 52A/mm^2 计算,3 种常见厚度的铜箔 PCB 中导线宽度与电流容量的关系见表 2-2。

在低压、小电流数字电路中,最小线宽、最小线间距受 PCB 工艺、可靠性等因素限制,原则上按表 2-3 进行选择。

表 2-2　导线宽度与电流容量(温升 10℃ 以内)的关系

线宽(mm/mil)	电流容量/A		
	1 OZ(35μm)	1.5 OZ(50μm)	2 OZ(70μm)
0.15/6	0.20	0.50	0.70
0.20/8	0.55	0.70	0.90
0.30/12	0.80	1.10	1.30
0.40/16	1.10	1.35	1.70
0.50/20	1.35	1.60	2.00
0.60/24	1.60	1.90	2.30
0.80/32	2.00	2.40	2.80
1.00/40	2.30	2.60	3.20
1.20/50	2.70	3.00	3.60
1.50/60	3.20	3.50	4.20
2.00/80	4.00	4.30	5.10
2.50/100	4.50	5.10	7.00

表 2-3　低压小电流 PCB 上最小线宽与最小线间距

布线密度	最小线宽/mil	最小线间距/mil	特　　点
低密度 PCB	15	15	可在间距 100mil,焊盘直径为 50mil 的 DIP 封装的两焊盘间走 1 条导线。线条宽度较大,可靠性高
中等密度 PCB	10	10	可在间距 100mil,焊盘直径为 50mil 的 DIP 封装的两焊盘间走 2 条导线。线条宽度较大,可靠性高
高密度 PCB	6～7	6～7	可在间距 100mil,焊盘直径为 50mil 的 DIP 封装的两焊盘间走 3 条导线。线条宽度较小
超高密度 PCB	3～5	4～5	可在间距 100mil,焊盘直径为 50mil 的 DIP 封装的两焊盘间走 4 条导线。线条宽度很小

印制导线宽度除了与电流容量、PCB 工艺水平相关外,也跟焊盘直径有关,否则可能会造成虚焊,看上去也不美观。焊盘直径 D 与印制导线宽度 W 的大体关系为

$$W = \frac{1}{3}D \sim \frac{2}{3}D$$

焊盘孔径 d 既与元器件引脚大小有关,又与印制导线宽度 W 有关。为避免焊盘孔处导线有效宽度小于线宽 W,三者之间应满足

$$D - d \geqslant w$$

典型的焊盘尺寸与印制导线宽度的关系见表 2-4。

表 2-4　焊盘直径与最大印制导线宽度的关系

焊盘/mil		导线宽度/mil		焊盘/mil		导线宽度/mil	
直径	孔径	范围	典型值	直径	孔径	范围	典型值
40(1.02mm)	20(0.51mm)	7～20	10	85(2.16mm)	55(1.40mm)	30～55	40
45(1.15mm)	23.5(0.60mm)	10～25	15	70(1.77mm)	47(1.20mm)	25～50	35
50(1.27mm)	28(0.71mm)	15～35	30	75(1.90mm)	51(1.30mm)		
50(1.27mm)	31.5(0.80mm)			95(2.41mm)	60(1.50mm)	35～60	45
55(1.40mm)	35(0.90mm)			110(2.80mm)	63(1.60mm)	40～65	50
62(1.57mm)	37(0.95mm)	20～40	30	125(3.12mm)	75(1.90mm)	45～85	65
65(1.65mm)	40(1.00mm)			150(3.81mm)	85(2.16mm)	50～100	75

　　3）最小布线间距选择

　　在 PCB 设计中,电位不同的导电图形(导线与导线、导线与焊盘、焊盘与焊盘)之间的最小距离由最坏情况下导线图形之间的绝缘电阻和击穿电压决定,一般情况下与下列几个因素有关。

　　(1) 两导电图形之间的电位差。

　　(2) 电子产品类型、用途以及必须遵守的安规标准。

　　(3) 导电图形在 PCB 上的位置。

　　(4) PCB 生产工艺。

　　对于非电源类产品,IPC－2221 安全间距规范被作为广泛采用的参考标准,见表 2-5。

表 2-5　IPC－2221 定义的导电图形电压差与最小间距关系

电压差/V	裸　　板			组　　装		
	内层/mm	无涂层外层/mm	有涂层外层/mm	带保形涂层外层/mm	带涂层外部元件引脚/mm	带保形涂层元件引脚/mm
15	0.05	0.10	0.05	0.13	0.13	0.13
30	0.05	0.10	0.05	0.13	0.25	0.13
50	0.10	0.60	0.13	0.13	0.40	0.13
100	0.10	0.60	0.13	0.13	0.50	0.13
150	0.20	0.60	0.40	0.40	0.80	0.40
170	0.20	1.25	0.40	0.40	0.80	0.40
250	0.20	1.25	0.40	0.40	0.80	0.40
300	0.20	1.25	0.40	0.40	0.80	0.80
500	0.25	2.50	0.80	0.80	1.50	0.80

4）走线控制

在 PCB 上的印制导线在走线时难免要改变方向（发生转折），布线时要注意转角处内角不得小于 90°，更不能出现尖锐的锐角。因为工艺原因，尖角处导线的有效线宽变小，电阻增加，更容易产生电磁辐射。在高频电路中，印制导线转折处一般都要采用圆角。图 2-79（a）和图 2-79（b）为正确的走线，要尽量避免如图 2-79（c）所示的走线，图 2-79（d）为禁止使用的走线方式。

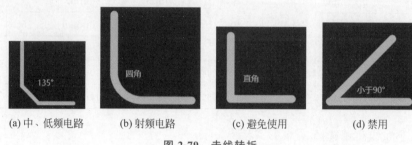

| (a) 中、低频电路 | (b) 射频电路 | (c) 避免使用 | (d) 禁用 |

图 2-79　走线转折

PCB 上，不同信号线可能会采用不同线宽。但是，同一信号线在走线过程中，其线宽必须一致，不能粗细不均匀，在信号前进方向上线宽骤变会恶化 EMI 指标。图 2-80（a）展示了错误的走线，图 2-80（b）为正确的走线。

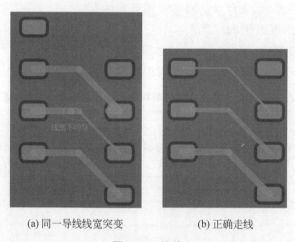

| (a) 同一导线线宽突变 | (b) 正确走线 |

图 2-80　连线

PCB 印制板上器件之间的走线应该尽可能短，走线越短，被干扰的可能性越小；走线越短，其寄生电阻、寄生电感也越小，信号畸变就越小；走线越短，对外产生的电磁辐射也会越小。

对于圆形焊盘、过孔，走线必须从焊盘中心引线，使印制导线与焊盘或过孔交点的切线相互垂直，如图 2-81（a）。对于方形焊盘，走线应该与焊盘长轴方向相同，以保证导线与焊盘连接处的导线宽度不因钻蚀现象而减小，如图 2-81（b）所示。

如果两条导线电流大小相等，但流向相反，那么这两条导线就被称为"差分导线"，如同一负载的连线、同一电源绕组的连线、统一电路板或单元电路的电源和地线等均属于差

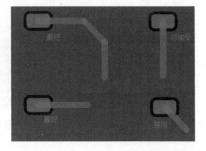

(a) 圆形焊盘走线　　　　　　　　(b) 方形焊盘走线

图 2-81　焊盘走线

分导线。根据电磁感应原理,同一信号层内的差分导线应该尽可能地平行走线。相邻信号层内的差分导线,最好重叠走线,对于高频、大电流电路尤其必要。

另外,印制导线在连线过程中,还应该避免分支,以降低 EMI。还应该尽量地减小回路面积,使得磁通量变化减小,相应的感应干扰也会降低。

5) 地线布控原则

"地"是电路中各节点电位的参考点,在原理图中具有相同网络标号的"接地"符号表示这些接地点之间没有电位差。然而实际的 PCB 电路中,印制导线的寄生电阻、寄生电感不可能为零,有电流通过时必然会产生电位差,也就是说 PCB 必然存在共阻抗干扰问题。

在进行地线布线时,要遵循如下一些基本原则。

(1) 尽量减小电源/地线形成回路。布线过程中要尽可能减小电源线与地线之间的回路面积,尽可能减少信号线与地线之间的回路面积,以避免出现环形天线效应。

(2) 保证干扰源与地线层边框的最小间距。在含有地平面的双层或多层板中,干扰源离地层线外边框的最小间距应大于 20H(H 为两层之间的距离,双面板中的 H 就是板的厚度),以减少电磁辐射,这就是所谓的 20H 原则。

(3) 保证地线层的完整性。在单面、双面板中,设置条线或过孔时,优先选择慢速信号线,甚至小电流电源线,不要轻易断开地线。在多层面板中,有内地线层和内电源层,信号层中所有需要接地的导电图形,可通过穿通式元件的接地引脚焊盘孔或金属化过孔与内地线层相连;所有需要接电源的导电图形,也是通过穿通式元件的电源引脚焊盘或金属化过孔与内电源层相连。为保证电磁兼容性指标,尽可能避免在内电源层和内地线层上布线。实在需要布线时,优先选择内电源层而不是内地线层,即尽最大可能不破坏地线层的完整性。

(4) PCB 金属外壳元器件尽可能接地。如果 PCB 存在金属外壳元器件,如晶体振荡器、滤波器、高灵敏度放大器、各类传感器等,应将元器件的金属外壳接地,且接地线(点)面积尽可能大。对于周长较长的金属外壳,还要采用多点接地方式。

下面介绍几种为了避免接地线、电源线的共阻抗干扰问题而常采用的几种接地方式。

(1) 一字形接地方式。

在中低频、小功率电路板上可采用一字形接地方式,将本级接地元器件尽可能安排在公共地线的一小段内，呈一字形排列，如图 2-82 所示。

图 2-82　一字形接地方式

（2）单点接地方式。

无论是中低频模拟电路，还是数字电路，单元内每一个接地元器件都应该采用单点接地方式，如图 2-83 所示。

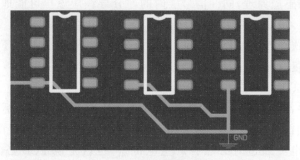

图 2-83　单点接地方式

（3）分支接地。

如果接地元器件较多，一字形接地方式会导致公共地线长度增加，不可避免存在共阻抗干扰现象时，可采用多分支接地方式，然后将不同分支的地线汇集到公共接地点上，如图 2-84 所示。

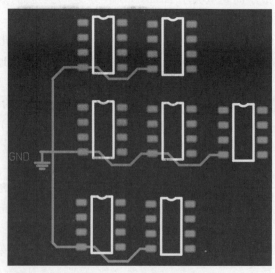

图 2-84　分支接地方式

（4）平面接地方式。

一字形接地、单点接地、分支接地都适用于中低频电路，在高频电路中应该采用平面接地方式。因为高频电路中，器件工作频率很高，波长很短。根据电磁理论，导线长度大于波长的 1/20 时寄生感抗就不能忽略。因此，高频电路一般采用平面接地方式。

2. 布线操作

布线操作，即通过手工或自动方式，用印制导线完成原理图中元器件之间的电气连接关系。布线是制作 PCB 的关键环节，并不是"连通"就完事了，布线过程中有很多注意事项，不遵循规范的布线操作可能会使电路的抗干扰性能大为降低，甚至使电路无法工作。

布线之前，必须考虑电路特性（如电流容量、工作频率、工作电压、安规标准、可靠性指标等）。选择 Design→Rules 菜单项，在弹出的 PCB Rules and Constraints Editor 窗口中设置有关布线规则，主要包括 Electrical（电气规则）、Routing（布线规则）、Plane（面连接方式）、Manufacturing（制作规则）、High Speed（高速驱动，主要用于高频电路设计）、Placement（元件放置）、Signal Integrity（信号完整性分析）等十余个约束项，如图 2-85 所示。

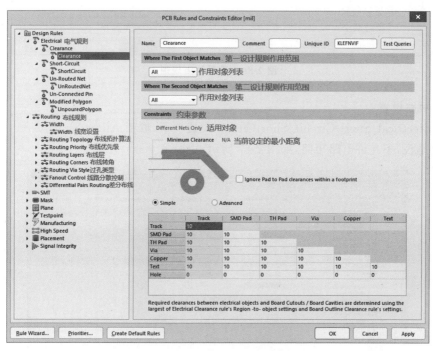

图 2-85 PCB 规则和限制编辑窗口

1）电气规则设置

选择 Design→Rules 菜单项，在弹出的窗口内选择 Electrical/Clearance/Clearance（安全间距）设置项，指定不同节点导电图形（导线与焊盘及过孔）之间的最小距离，如图 2-85 所示。

在图 2-85 的 Constraints(约束项)中首先选择适用对象,之后为其设置最小安全间距,如图 2-86 所示。

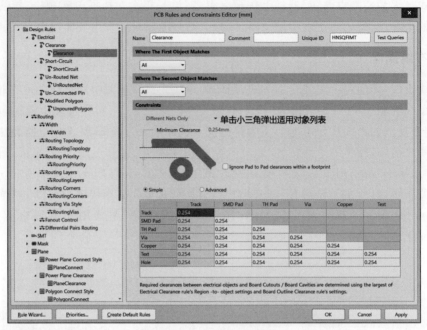

图 2-86　设置约束规则

2) 短路设置

在 Electrical/Short-Circuit/ShortCircuit 设置项下,取消 Allow Short Circuit 后的对钩,也就是说,不允许电路短路,如图 2-87 所示。

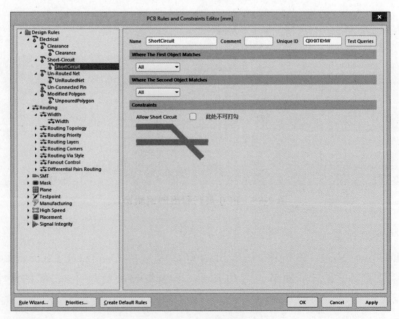

图 2-87　短路规则设置

3）布线规则设置

在 Routing/Width/Width 设置项下，选择 Width 选项设置导线宽度，如图 2-88 所示。

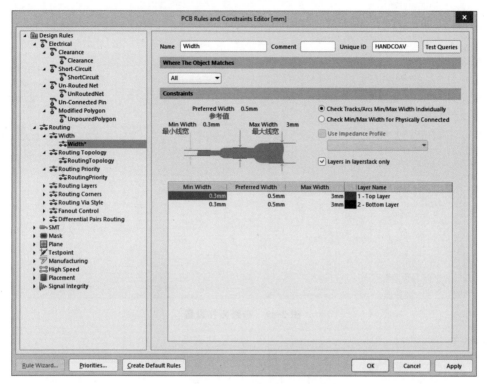

图 2-88　导线宽度设置

在自动布线之前，一般都需要设置整体的布线宽度和特殊网络（如电源、地线）的布线宽度，其基本过程如下。

（1）设置没有特殊要求的印制导线宽度。

（2）设置大电流印制导线宽度。

（3）设置电源线、地线宽度。

手动布线时，需要设置线宽取值范围，例如，本例中设置最小线宽为 0.3mm，最大线宽为 3mm，参考值为 0.5mm。

在 Routing/Routing Topology/RoutingTopology* 设置项下，设置布线拓扑规则，如图 2-89 所示。

Altium Designer 支持的布线拓扑规则如图 2-90 所示，在手工布线时建议将拓扑规则设置为 Shortest（最短路线模式）。

在 Routing/Routing Corners/RoutingCorners* 设置项下，设置布线转角模式，每一种转角模式，都有清晰的图示，如图 2-91 所示。

中低频电路一般采用 45°转角模式，高频电路采用圆角模式，避免使用直角模式。

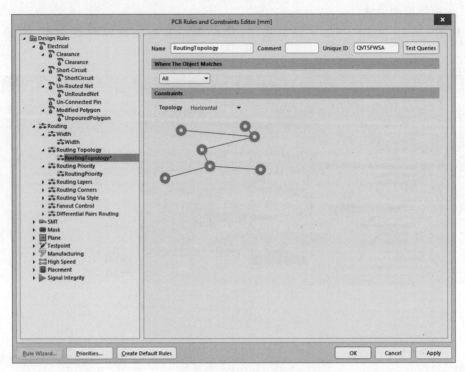

图 2-89　布线拓扑设置

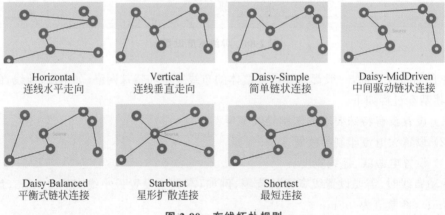

| Horizontal | Vertical | Daisy-Simple | Daisy-MidDriven |
| 连线水平走向 | 连线垂直走向 | 简单链状连接 | 中间驱动链状连接 |

| Daisy-Balanced | Starburst | Shortest |
| 平衡式链状连接 | 星形扩散连接 | 最短连接 |

图 2-90　布线拓扑规则

在 Routing/Routing Via Style/Routing Vias* 设置项下,设置过孔参数,如图 2-92 所示。

不管手动布线还是自动布线,过孔参数都应该固定不变,即最小值、参考值和最大值相同。在高密度布线中,过孔参数一般是 0.3mm/0.6mm;中高密度布线中,过孔参数一般为 0.5mm/0.9mm;低密度布线中,过孔参数一般为 0.6mm/1.0mm。

在 Routing/Routing Priority/RoutingPriority 设置项下,添加布线优先权规则,定义一些关键点的布线优先权(0~10),数值越大,表示布线优先权越高。

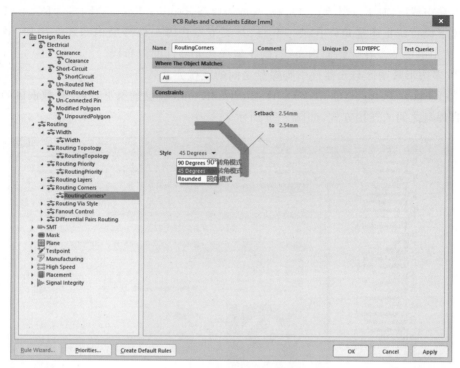

图 2-91　布线转角模式设置

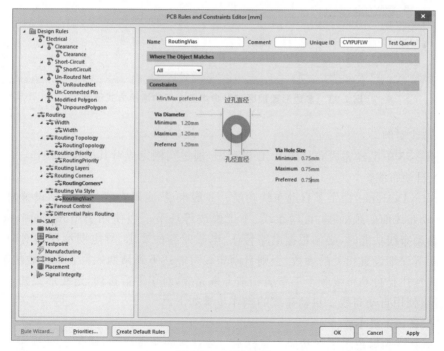

图 2-92　过孔设置

自动布线前,对于双层板和多层板,一般需要在 Routing/Routing Layers/RoutingLayers 设置项下设置禁止还是允许在某一节点、某类节点在哪一信号层内布线。比如,对双层板,可禁止电源节点在焊锡面内布线,禁止地线在元器件面内布线。

4)多边形敷铜区与元器件引脚焊盘之间的连接方式

选择 Plane/Polygon Connect Sytle/PolygonConnect 设置项下,可设置敷铜区与元器件引脚焊盘之间的连接方式,如图 2-93 所示。

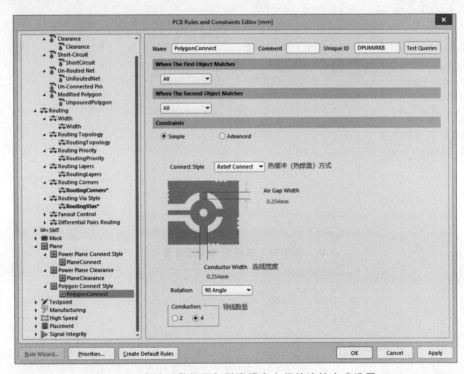

图 2-93   多边形敷铜区与引脚焊盘之间的连接方式设置

5)布线实例

对图 2-78 中已经完成布局的 PCB 设计图,通过实例完成对其的布线操作。

(1)自动布线。

Altium Designer 提供了自动布线功能。一般来说,自动布线过程包括设置自动布线参数、自动布线前的预处理、自动布线、手工修改等环节。当使用 Altium Designer 软件提供的自动布线功能时,必须根据电路特征、电磁兼容性要求、导电图形压差对应的最小安全间距等仔细设置相关的参数,否则自动布线可能达不到预期效果。大多数情况下,电路的布线往往是自动布线和手工布线相结合来完成,对于平行排列,走线形式并不复杂的线路,可以使用自动布线。自动布线的操作步骤如下。

① 按住 Alt 键不放。

② 鼠标变为绿色十字形状后让鼠标滑过要选定的所有导线,如图 2-94 所示。

③ 选择 Route→Active Route 菜单项(或者按 Shift+A 组合键)即可完成自动布线,布线效果如图 2-95 所示。

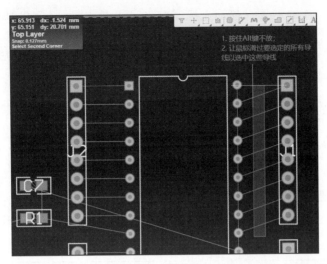

图 2-94　选中导线

（2）手工布线。

较之于自动布线，手工布线虽然效率低下，却是 PCB 设计中最基本、最有效的布线方法。手工布线严重依赖设计者的知识和经验，在布线过程中可随时调整元器件的朝向、位置，能够根据电流大小灵活选择导线宽度，确定回路面积大小，可获得较高的 EMI 指标，产生较少的过孔。生产实践表明：质量优良、易于加工、工作可靠、成品率高的 PCB 往往依赖全手工或自动与手动结合的布线方法实现 PCB 的连线操作。在高频领域，甚至只能使用手工布线来完成元器件互连。

手工布线借助交互式布线来完成，在 Altium Designer 中主要使用交互式布线工具栏来完成，基本的操作过程如下。

① 选择 PCB 编辑器中的工作层，确定要放置

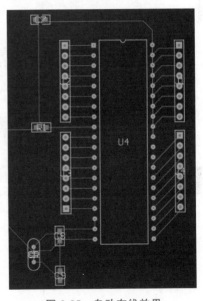

图 2-95　自动布线效果

导线的 PCB 工作层。

② 单击布线工具栏内的 Interactively Route Connections 按钮 进入交互式布线状态。

③ 将光标移到连线起点（过孔中心、导线端点或焊盘），单击固定起点，移动鼠标，即可出现随鼠标移动的线段。

④ 必要时，在连线末端固定前，可按下 Tab 键，进入交互式布线属性设置框，选择线宽、冲突解决方式等。

⑤ 不断重复"移动鼠标至线路转折点→单击"的操作，直到终点，最后右击结束布线。

在布线过程中，也可以采用"交互式自动布线"方式，操作过程为：单击"交互式布线

工具"按钮→按 Ctrl 键不放→移动光标至"飞线"上单击,即可完成对目标飞线的自动布线。

⑥ 若对布线效果不满意,可在布线后立即执行 Edit→Undo 操作或者 Route→Un-Route 并选择撤销布线的对象即可。

2.2.7　布线后处理

1. 丝印调整

在 PCB 设计图右击,选择 Find Similar Object...菜单项,鼠标变为绿色十字光标后,将其移至某一个器件的序号,如单击 U4,在弹出的列表中选择要查找的文本对象 Text U4,弹出 Find Similar Objects 窗口,在其中设定查找类型为 Same(找出所有同类型的对象),如图 2-96 所示。

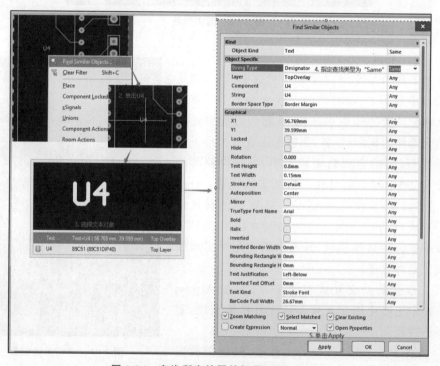

图 2-96　查找所有的器件标号(Designator)

单击 Apply 按钮之后,发现所有的器件标号处于选中状态,再单击 OK 按钮关闭窗口,随后在 Properties 面板中设置字体高度(Height)、笔画线条宽度(Stroke Width)等属性。一般而言,PCB 板上空间有限,丝印字体应该尽可能小,建议将字符高度设置为 0.8~1.2mm,如图 2-97 所示。

此外,通过选择 Design → Rules... 菜单项,在弹出的规则设置窗口中选择 Manufacturing/Silk* 相关设置项可设置丝印图形间距、丝印字符与焊盘的间距等,如图 2-98 所示。

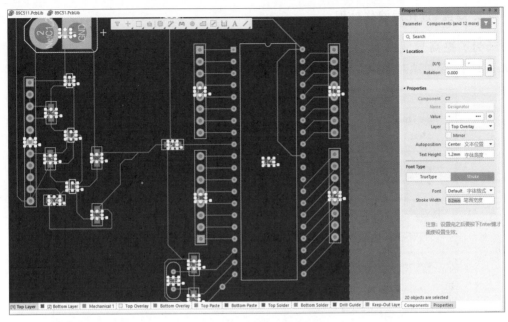

图 2-97　丝印字体调整

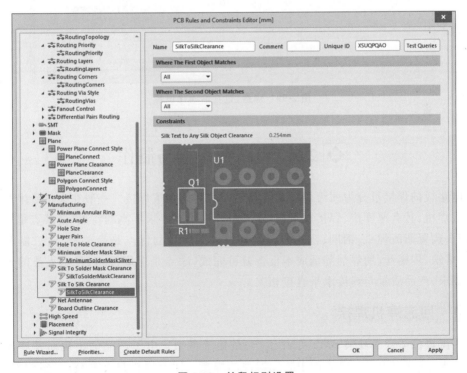

图 2-98　丝印规则设置

2. 焊盘、过孔泪滴化处理

为了提高导线与焊盘连接的可靠性,在完成布线操作后,有必要选择 Tools→Teardrops 菜单项对焊盘实施"泪滴化"处理,如图 2-99 所示。

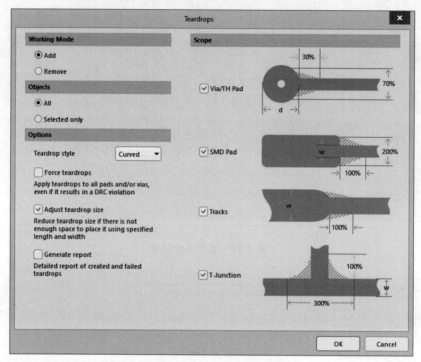

图 2-99　焊盘、过孔泪滴化设置

◆ 2.3　电路板焊接与制作

电路板的焊接可分为回流焊机焊接和使用电烙铁手工焊接。一般在大批量生产中使用回流焊机,具有速度快、焊接质量高、对人员焊接水平要求不高的特点,其缺点是成本较高,需要购置回流焊机、钢网、刮锡台等设备。手工焊接的优点是简单易行,只需要焊接台、电烙铁、焊锡丝、助焊剂等低成本设备就可完成,缺点是速度慢,对技术人员的焊接水平有要求,产品质量与焊接水平直接相关。

2.3.1　回流焊机焊接

回流焊机适合小规模 SMT 贴片生产,是伴随微型化电子产品的出现而发展起来的焊接技术,主要应用于各类表面组装元器件的焊接。回流焊机具有高精度、多功能,经济实用,节能降耗,性能稳定,寿命长及可视化操作等特点。回流焊机一般都是仪表控制的,操作也比较简单。使用回流焊机焊接一般要经过刮锡、元器件摆放、回流焊等操作步骤。刮锡是指将电路板清洗后固定在刮锡台上,将钢网放置在电路板上,使用刮刀将焊锡膏均匀地涂刷在电路板焊盘上。摆放元器件是指将电子元器件(电阻、电容、芯片)等正确地摆放在涂有焊锡膏的 PCB 上。回流焊指的是将摆有元器件的 PCB 放置在回流焊机里面,设置好温度曲线,然后进行焊接。

使用回流焊机,要注意以下事项。

(1)操作中注意不要把头、手放到机器可动范围内。

(2)出现紧急情况时,按红色紧急停止开关。

(3)戴好防高温的手套。

(4)把机盖打开降温。

(5)不得修改不允许进入的菜单内容。

(6)在生产过程中若发现过炉后的电路板有虚焊、短路或其他问题时,操作员应及时向主管上报。

(7)回流焊机运行时不可乱打开机器上的其他开关。

(8)出现故障时立刻向上反映,或按紧急按钮。

2.3.2　手工焊接

手工焊接的基本工具包括热风枪、电烙铁、镊子、焊锡丝、松香、吸锡器等常见工具,这些工具的购置成本较低,电子电路的设计者在入门阶段大都经历过使用这些工具进行手工焊接的学习过程。

手工焊接的基本步骤如下。

(1)清洁和固定 PCB。

在焊接之前,要确保 PCB 的干净整洁。对其表面的油性手印以及氧化物之类的物质要进行清除,使上锡过程不受影响。焊接时也要避免指纹接触焊盘,以免影响上锡。

(2)固定贴片元器件。

贴片元器件的固定在 PCB 焊接过程中是非常重要的。根据贴片元器件引脚的多少,其固定方法分为两种:单脚固定和多脚固定。

焊接时,一手拿镊子夹持元器件摆放在安装位置并抵住电路板,另一手拿电烙铁靠近已经镀锡的焊盘融化焊锡将引脚焊好。焊好一个焊盘后,元器件一般都能被固定下来,如果单脚难以固定,就需要多脚固定,使得整个芯片首先被固定好,然后再开始焊接其他引脚。

贴片元器件的焊接一定要确保芯片的放置是正确的,一旦错误焊接,再次拆卸、焊接的过程不但耗时,更有可能损坏电路板或者贴片元器件,使系统无法工作。

(3)焊接剩余元器件。

贴片元器件焊接完毕后,就可以焊接其他带有引脚的元器件了。将元器件正确插入焊盘后,可一手拿焊锡丝,另一手拿电烙铁进行点焊。在焊接实践中,对于多引脚器件,还有拖焊等焊接技术,需要在实践中反复练习才能掌握。

(4)清除多余焊锡。

焊接过程中在焊盘上留下过多的焊锡,甚至因为焊接导致电路短路的现象对于初学者而言是经常发生的。修复此类问题就需要掌握清除多余焊锡的操作方法,基本过程是,一手拿电烙铁,另一手拿吸锡器,用电烙铁熔化多余的焊锡后,触发吸锡器快速"吸走"熔化的焊锡。需要注意的是,反复在焊盘上进行熔化焊锡、吸锡的操作极易导致焊盘氧化,影响电气连接性能。因此,初学者在学习焊接时,"喂锡"的时候要掌握好火候,不可太多,也不能太少。

(5) 清洗焊接的地方。

焊接完毕后难免会在 PCB 上留下松香、焊锡等残留物质,必须要对这些物质进行清理,可以采用洗板液、酒精等做局部清洗。清洗过程中使用棉签等擦拭时要掌握好力度,以免影响已经焊接好的引脚。

嵌入式系统开发基础

◆ 3.1 基 本 概 念

"嵌入式系统"是嵌入到具体的应用体系当中的专用计算机系统,不同的技术人员从不同的角度观察嵌入式系统,可能会得到不同的定义。IEEE(电气与电子工程师协会)对嵌入式系统的定义为:嵌入式系统是"Devices Used to Control,Monitor or Assist the Operation of Equipment,Machinery or Plants(用于控制、监视或者辅助操作机器和设备的装置)"。国内普遍认为:嵌入式系统是"以应用为中心,以计算机技术为基础,软硬件可裁剪,适应应用系统对功能、可靠性、成本、体积、功耗等严格要求的专用计算机系统"。国内的定义,更加准确地体现了嵌入式系统"嵌入""专用"以及属于"计算机"范畴的本质特征。

嵌入式系统一般具有如下一些特点。

1. "专用"的计算机系统

与通用计算机不同,嵌入式计算机系统通常都应用于特定的应用场景,具体的应用需求决定对嵌入式处理器以及其他设备的需求。如果应用场景改变,原有的嵌入式系统可能不再适用。

2. 运行环境各异

不同的嵌入式系统有不同的运行环境,其应用范围十分广泛,从飞机、宇宙飞船到电子玩具,从环境恶劣的极地环境到高校实验室,从军用设施到民用电器,都有嵌入式系统的影子。

3. 资源可裁剪

嵌入式系统并不像通用计算机那样拥有完整的系统资源,几乎所有的嵌入式系统都根据具体的应用场景裁剪系统资源,如采集环境温、湿度的环境采集系统可能不需要屏幕,系统内部也无须硬盘来存储数据;小型的电子玩具可能不需要网络通信功能;简单的系统甚至无须操作系统来管理资源。

4. 功耗小、体积小、集成度高,成本低

嵌入式系统"嵌入"到具体的应用体系中,一般的嵌入式系统都具有低功耗、小体积、高集成度和低成本的特点。比如,很多由 MCU 构建的嵌入式系统无须风扇散热,所有元器件集成在一块较小的电路板上,供电系统采用小型的可充电锂电池。

5. 专用的开发工具和设计方法

不同于通用计算机的开发方法,嵌入式系统的设计开发通过软硬件协同设计、采用交叉编译环境完成开发。此外,调试过程中的断点设置等都需要通过特殊的机制来实现。目前,嵌入式调试已发展出支持系统开发过程的专用工具套件。

6. 知识密集系统

嵌入式系统是技术、资金高度密集的系统,是一个高度分散、不断创新的知识密集体系,是先进计算机技术、半导体工艺、电子技术和通信网络技术相结合的产物。

7. 应用范围广

嵌入式系统已经渗透到人类生活的方方面面,在军事国防、信息家电、消费电子、工业控制、通信网络、智能家居、汽车电子、物联网等领域无处不在。

◈ 3.2 嵌入式系统组成

嵌入式系统是专用的计算机系统,其具有一般计算机的共性,也由硬件和软件两部分组成,图 3-1 描述了组成嵌入式系统的各个部分。

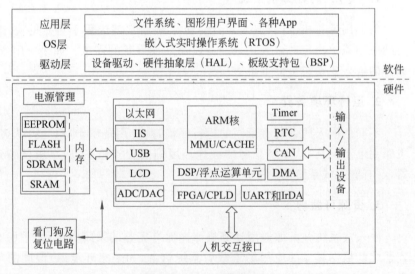

图 3-1 嵌入式系统组成

嵌入式系统硬件是嵌入式系统运行的硬件基础,提供了嵌入式系统运行的物理平台、通信接口和辅助资源。嵌入式操作系统是整个嵌入式系统的核心,控制整个系统的运行,统筹管理系统资源,提供人机交互界面等;嵌入式软件一般分为嵌入式操作系统和嵌入式应用软件两大部分。嵌入式应用由于与各类应用对象密切相关,而实际应用场景却纷繁复杂,很难用一种架构或模型加以描述。

◇ 3.3　嵌入式系统硬件组成

嵌入式系统的硬件组成基本上以处理器为核心,由存储器、I/O 设备、通信模块、电源以及 ADC/DCA、UART、LCD、IIS、CAN 总线等各类辅助电路共同组成。在实际应用中,除了微处理器和内存、电源外,外围资源一般都会根据具体应用场景做相应的裁剪和定制,有利于降低成本。

嵌入式处理器一般可分为微处理器(Microprocessor)、微控制器(Microcontroller Unit)以及嵌入式 DSP(Digital Signal Processor)。嵌入式微处理器就是与通用计算处理器相对应的 CPU,主要应用在一些高性能场景,如消费电子、平板电脑等领域;嵌入式微控制器为开辟单片机市场而开发,芯片上同时封装有 MCU、内存和其他一些功能电路,常见的有 80C51、STM32 等。DSP 芯片是专用于处理数字信号的芯片,当前一些 MPU 和 MCU 中都集成有 DSP 处理单元,大大提高了芯片性能。

嵌入式外围电路是除了处理器之外的其他设备和功能电路,主要有存储器、通信接口、输入/输出设备、设备扩展接口和电源及辅助设备这 5 大类。

存储器:嵌入式系统的主要功能部件,为存储数据和程序提供保障。常见的存储器有静态易失性存储器(RAM、SRAM)、动态存储器(DRAM)、非易失性存储器(ROM、EPROM、EEPROM、FLASH 等)、电子盘等。

通信接口:嵌入式领域常见的通信接口有 RS－232 串口、USB 接口、IrDA(红外接口)、SPI(串行外围设备接口)、I^2C、CAN、蓝牙、以太网、通用输入/输出 GPIO 口等。嵌入式开发中,使用 UART 作为调试信息输入/输出口是常见的做法。

输入/输出设备:触摸屏、键盘、红外遥控器等。

设备扩展接口:随着嵌入式系统功能日益复杂,对大容量存储器的扩展需求等变得日益突出,为系统配置相关的扩展接口也是一些嵌入式电子产品在开发过程中常见的做法。

电源及辅助设备:嵌入式系统一般都配备电池作为供电系统,电池技术的进步和日益小型化使嵌入式电子产品的体积进一步缩小。此外,更低功耗的处理器和更先进的电源管理方案使得设备续航能力也得到改进。

◇ 3.4　嵌入式软件开发

嵌入式软件整体上包括驱动层、OS 层以及应用程序,不同岗位的工程师在嵌入式软件开发过程中可能会从事不同类型的软件开发工作。比如,驱动工程师可能致力于对某几类设备驱动程序的开发、OS 设计人员侧重于设计和开发嵌入式操作系统、大多数的嵌入式软件工程师则从事嵌入式应用程序开发工作。

随着半导体工艺的发展和硬件性能的持续提升,基于嵌入式实时操作系统构建应用程序已经成为嵌入式领域进行应用开发的首选方法。一般而言,嵌入式软件开发无法在嵌入式系统本身有限的资源平台上完成,几乎都需要交叉开发环境,即在通用计算机上搭建开发环境,完成对软件的编辑、编译等工作,然后将系统代码下载到嵌入式平台运行。一般将开发平台称为宿主机,将嵌入式设备称为目标机。目前,主流的微处理器产品都配备功能完备的交叉开发工具,使得嵌入式开发的门槛进一步降低。图 3-2 展示了嵌入式开发的典型环境。

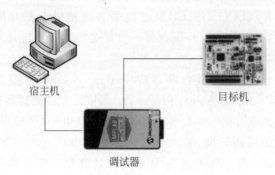

宿主机

目标机

调试器

图 3-2　嵌入式开发环境

基于交叉开发环境进行嵌入式应用开发主要包括如下 5 个基本阶段:搭建开发环境、编辑源代码、交叉编译、链接与重定位以及下载与调试,如图 3-3 所示。

1. 搭建开发环境

在进行嵌入式开发之前,必须了解具备交叉编译功能的开发工具套件。目前的各大处理器基本上都提供了一整套的嵌入式开发套件,内置集成了交叉编译环境,使用难度并不大。

按照发布形式,嵌入式开发环境主要有开放和商用 2 种类型。其中,开放的交叉开发环境以 gcc 为典型代表,它支持多种平台的交叉编译,由 GNU 负责维护。商用的交叉开发环境有 μVision MDK、Tornado 等。

根据使用方式,交叉开发环境主要分为使用 Makefile 和 IDE 两种。前者要求程序员通过编写 Makefile 来管理开发项目,用户友好性一般;后者提供了对用户友好的操作界面,方便管理和控制项目开发,如 μVision MDK。

2. 源代码编辑

一般来说,嵌入式软件中的程序启动代码、硬件初始化代码、操作系统移植代码大都采用汇编语言编写。当然,也有一些平台提供实现硬件初始化功能的 C 语言函数,使得开发难度进一步降低。C/C++ 语言是嵌入式软件开发中使用最普遍的编程语言,当然也有 Python、Java 等语言在一些嵌入式开发领域也逐渐被采用,如 Android App 开发。

3. 编译

编译器主要负责将源代码编译成特定的目标代码,在编译过程中会检查语法错误,最

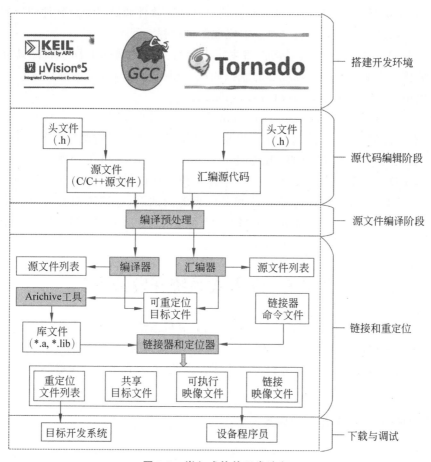

图 3-3 嵌入式软件开发流程

终生成目标代码。目标代码有 2 类：COFF（Common Object File Format）与 ELF（Extended Linker Format）。在目标文件中规定了信息组织方式，即目标文件格式。目标文件格式的规范使得不同供应商提供的开发工具能够严格遵循，以便实现互操作和信息共享。

4. 链接和重定位

程序要在内存中运行，除了编译之外，还要经过链接的步骤。编译器只能在一个模块内部完成符号名到地址的转换工作，不同模块间的符号解析需要由链接器完成。链接器主要完成符号解析和重定位两项工作。

5. 下载与调试

下载就是将可执行的映像文件烧写到嵌入式目标设备的 ROM 中，嵌入式交叉开发环境基本上都具备 Flash 编程功能。当然，用户也可使用专门的代码烧写工具完成代码的下载。

嵌入式系统调试分为软件调试和硬件调试 2 种。软件调试时通过软件调试器调试嵌入式系统软件,硬件调试通过仿真调试器完成调试过程。

通常调试软件部分的调试器都在宿主机上运行。软件调试工具一般都具有 ISS 功能,即完成代码在无硬件调试环境下的模拟调试。模拟调试与真实的硬件环境有较大的差异,一般用于开发者编程练习或代码的初步调试。

硬件调试可获得比软件调试更多的调试功能和更高的调试性能。硬件调试器的原理是通过仿真硬件的真正执行过程,让开发者在调试过程中可以时刻获得硬件执行情况。硬件调试器主要有在线仿真器(In-Circuit Emulator, ICE)和在线调试器(In-Circuit Debugger, ICD)。ICE 在嵌入式硬件开发中完全仿造调试目标 CPU,成本高昂。ICD 调试是更常见的调试方法,通过连接 ICD 和目标板的调试端口,发送调试命令和接收调试信息,实现必要的调试功能。比如,ARM CPU 通过设置 JTAG 调试口完成对 CPU 的调试,几乎达到了与 ICE 调试相当的效果。

◇ 3.5　嵌入式系统开发流程

嵌入式系统是运行于特定目标环境的专用计算机系统,功能专一,在实现预期功能时往往通过软硬件协同设计实现。考虑到实现成本,在器件选型时,各种资源往往只是满足需求即可,预留给用户使用的额外资源并不多。因此,嵌入式系统开发必然有其自身的许多特点。

1. 影响嵌入式系统开发的因素

嵌入式系统是以实际应用为主要考虑对象的专用计算机系统,其特点是软硬件可配置,功能可靠,成本低,体积小,功耗低,实时性强。在嵌入式系统设计和开发过程中一般要考虑如下几个因素。

(1) 功能可靠性。

(2) 系统实时性。

(3) 体积符合规范。

(4) 接口符合规范。

(5) 配置精简。

(6) 功耗管理严格。

2. 软硬件协同设计

嵌入式系统设计是使用一组物理硬件、设计和开发一系列软件来完成所需要功能的过程。整个嵌入式系统是硬件和软件的结合体。由于嵌入式系统是一个专用系统,嵌入式系统在设计过程中,软件设计和硬件设计紧密耦合、相互协调。软硬件协同设计是嵌入式系统设计的基本方法,这种方法的特点是设计时从系统功能考虑,把实现时的软硬件因素统统考虑进去,包括充分利用硬件芯片级的功能,以最大限度地利用有效资源,缩短开发周期,以取得较好的设计效果。嵌入式系统软硬件协同设计流程如图 3-4 所示。

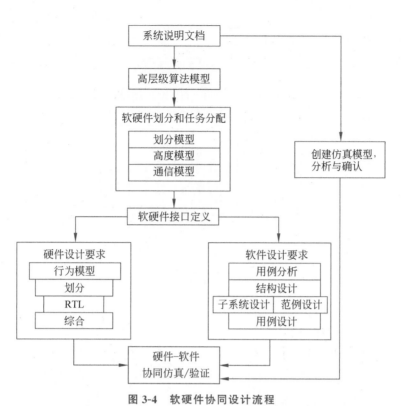

图 3-4　软硬件协同设计流程

软硬件协同设计的流程从确定系统的需求开始,包括系统要求的功能、性能、功耗、成本、可靠性、开发时间等。系统需求由项目开发小组和业务专家共同开发制定,最终形成需求规格说明书。

系统设计首先确定系统所需要的功能。复杂系统设计方法中最常用的是将整个系统划分为较简单的子系统以及这些子系统的模块组合,然后以一种选定的语言对各个对象子系统加以描述,生成设计规格说明文档。

3. 嵌入式系统开发的基本流程

嵌入式系统开发将硬件、软件、人力资源、市场等各种因素结合起来。任何一个嵌入式系统都是软硬件结合体,是软件和硬件协同综合开发的结果,这是嵌入式系统最大的特点。面向具体应用的嵌入式开发决定了嵌入式开发的方法、流程各不相同,但总体上按照如图 3-5 所示的流程进行。

(1) 系统需求分析。系统需求分析旨在了解用户在实际应用中面临什么样的问题,需要什么样的产品。需求分析过程建立在与用户充分沟通的基础上,用户有时候难以准确、充分地表达他们的需求,更不知道如何利用计算机去实现自己想要的产品。因此,需求分析过程是嵌入式系统设计和开发的重中之重,比较理想的状态是用户能够密切配合,需求分析人员和用户之间能够有效沟通(最好是能够合伙办公一段时间),最终由系统需求分析师整理、总结和归纳用户需求,形成需求规格说明书并得到用户的确认。需求规格

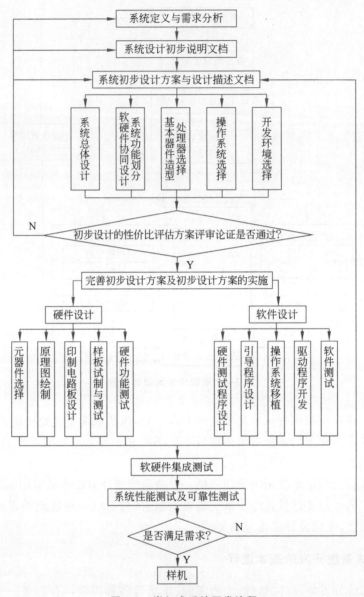

图 3-5　嵌入式系统开发流程

说明书不但面向用户，更重要的是面向系统的设计开发人员，它构成了系统的逻辑模型，是后续设计和实现工作的基础，它必须完整、清晰地体现用户需求。

（2）系统设计方案的初步确立。确定系统需求之后，项目组就要完成对系统的初步设计工作并撰写与系统设计相关的一系列文档，包括系统概要设计说明书、系统总体设计方案、功能模块划分说明、软硬件协同设计方案、处理器选择与基本接口设计说明、操作系统选择与开发环境搭建说明等初步说明文档。文档内容反映对系统进行初步设计的具体工作，在设计过程中可能会用到流程图、成本效益分析等理论和工具。在此基础上，才有可能完成系统的详细设计方案。

（3）设计方案评审论证。在系统开始软硬件开发之前,需要召开由项目组领导、用户以及领域内专家等参加的评审论证会,旨在确认系统设计方案的正确性、无歧义性、安全性、可靠性、可验证性、可理解性、可修改性等多个方面,评审论证通过后才可进入下一步的具体实施阶段。

（4）项目实施。进一步完善设计方案,安排人力资源开始项目实施。除了技术问题,项目的实施过程实际也是一个管理过程。实践经验表明,对过程的跟踪管理是保证项目质量的有效手段,成熟的商业公司都积累了丰富的项目管理经验。系统在设计之初的软硬件划分对项目实施有着巨大影响,特别对软件部分的设计与实现影响很大,对系统性能和成本也起着决定性的作用。一般来说,依靠硬件实现的部分往往能够获得更高的性能,对于性能要求较低的部分功能可以通过软件来实现。

（5）软硬件集成测试。软硬件集成测试是将软件系统下载到硬件系统进行综合测试,以验证系统功能是否正确无误。与单纯的软件产品不同,软硬件集成测试在嵌入式系统开发中往往较为复杂且更为费时,特别需要相应的工具支持才有可能确保系统的稳定运行。

（6）性能测试及可靠性测试。测试系统性能,确保系统运行可靠,能满足任务设计书中所规定的各项指标。如果测试结果中发现问题,就需要走 Bug 修复流程。如果软件的性能和可靠性满足要求,就可以将软件彻底固化在硬件中。

◆ 3.6　嵌入式系统的发展趋势

以移动终端、智能物联网、消费电子、信息家电、5G 通信技术为代表的物联网时代不仅为嵌入式市场展现了美好的应用前景、拓展了应用场景,也对嵌入式技术提出新的挑战,主要有:更加灵活的网络连接需求、轻盈便捷的移动应用、更加强大的多媒体信息处理能力、更低功耗要求、更加友好的人机交互能力、二次开发与动态升级能力、智能化等。面对这些需求,嵌入式系统未来的发展可能会在如下几个方面有所体现。

1. 向着标准化方向发展,逐渐形成行业标准

不同于 PC 只有一两种平台,嵌入式系统在发展过程中积极吸取 PC 发展经验,可能会形成不同的行业标准。统一的行业标准具有开发、技术共享、软硬件可重用、组件兼容、维护方便、便于合作开发等诸多优势,是增强行业竞争力的有效手段。

在飞行器控制、工业控制、汽车电子、智能物联网等行业最有可能出现嵌入式开发标准。比如,欧盟汽车产业联盟规定以汽车电子开放式系统及其接口(德文：Offene Systeme and deren Schnittstellen furdie Elektronik im Kraftfahr-zeug,OSEK)作为开发汽车嵌入式系统的标准。航空电子工程委员会(Airlines Electronics Engineering Committee, AEEC)制定了航空电子嵌入式实时操作系统应用编程接口——ARINC653。我国的电视产业联盟也在制定本行业的开放式软件标准,以提高中国数字电视产品的竞争力。走行业开放系统道路、建立行业性的嵌入式软/硬件开发平台,是加快嵌入式系统发展的捷径之一。

2. 多核处理器的应用范围越来越广

多核处理器把多个处理器核心集成到同一个芯片上。芯片上更高的通信带宽和更短的通信时延使多核处理器在并行性方面具有优势,通过动态调节电压、负载优化分布等策略可有效降低功耗。

多核处理器有同构和异构之分。同构多核处理器将多个结构相同的处理器核心集成在同一个芯片中,已经广泛应用在 PC 领域;而异构多核处理器将 CPU 内核和 DSP、FPGA 等功能模块集成在同一个芯片中。异构多核处理器是嵌入式系统发展的一个重要方向,将结构、功能、功耗、运算性能各不相同的多个核心集成在芯片上,并通过任务分工和划分将不同的任务分配给不同的核心,使每个核心都各司其职,计算资源进一步得到优化,降低整体功耗。

3. 更加强大的开发工具和操作系统支持

为了满足日益增长的用户需求,嵌入式系统设计师一方面采用更加强大的嵌入式处理器来增强系统处理能力。另一方面,采用嵌入式实时操作系统和强大的交叉工具开发技术来管理日益增多的系统资源,降低系统控制的复杂性,简化应用程序设计,保障嵌入式应用质量和缩短开发周期。

嵌入式系统在现有基础上,通过使用嵌入式实时操作系统,结合用户需求,可在不同型号的处理器上构建应用系统,使设计和开发的软件系统具备可移植性、可伸缩性、可裁剪、实时性强、可靠性高等优势。另一方面,嵌入式开发工具会向着多平台支持、覆盖嵌入式软件开发全过程、更加高效和高密度集成的方向发展。

4. 嵌入式系统的物联网智能应用成为必然趋势

在物联网技术日益渗透到方方面面的同时,"嵌入式系统联网"已经成为必然需求。嵌入式系统联网需要 TCP/IP 协议簇的支持,物联网时代的各类智能硬件都需要系统具备 IEEE 1394、USB、CAN、Bluetooth、WiFi 以及 IrDA 等通信接口,提供网络支撑功能将会成为嵌入式系统发展的必然趋势。

5. 出现新的嵌入式计算模型

伴随着物联网技术的进一步发展,行业数字化在敏捷连接、实时业务、数据优化、应用智能、安全与隐私保护等方面的关键需求需要新的计算模型来支撑。例如,融合网络、计算、存储、应用核心能力的边缘计算模型,具备二次开发能力的可编程嵌入式系统以及支持分布式计算的嵌入式系统等。

Android 应用开发入门

◆ 4.1 Android 概述

4.1.1 Android 平台

2003 年 10 月,安迪·鲁宾在美国加利福尼亚州帕洛阿尔托(Palo Alto, California,USA)创建了 Android 公司,其初衷是构建一个用于数字照相机的操作系统,但由于后期发现市场需求不大进而转向智能手机操作系统。2005 年,Google 公司收购了这个成立仅有 22 个月的高科技企业并继续研发 Android 系统,并于 2008 年 1 月正式发布了 Android 1.0 系统,这也是 Android 最早的版本。从此开始,Google 公司的 Android 系统在手机操作系统领域开启了辉煌的篇章。随着 Android 平台的发展不断完善,越来越多的手机厂商选择支持 Android 系统并作为其主要的发展方向,虽然手机操作系统领域也有其他的操作系统部署在各类硬件设备上,但 Android 已经稳居手机操作系统的统治地位。

Android 从诞生至今已有十余年的发展历史,其发展十分迅速,仅在其正式推出后的两年就全面超越当时称霸市场的诺基亚 Symbian 系统。可以说,Android 的发展见证了移动互联网迅猛发展的十年。下面简要回顾一下 Android 系统发展的历史。

2007 年,Google 以免费提供 Android 系统为饵,与众多硬件制造商、软件开发商和电信运营商成立开放手持设备联盟(Open Handset Alliance)来共同研发改良 Android,成立联盟的重要目的之一是对抗苹果公司,联盟成员包括 HTC、摩托罗拉、Samsung 等设备制造商,无线运营商包括 Sprint 及 T-Mobile,芯片制造商包括高通及德州仪器。2007 年 11 月,Google 宣布其基于 Linux 平台的开源操作系统项目代号为 Android。

2008 年 3 月,Android SDK 正式发布。同年 9 月,第一款运行 Android 系统的智能手机 HTC Dream(也叫 T-Mobile G1)诞生,该手机支持 WCDMA 网络和 WiFi 无线通信。同时,Android 1.0 正式发布,标志着 Android 正式进入公众视野。

2009 年 5 月,Android 1.5 SDK 发布。其代表机型为 HTC G2。从 Android 1.5 版本开始,Google 公司以甜品命名 Android 系统,Android 1.5 的命名为 Cupcake(纸杯蛋糕)。

2009 年 10 月,Android 2.0 系统发布。

2010 年 1 月,Android 2.1 发布,Google 推出旗下第一款自主品牌手机 Nexus One,随即成为 Android 2.1 的代表机型,由 HTC 生产。Google 将 Android 2.0 和 Android 2.1 的版本统称为 Eclair(松饼)。此时的 Android 系统已经获得众多厂商支持,市场占有率越来越高。

2010 年 5 月,Android 2.2 发布,其代表机型为 Galaxy S,Google 将其命名为 Froyo(冻酸奶)。截至 2010 年 9 月,Google 公布每日销售的 Android 系统设备的新用户数量高达 20 万,Android 在商业上取得巨大成功。

2010 年 12 月,Google 发布 Android 2.3 操作系统(Gingerbread,姜饼),其代表机型是 Galaxy SII 和 HTC Sensation。

2011 年 2 月,第一款运行 Android 3 操作系统的平板电脑问世。Android 3 专门针对平板电脑进行优化,标志着 Android 进入平板电脑时代。

2011 年 10 月,Google 发布 Android 4.0 操作系统(Ice Cream Sandwich,冰激凌三明治)。Android 4.0 结合 Android 2.3 和 3.0 的优点,拥有全新的系统解锁界面,任务管理器可以展示出缩略图,便于用户准确、快速地关闭应用程序。

2012 年 6 月,Google 发布 Android 4.1(Jelly Bean,软心豆粒糖),其代表产品是华硕代工的 7 寸平板电脑 Nexus 7。

2012 年 10 月,Google 发布 Android 4.2(Jelly Bean,软心豆粒糖),其代表产品是三星代工的 10 英寸平板电脑 Nexus 7。

2013 年 11 月,Android 4.4(Kitkat,奇巧巧克力)发布,代表机型为 LG 代工的 Nexus 5。

2014 年 10 月,Android 5.0(Lollipop,棒棒糖)发布,代表性产品有 Nexus 6,Nexus 9 以及 Nexus Player。

2015 年 5 月,Google 发布 Android 6.0 系统,命名为 Marshmallow(棉花糖)。

2016 年 5 月,Google 发布 Android 7.0 开发者正式版,命名为 Nougat(牛轧糖)。

2017 年 3 月,Google 发布 Android 8.0,命名为 Oreo(奥利奥)。同年 12 月,发布 Android 8.1 正式版。

2018 年 8 月,Android 9.0 正式发布,被命名为 Pie(派)。Android 9.0 深度集成 Project Treble 模式,更加封闭;支持原生通话录音,提升了 WiFi 定位,加入了个性化自适应功能。

2019 年 3 月,Google 悄悄发布 Android Q Beta 1 及其预览版 SDK。同年 4 月,Beta 2 版本发布。Android Q 版本也被开发者认为是 Android 10.0。

2020 年 9 月,Android 11 正式发布,系统主要提升了聊天气泡、安全性和隐私性的保护、电源菜单功能,可以更好地支持瀑布屏、折叠屏、双屏和 Vulkan 扩展程序等。

2021 年 5 月,Google I/O 大会正式发布 Android 12,Android 12 经历了自 Android 诞生以来最大的设计变化,引入全新的设计语言 Material You,用户能够通过自定义调色板和重新设计的小工具来完成个性化设置,安全性和隐私性也进一步提升。

4.1.2 Android 框架

Android 基于开源的 Linux 系统构建,是一个开放的软件系统,为用户提供了丰富的移动设备开发功能。其平台架构包括 4 个层次,如图 4-1 所示。

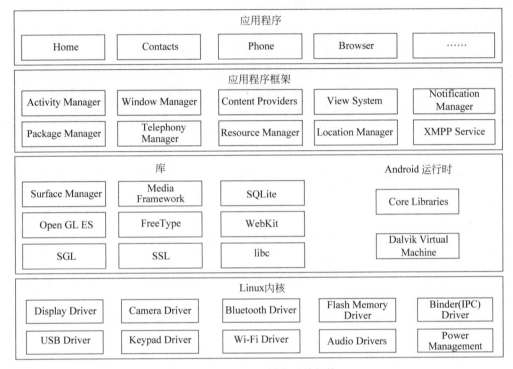

图 4-1 Android 操作系统架构

自下而上,Android 操作系统体系结构依次是 Linux 内核、系统运行库和 Android 运行时环境、应用程序框架以及应用程序 4 个层次。

1. Linux 内核

Android 操作系统基于 Linux 2.6 内核,使用 C 语言实现,其核心服务如进程调度、内存管理、网络协议、安全性等都来自 Linux 内核。此外,Android 针对手机和移动设备开发了一些特有的驱动程序,并将所有的驱动抽象为硬件抽象层(Hardware Abstraction Layer,HAL)。

2. 系统运行库+Android 运行时

系统运行库层面由两部分构成,即系统运行库和 Android 运行时。

1) 系统库

Android 内置一套 C/C++ 库,系统的各个组件都在使用这些库。系统库支撑整个应用程序框架,构成了应用程序框架和 Linux 内核之间的纽带。系统库的核心由以下几部分构成。

（1）Libc（系统 C 库）：Android 并没有采用标准 Linux 的 glibc 库，而是采用了 Google 自己开发的 Bionic Libc。与 glibc 不同，Bionic Libc 专门为嵌入式 Linux 定制，具有体积小、运行速度快等优势。

（2）SSL：保障网络通信安全的一种协议。

（3）SGL：内置的底层 2D 图形引擎。

（4）WebKit：功能强大的浏览器引擎，用于支持 Android 浏览器和一个嵌入式 Web 视图。实际上，有些主流的浏览器也是基于该引擎的，如 Chrome。

（5）FreeType：基于位图和矢量图形的字体支持。

（6）OpenGL ES：提供对 3D 图像的硬件加速支持。基于 OpenGL ES APIs 实现，可以使用硬件 3D 加速或者高度优化的软件 3D 加速。

（7）SQLite：强大的轻量级数据库引擎，许多数据库都以 SQLite 为数据库引擎，大小约为 500KB。

（8）Media Framework：系统多媒体库，基于 PacketVideo OpenCORE。该库支持录放，并且可以录制许多流行的音频格式以及静态影像文件，包括 MPEG4、H.264、MP3、AAC、JPG、PNG 等。

（9）Surface Manager：管理应用层的显示子系统，为应用层提供 2D、3D 无缝融合。

2）Android 运行时

Android 的应用程序采用 Java 语言编写，程序在 Android 运行时中执行，其运行时可分为核心库和 Dalvik 虚拟机两个部分。

（1）核心库：提供 Java 语言 API 中的大多数功能，同时也包含 Android 的一些核心 API，如 android.os、android.net、android.media 等。

（2）Dalvik 虚拟机：是 Android 程序的虚拟机，是 Android 中 Java 程序的运行基础。其指令集基于寄存器架构，执行其特有的文件格式—dex 字节码来完成对象生命周期管理、堆栈管理、线程管理、安全异常管理、垃圾回收等重要功能。它的核心内容是实现库（libdvm.so），大体由 C 语言实现。依赖于 Linux 内核的一部分功能—线程机制、内存管理机制，能高效使用内存，并在低速 CPU 上表现出较高性能。每一个 Android 应用在底层都会对应一个独立的 Dalvik 虚拟机实例，其代码在虚拟机的解释下得以执行。Dalvik 是一个基于 JIT（Just in time）编译的引擎。使用 Dalvik 存在一些缺点，所以从 Android 4.4（Kitkat）开始引入 ART 作为运行时，从 Android 5.0（Lollipop）开始 ART 就全面取代 Dalvik。Android 7.0 向 ART 中添加了一个 JIT 编译器，可以在应用运行时持续提高其性能。

3. 应用程序框架

熟悉 Android 系统应用程序框架是从事 Android 开发的基础，所有的 Android App 都必须遵守框架原则。应用程序框架层的设计简化了组件重用机制。任何应用都可以发布自己的功能，这些功能又可以在框架规定的安全规范内被其他应用所重用。程序员可以直接使用框架提供的组件快速实现应用程序开发，也可以通过继承实现个性化的拓展。

应用程序框架提供的功能如下。

（1）android.app：提供高层的程序模型和基本的运行环境。

（2）android.content：包含对各种设备上的数据进行访问和发布。

（3）android.database：通过内容提供者浏览和操作数据库。

（4）android.graphics：底层的图形库，包含画布、颜色过滤、点、矩形，可以将它们直接绘制到屏幕上。

（5）android.location：定位和相关服务的类。

（6）android.media：提供一些类管理多种音频、视频的媒体接口。

（7）android.net：提供帮助网络访问的类，优于常见的 java.net. * 接口。

（8）android.os：提供系统服务、消息传输和 IPC 机制。

（9）android.opengl：提供 OpenGL 的工具。

（10）android.provider：提供访问 Android 内容提供者的类。

（11）android.telephony：提供与拨打电话相关的 API 交互。

（12）android.view：提供基础的用户界面接口框架。

（13）android.util：涉及工具性的方法，如时间日期的操作。

（14）android.webkit：默认浏览器操作接口。

（15）android.widget：包含各种 UI 元素（大部分是可见的）在应用程序中的布局。

4. 应用程序

不管是界面 UI，还是设备功能，应用程序是用户直接感受到的一层，实现与用户的交互过程，与用户关系密切。Android 平台不仅是操作系统，还预装了一些核心 App，如 E-Mail 客户端、短消息服务、日历、地图、浏览器、联系人等。所有的 App 都使用 Java 编程语言开发。系统内置的这些 App 可以被程序员自己编写的应用程序替换，具有很强的灵活性。

4.1.3　Android 开发环境搭建

本节以 Java 1.8 和 Android Studio 4.2 版本为例，讲解 Android Studio 开发环境的安装过程。

1. JDK 安装

用户可登录 Java 官网（https://www.java.com/zh-CN/）下载 Java 安装引导包，之后根据提示完成对 JDK 的安装，其安装过程如下。

双击安装文件 JavaSetup8u291.exe，弹出欢迎界面，如图 4-2 所示。

单击"安装"按钮，等待安装完成，如图 4-3 所示。

安装完成后，界面上会弹出"安装成功"的提示信息，如图 4-4 所示。

单击"关闭"按钮即可。

JDK 安装成功后需要配置环境变量，使系统能够根据配置信息找到 JDK 安装路径。在桌面上右击"此电脑"，在弹出的窗口中选择"属性"，在弹出的系统窗口中单击"高级系统设置"，如图 4-5 所示。

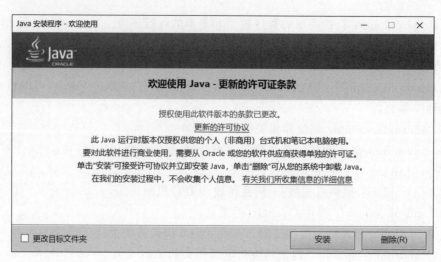

图 4-2　JDK 安装欢迎界面

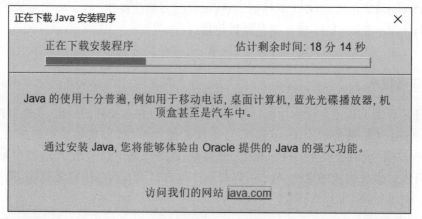

图 4-3　JDK 安装过程

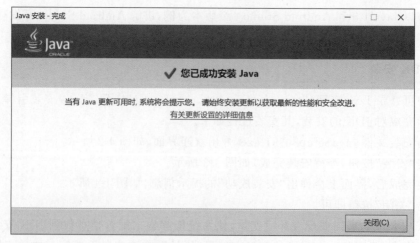

图 4-4　JDK 安装成功

图 4-5 环境变量设置

单击"高级系统设置",在弹出的"系统属性"窗口中单击"环境变量"按钮,如图 4-6 所示。

图 4-6 环境变量设置

在"环境变量"窗口的"系统变量"区域,单击"新建"按钮,新建一个名为 JAVA_HOME 的系统变量,变量的值为 JDK 的安装路径"C:\Program Files (x86)\Java\jre1.8.0_291"(提示:确保 JAVA_HOME 的安装路径是正确的),如图 4-7 所示。

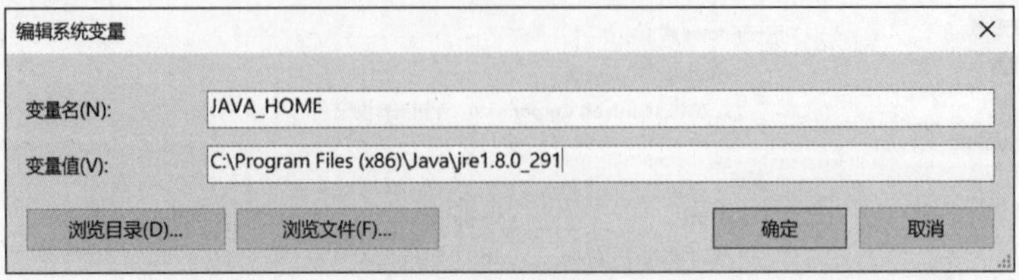

图 4-7   编辑环境变量

在系统的 Path 环境变量中,加入 JAVA_HOME。双击"系统变量"区域的 Path 变量,在其列表中新增 JAVA_HOME 路径,如图 4-8 所示。

图 4-8   设置环境变量

单击"确定"按钮。

如果环境变量配置正确,在 Windows 的 CMD 命令窗口中输入 java -version 命令会看到 JDK 的版本信息。否则,系统会显示"找不到 java 命令"的提示信息,如图 4-9 所示。

2. Android SDK 安装

官网提供了 Android SDK 的安装包,最新版本的 Android Studio 直接包含 Android SDK。Android 在发展历程中版本更新很快,其 SDK 的版本也较多,兼容多种 Android 版本的 App 开发需要准备多个版本的 SDK。最新的 Android Studio 在安装过程中可以自行下载 Android SDK,但耗时较长。

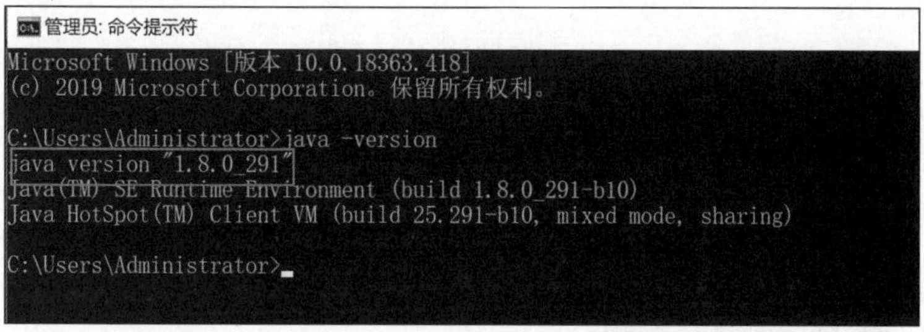

图 4-9　检查 JDK 版本

用户也可以单独下载配置好的 Android SDK 进行安装,解压后的 Android SDK 大概需要 30GB 的存储空间,建议准备 60GB 左右的磁盘空间用于存放 Android SDK。

将 android－sdk.rar 解压到指定路径,如 F:\Program Files\Android\路径下,如图 4-10 所示。

图 4-10　解压 Android SDK

解压之后即可开始安装 Android Studio 开发工具。

3. Android Studio 安装

Android Studio 是 Google 推出的一个 Android 集成开发工具,基于 IntelliJ IDEA。类似 Eclipse ADT,Android Studio 提供了集成的 Android 开发工具用于开发和调试。在 IDEA 的基础上,Android Studio 提供如下功能。

(1) 基于 Gradle 的构建支持。

(2) Android 专属的重构和快速修复。

(3) 提示工具以捕获性能、可用性、版本兼容性等问题。

(4) 支持 ProGuard 和应用签名。

(5) 基于模板的向导生成常用的 Android 应用设计和组件。

(6) 功能强大的布局编辑器,用户可拖曳 UI 控件以"所见即所得"的方式进行布局并预览布局效果。

下载 Android Studio 安装文件后，按照如下过程进行安装。

双击 Android Studio 安装包，弹出 Android Studio Setup 窗口，如图 4-11 所示。

图 4-11　Android Studio 安装欢迎界面

单击 Next 按钮，弹出"选择安装组件"窗口，如图 4-12 所示。

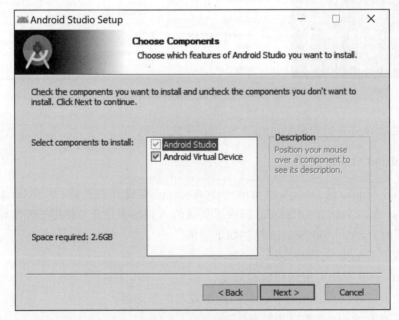

图 4-12　选择安装组件

保持默认值，单击 Next 按钮，弹出指定安装路径的窗口，如图 4-13 所示。

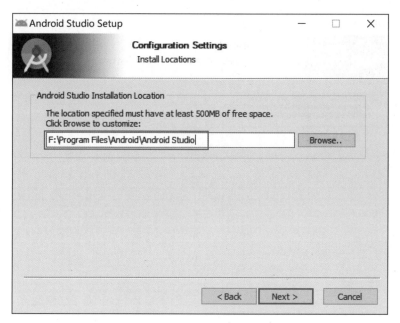

图 4-13　指定安装路径

指定安装路径后,单击 Next 按钮继续。弹出 Choose Start Menu Folder 窗口,如图 4-14 所示。

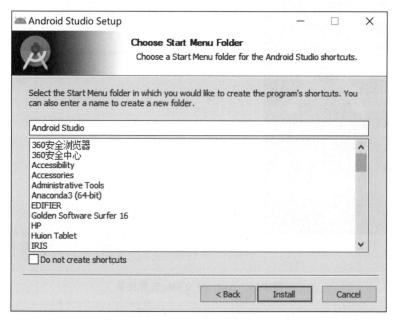

图 4-14　选择开始菜单

保持默认值,单击 Install 按钮,弹出安装进度条,如图 4-15 所示。

等待安装完成,弹出提示窗口"安装完成",如图 4-16 所示。

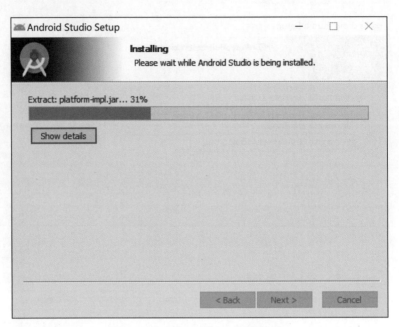

图 4-15　Android Studio 安装过程

图 4-16　Android Studio 安装完毕

勾选 Start Android Studio，单击 Finish 按钮。系统弹出"导入配置"窗口，如图 4-17 所示。

选择 Do not import settings，单击 OK 按钮。弹出 Android Studio 启动界面，稍等片刻后系统要求设置代理，如图 4-18 所示。

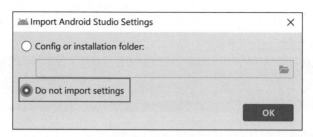

图 4-17　导入配置

图 4-18　代理设置

选择 Cancel 按钮，系统弹出 Android Studio 欢迎界面，如图 4-19 所示。

图 4-19　欢迎界面

单击 Next 按钮继续,弹出"安装类型"选择界面,如图 4-20 所示。

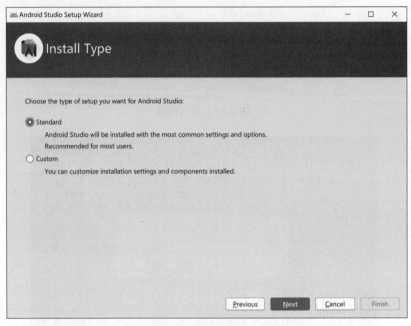

图 4-20　选择安装类型

选择 Standard 标准安装模式,单击 Next 按钮,弹出 Select UI Theme 窗口,如图 4-21 所示。

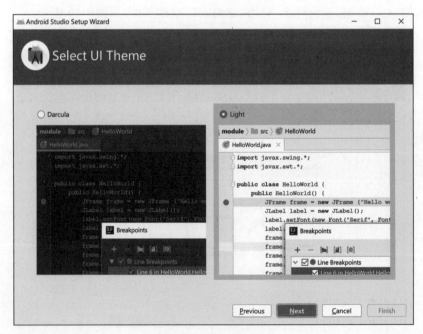

图 4-21　选择界面主题

根据个人喜好选择"深色（Darcula）"或者"浅色（Light）"UI 主题，单击 Next 按钮，弹出"设置确认"界面，如图 4-22 所示。

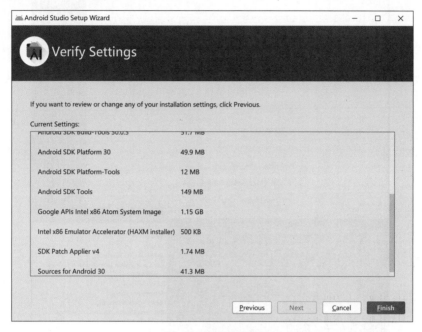

图 4-22　确认界面

单击 Finish 按钮，系统会联网下载一些需要的组件，该过程需要花费一定的时间，如图 4-23 所示。

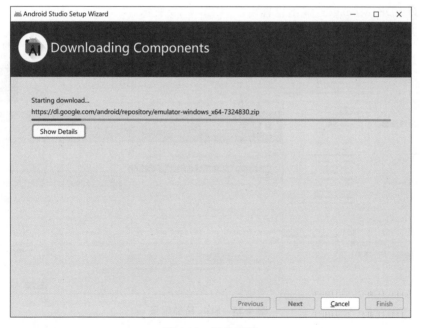

图 4-23　组件下载

组件下载完毕后,单击 Finish 按钮。弹出 Android Studio 主界面,如图 4-24 所示。

图 4-24　Android Studio 主界面

至此,安装并没有完毕,因为系统还不知道 SDK 的安装路径。单击主界面上 Configure 列表,选择 SDK Manager,弹出设置窗口,如图 4-25 所示。

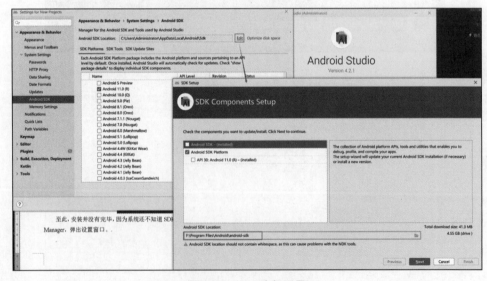

图 4-25　SDK 路径配置

单击 Edit，在弹出的窗口中设置正确的 SDK 路径（本小节 Android SDK 安装的路径），之后系统会提示 Installing，稍等片刻后单击 Finish 按钮。

在 SDK Manager 窗口分别确认已经准备好的 SDK Platforms、SDK Tools 以及 SDK Update Sites，如图 4-26 所示。

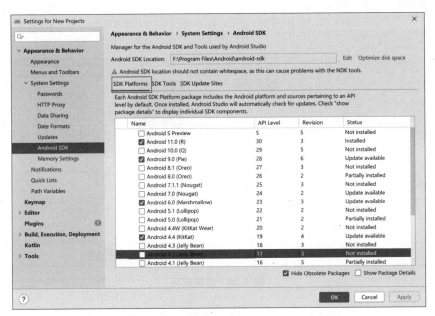

图 4-26　SDK 配置

配置完毕后单击 OK 按钮。至此，Android Studio 安装完毕。

4.1.4　创建第一个 Android 项目

在 Android Studio 主界面单击 Create New Project 选项，如图 4-27 所示。

图 4-27　创建项目

弹出 New Project 窗口，如图 4-28 所示。

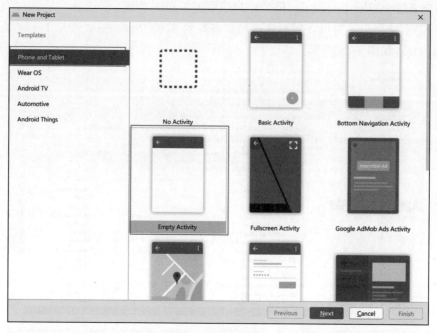

图 4-28　选择模板

在 Templates 列选择 Phone and Tablet 选项，在右侧的区域选择 Empty Activity 选项，单击 Next 按钮，弹出工程设置的相关窗口，如图 4-29 所示。

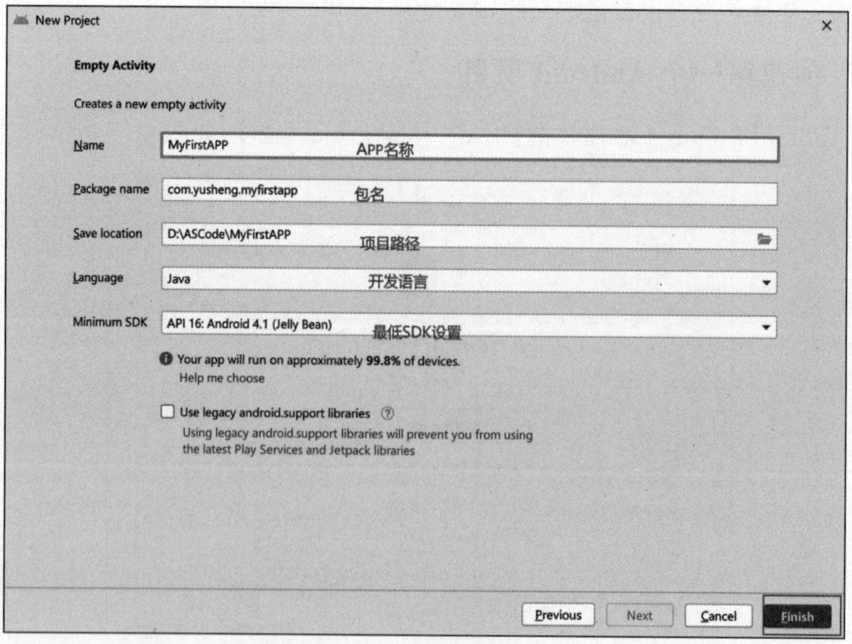

图 4-29　工程配置

按照图示完成设置,单击 Finish 按钮。系统会生成项目,第一次生成项目需要一定的时间,生成项目后的开发环境如图 4-30 所示。

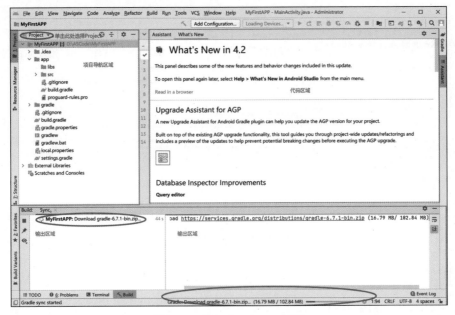

图 4-30　第一个 Android 项目

Android Studio 第一次构建项目系统会下载构建 Android App 所需的 gradle 工具以及相关组件,因此需要花费一定的时间,网速较慢时需要花费更长时间。Android Studio 以及 gradle 的配置目录一般位于用户目录下,如 C:\Users\Administrator 目录下的.android 和.gradle 目录,这两个目录都需要多个吉字节的存储空间,因此 C 盘也需要预留足够的存储空间来部署开发环境,如图 4-31 所示。

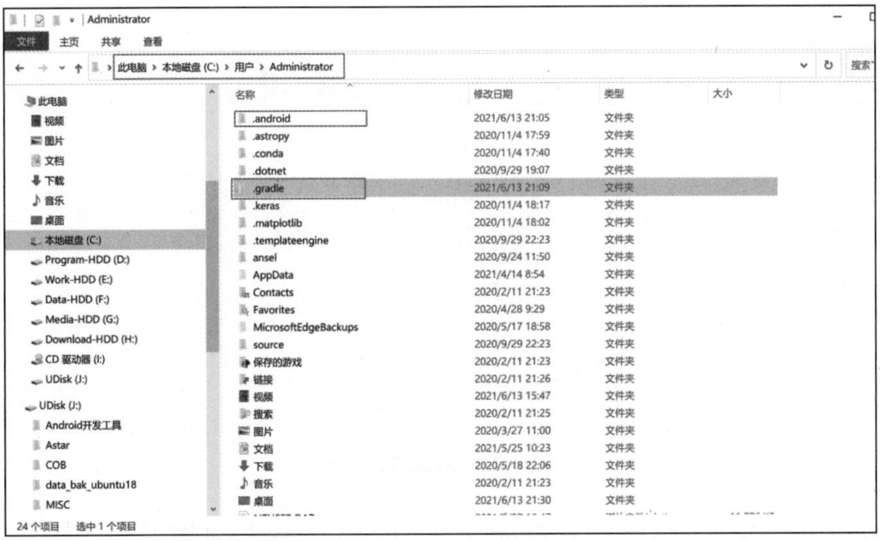

图 4-31　Android 项目配置目录

项目构建完毕后,需要新建一个 Android 模拟器,以便于程序调试。单击 Android Studio IDE 主界面上的 AVD Manager 按钮,如图 4-32 所示。

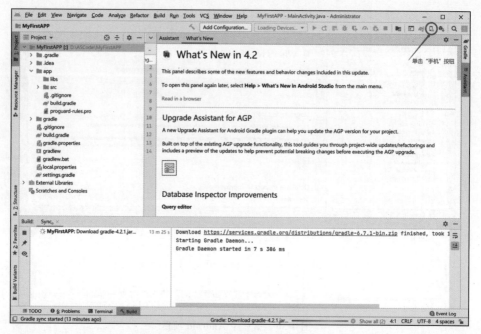

图 4-32　启动 AVD Manager

在弹出的 AVD Manager 中新建一个虚拟设备,如图 4-33 所示。

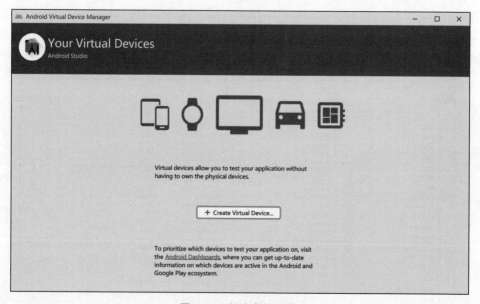

图 4-33　新建虚拟设备

单击 Create Virtual Device 按钮,弹出虚拟设备选择列表,如图 4-34 所示。

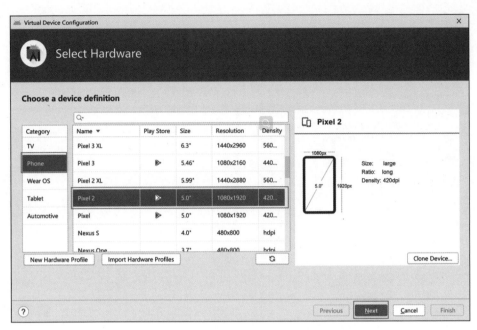

图 4-34　选择 Android 虚拟设备

选择某种特定型号的手机，单击 Next 按钮，弹出系统镜像选择列表，如图 4-35 所示。

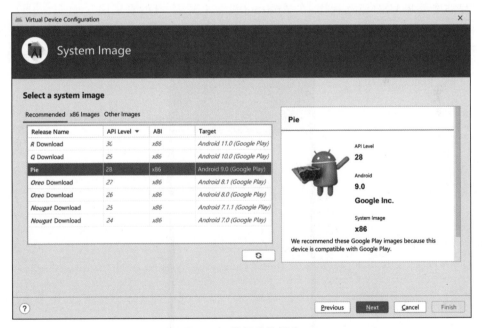

图 4-35　选择系统镜像

保持默认值，单击 Next 按钮继续，弹出配置确认界面，如图 4-36 所示。

单击 Finish 按钮完成对模拟器的配置。当然，可以在 Android Studio 的 AVD Manager 中设置多个模拟设备，便于 App 在多台模拟设备上调试。还可以通过 USB 线

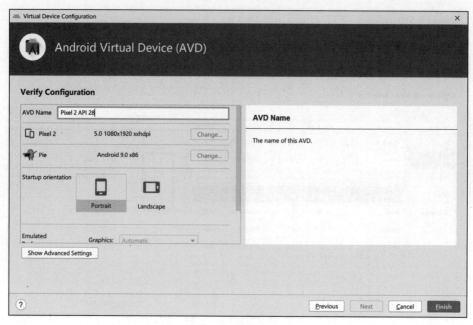

图 4-36　配置确认

直接连接计算机和 Android 设备,在开发过程中可以直接让 App 在硬件设备上运行,这个过程需要安装 USB 驱动程序,在 Android 设备上开启"开发者模式"。

虚拟设备新建完毕后,直接单击 Android Studio 工具栏的 Run 按钮,在模拟设备上运行 App,可以看到运行结果,如图 4-37 所示。

图 4-37　Android 版 Hello World 示例

◆ 4.2　Android 应用程序解析

4.2.1　程序目录结构

在 4.1.4 节建立了 Android 版的 HelloWorld 应用项目,其代码是由 Android Studio 自动生成的,形成了 Android Studio 管理项目的结构框架。在 Android Studio 的导航栏中,选择 Project 视图,展开项目目录,可以看到整个项目的目录结构,如图 4-38 所示。

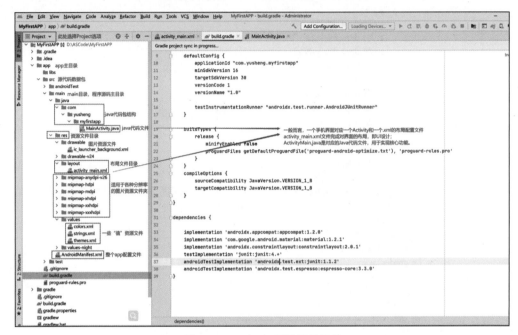

图 4-38　Android 项目目录结构

Android Studio 对于项目的管理与 Eclipse 有相似之处。从开发者的角度出发,一个 Android 应用程序就是由 Java 代码和 XML 属性声明共同设计完成的。下面就 Android 项目的目录结构予以介绍。

1. app 目录

app 目录是 Android Studio 管理应用程序的一个重要目录,该目录包含 build、libs、src 等构成应用程序的重要目录,依次展开 app 目录的各个子目录,其结构如图 4-39 所示。

- build 子目录:系统自动生成的目录,最终生成的 app-debug.apk 就位于该目录下。
- libs 子目录:管理添加到项目中的 *.jar 包或者 *.so 包等外部库。
- src/androidTest 子目录:测试包目录,用户编写的测试用例存放在该目录下。
- src/main/java 子目录。用于存放源代码和测试代码。
- src/res 子目录:存放项目中用到的各类资源文件。

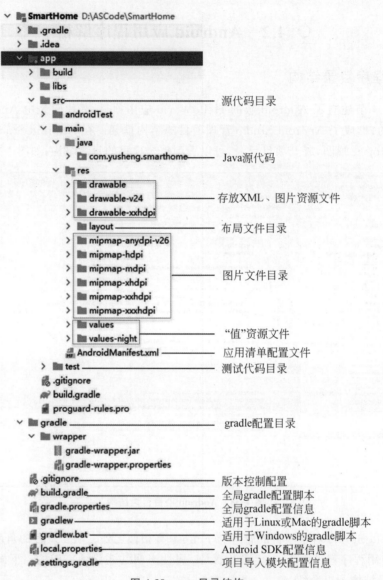

图 4-39 app 目录结构

- drawable|drawable-v24/drawable-xxhdpi：存储 XML 文件和图片资源,- * dpi 表示存储不同分辨率的图片,可适配各类机型。
- -mdpi：320×480。
- -hdpi：480×800、480×854。
- -xhdpi：至少 960×720。
- -xxhdpi：1280×720。
- layout：存储界面布局文件,文件格式为 XML。
- values：存储项目资源描述文件,文件格式为 XML,定义一些引用的值。
  - colors.xml：存储 color 样式。

  ◆ strings.xml：存储应用的字符串资源。

  ◆ themes.xml：存储主题相关的配置信息。

● AndroidManifest.xml 文件：项目系统控制文件，也叫功能清单文件。每个 Android 项目必备的文件，该文件向系统提供每个 Android 应用程序的基本信息。

2. gradle 目录

gradle/wrapper/ 目录下存放的是 gradle wrapper 配置文件，用于简化 gradle 的安装部署。

3. .gitignore

在项目提交时有很多本地文件是不需要提交的，.gitignore 用于配置哪些本地文件不进行版本控制，不需要提交。

4. build.gradle 和 gradle.properties

项目全局 gradle 配置脚本和项目全局 gradle 配置文件信息。

5. gradlew 和 gradlew.bat

用来在命令窗口执行 gradle 命令的脚本文件，前者适合在 Linux 或 Mac 下使用，后者适用于 Windows。

6. local.properties

配置 Android SDK 的位置信息，如果 Android SDK 的位置发生改变，可以在该文件中完成修改。

7. settings.gradle

配置项目中所有的导入模块，由系统自动生成，无须改动。

4.2.2　应用程序解析

一个 Android 应用程序大体上由三部分构成：①应用程序描述文件，格式为 XML；②应用程序源代码，即 .java 格式的代码；③资源文件。对于开发者而言，实现一个 Android 应用程序所要做的工作是用 XML 描述文件实现应用程序界面布局，用 Java 代码实现应用程序业务逻辑，期间会用到的各种资源，图片等资源需要开发者自己准备并存放在特定目录下，还有一些资源需要开发者在资源文件中进行定义。

1. 资源描述文件

Android 项目中的资源描述文件以 XML 为主要格式，以 app/src/main/res/values/ strings.xml 文件为例，其代码如下。

```
<resources>
    <string name="app_name">SmartHome</string>
    <string name="mqtt_client_id">MQTT 客户端 ID:</string>
    <string name="mqtt_domain">MQTT 客户端域名:</string>
    <string name="mqtt_port">MQTT 端口:</string>
    <string name="mqtt_username">用户名:</string>
    <string name="mqtt_pwd">密码:</string>
    <string name="publish_topic">发布主题:</string>
    <string name="subscribe_topic">订阅主题:</string>
    <string name="connection_state">连接状态:</string>
    <string name="connect_button_stroff">连接断开:</string>
    <string name="connect_button_stron">连接成功:</string>
</resources>
```

其中,<resources>和</resources>是定义所有资源的一对标签;<string>和</string>是用于定义字符串变量的一对标签,比如,第 2 行定义了变量名为 app_name 的字符串,其值为 SmartHome。

再如,app/src/main/res/values/color.xml 文件,其代码如下。

```
1.    <?xml version="1.0" encoding="utf-8"?>
2.    <resources>
3.        <color name="purple_200">#FFBB86FC</color>
4.        <color name="purple_500">#FF6200EE</color>
5.        <color name="purple_700">#FF3700B3</color>
6.        <color name="teal_200">#FF03DAC5</color>
7.        <color name="teal_700">#FF018786</color>
8.        <color name="black">#FF000000</color>
9.        <color name="white">#FFFFFFFF</color>
10.   </resources>
```

第 1 行代码声明了 XML 的版本及其编码方式。
第 3～9 行代码使用<color></color>标签对定义不同的颜色变量。

2. 界面布局文件

新建一个 Android 项目,Android Studio 都会生成一个主界面 Main,该界面的布局文件是 app/src/main/res/layout/activity_main.xml,其内容如下。

```
1.    <?xml version="1.0" encoding="utf-8"?>
2.    <LinearLayout xmlns:android=http://schemas.android.com/apk/res/android
3.        android:layout_width="match_parent"
4.        android:layout_height="match_parent"
5.        android:orientation="vertical">
6.    <TextView
```

```
7.              android:id="@+id/tv_1"
8.              android:layout_width="match_parent"
9.              android:layout_height="100dp"
10.             android:text="Hello,World!"
11.             android:textColor="#FF9900"
12.             android:textSize="32sp"/>
13.     </LinearLayout>
```

第 1 行声明 XML 的版本和编码格式。

第 2、13 行的＜LinearLayout＞＜/LinearLayout＞标签对定义文件使用的布局方式
为线性布局。

第 3～5 行定义了线性布局的宽度和高度为 match_parent(匹配父控件)，布局方向为
vertical(垂直布局)。

第 6～12 行在界面上布局了一个 TextView 文本框控件，该控件的 id、layout_width、
layout_height、text、textColor 以及 textSize 等属性依次表示控件编号、宽度、高度、显示
文本、文本颜色以及文本字体大小。

3. ∗.java 源代码文件

与 activity _ main. xml 布局文件相对应，在 app/src/main/java/com. yusheng.
helloworld/目录下存放着 MainActivity.java 的源代码文件，在主界面上需要实现的业务
逻辑都在该文件中完成，如下代码实现了单击界面上的 TextView 时，弹出一条即时
消息。

```
1.     package com.yusheng.helloworld;
2.     import androidx.appcompat.app.AppCompatActivity;
3.     import android.os.Bundle;
4.     import android.view.View;
5.     import android.widget.TextView;
6.     import android.widget.Toast;
7.
8.     public class MainActivity extends AppCompatActivity {
9.         private TextView mTv1;
10.        @Override
11.        protected void onCreate(Bundle savedInstanceState) {
12.            super.onCreate(savedInstanceState);
13.            setContentView(R.layout.activity_main);
14.            mTv1=(TextView)findViewById(R.id.tv_1);
15.            mTv1.setOnClickListener(new View.OnClickListener() {
16.                @Override
17.                public void onClick(View v) {
18.                    Toast.makeText(MainActivity.this,"TextView 被单击了,
                       谢谢!",Toast.LENGTH_LONG).show();
```

```
19.                     }
20.             });
21.         }
22.     }
```

第 1 行声明 MainActivity.java 文件在该包目录下存放。

第 3~6 行为代码引入相关的类。

第 8~22 行完成对类 MainActivity 的定义。

第 9 行声明变量 mTv1 用于控制 activity_main.xml 布局文件中使用的文本框控件 tv_1。

第 10 行的@Override 表示要重写 onCreate()方法。该方法由 Android Studio 自动生成，MainActivity 类继承自 android. appcompat. app. AppCompatActivity 类，原来的 Activity 有 onCreate()方法，@Override 标志着代码中重写了 onCreate()方法，即 MainActivity 类实现了自己的 onCreate()方法。该方法传入一个 Bundle 类型的参数 savedInstanceState 用于保存当前 Activity 的状态信息。

第 12 行调用父类的 onCreate()方法。几乎每一个 Android 应用程序在重写 onCreate()方法时都会调用其父类的 onCreate()构造方法。

第 13 行设置当前的显示布局，即显示.../res/layout/activity_main.xml 文件中定义好的屏幕布局。

第 14 行调用 findViewById()函数从布局文件中找到控件 tv_1 并绑定到变量 mTv1。

第 15 行设置变量 mTv1 的监听事件。

第 17~19 行实现控件单击事件 OnClick()，当界面上的 TextView 控件被单击时，系统产生一条及时消息。

在模拟器运行上述程序，用鼠标单击显示有 Hello，World! 字样的 TextView 控件时，Android 系统弹出及时消息"TextView 被单击了，谢谢!"，如图 4-40 所示。

图 4-40　Hello World 程序运行结果

4.2.3　AndroidManifest.xml 文件

AndroidManifest 文件的官方解释是应用清单(manifest 意为"货单")，每个应用的根目录中都必须包含一个，并且文件名必须是 AndroidManifest.xml，该文件包含 App 的配置信息，系统需要这些配置信息运行 App 的代码并显示界面。

具体而言，AndroidManifest.xml 文件具有如下几个方面的作用。

(1) 为应用的 Java 软件包命名。软件包名称充当应用的唯一标识符。

(2) 描述应用的各个组件，包括构成应用的 Activity、服务、广播接收器和内容提供程序。它还为实现每个组件的类命名并发布其功能,例如它们可以处理的 Intent 消息。这些声明向 Android 系统告知有关组件以及可以启动这些组件需要满足的条件。

(3) 确定托管应用组件的进程。

(4) 声明应用必须具备哪些权限才能访问 API 中受保护的部分并与其他应用交互,还声明其他应用与该应用组件交互所需具备的权限。

(5) 声明应用所需的最低 Android API 级别。

(6) 列出应用必须链接到的库。

下述代码为 Hello World 应用程序的 AndroidManifest.xml 文件。

```xml
<?xml version="1.0" encoding="utf-8"?>
<manifest xmlns:android="http://schemas.android.com/apk/res/android"
    package="com.yusheng.helloworld">
    <application
        android:allowBackup="true"
        android:icon="@mipmap/ic_launcher"
        android:label="@string/app_name"
        android:roundIcon="@mipmap/ic_launcher_round"
        android:supportsRtl="true"
        android:theme="@style/Theme.HelloWorld">
        <activity android:name=".MainActivity">
            <intent-filter>
                <action android:name="android.intent.action.MAIN" />
                <category android:name="android.intent.category.LAUNCHER" />
            </intent-filter>
        </activity>
    </application>
</manifest>
```

4.2.4　Android 应用程序组件

Android 系统是一个通过组件构建应用程序的系统,几乎所有的应用程序都由一个个相互关联的组件构建而成,这些组件通过 AndroidManifest.xml 以松耦合的方式组织在一起。每个开发者都必须熟悉 Activity(活动)、Service(服务)、Broadcast Receiver(广播)、Intent(意图)、Content Provider(内容提供器)以及 Notification(通知)等组件。

1. Activity

Activity 是 Android 应用程序最重要的组件之一,一个 Activity 标识一个可视化的用户界面,它是应用程序的显示层。例如,一个邮件应用程序可以包含一个 Activity 用于显示新邮件列表,另一个 Activity 用来编写邮件,第三个 Activity 用来阅读邮件。当应用程序拥有多于一个 Activity 时,其中的一个会被标记为当应用程序启动的时候显示。每一个 Activity 都继承自 android.app.Activity 类,需要注意的是使用 Android Studio 创建的应用程序,每个 Activity 都默认继承自 androidx.appcompat.app.AppCompatActivity 类。

Activity 显示的每一项内容都需要由 View(视图)对象构建,这些视图对象都定义在 app/src/main/res/layout/目录下的布局文件中,每个布局文件中可以使用的 View 对象 (控件)有 Button(按钮)、TextView(文本框)、单选按钮(RadioButton)、复选框 (CheckBox)、ImageView(图片控件)等。

启动 Activity 有 3 种方法:①在 onCreate()方法中调用 setContentView()方法; ②调用 startActivity()方法,用于启动一个新的 Activity;③调用 startActivityforResult() 启动一个 Activity,并在该 Activity 结束时返回信息。

返回 Activity 也有 3 种方法:①通常调用 finish()方法关闭 Activity;②调用 setResult()方法,返回数据给上一级 Activity;③使用 startActivityforResult()启动 Activity 时,需要调用 finishActivity()方法关闭其父 Activity。

2. Service

与 Activity 不同,Service 没有用户界面,但一直保持在后台运行。例如,Service 可以 是用户在使用不同的程序时在后台播放音乐,或者在活动中通过网络获取数据但不阻塞 用户交互。每个 Service 都需要继承 Service 类。

Service 一般由 Activity 启动,但不依赖 Activity。Service 拥有较长的生命周期,即 便是启动它的 Activity 生命周期已结束,Service 仍然会运行,直到自己的生命周期结束。

Service 启动/关闭方式有两种:①使用 startService()在 Activity 中启动 Service,依 次会调用 onCreate()和 onStart()方法;调用 stopService()结束 Service 时,会调用 onDestroy()方法;②使用 bindService()方法启动 Service 时,会依次调用 onCreate()方 法和 onBind()方法;调用 unbindService()方法结束 Service 时,会调用 onUnbind()方法 和 onDestroy()方法。

3. BroadcastReceiver

Broadcast Receiver 不包含用户界面,不执行任何任务,仅是用于接收并响应广播通 知的一类组件。大多数的广播消息是由系统产生的,如电量低、时区改变等。应用程序也 可以发送广播通知,例如,通知其他应用程序需要的数据已经被成功下载到设备中。一个应 用程序可以包含任意数量的 BroadcastReceiver 来响应必要的通知。每个 BroadcastReceiver 都继承自 BroadcastReceiver 类。

当系统或某个用户应用程序发送了广播消息,可以使用 BroadcastReceiver 组件来接 收广播消息,并做出相应的处理,如背景灯闪烁、发出震动等。BroadcastReceiver 使用过 程如下。

(1)将信息封装并添加到一个 Intent 对象中。

(2)调用 Context.sendBroadcast()、Context.sendOrderedBroadcast()或 Context. sendStickyBroadcast()方法将 Intent 对象广播出去。

(3)接收者检查注册的 IntentFilter 是否与收到的 Intent 相同。

(4)如果相同,则调用 onReceiver()方法接收消息。

当然,使用 Broadcast Receiver 需要首先在 AndroidManifest.xml 或者 Java 代码中完成注册。

(1) 在 AndroidManifest.xml 中完成注册时,需要将注册信息置于＜receiver＞
＜/receiver＞标签对中,并通过＜intent-filter＞标签来设置过滤条件。

(2) 在 Java 代码中设置时,需要先创建 IntentFilter 对象,并在 IntentFilter 对象内设置 Intent 过滤条件,再通过调用 Context.registerReceiver()方法注册监听,然后通过 Context.unregisterReceiver()方法取消监听。此方法的缺点是当 Context 对象销毁时, Broadcast Receiver 对象也随之销毁。

4. Intent

Android 提供了 Intent 机制来协助应用间的交互与通信,Intent 负责对应用中一次操作的动作、动作涉及的数据、附加数据进行描述,Android 则根据此 Intent 的描述,负责找到对应的组件,将 Intent 传递给调用的组件,并完成组件的调用。Intent 不仅可用于应用程序之间,也可用于应用程序内部的 Activity、Service 和 BroadcastReceiver 之间的交互。因此,Intent 起着媒体中介的作用,专门提供组件互相调用的相关信息,实现调用者与被调用者之间的交互,如图 4-41 所示。

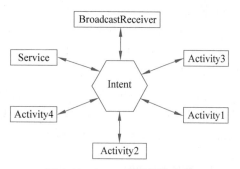

图 4-41　Intent 实现组件交互

Intent 的作用形式具体表现如下。

(1) 启动 Activity。通过 Context.startActivity()或 Context.startActivityForResult()启动一个 Activity。

(2) 启动 Service。通过 Context.startService()启动一个服务,或者通过 Context. bindService()和后台服务交互。

(3) 发送 Broadcast 广播。通过广播方法 Context.sendBroadcast()、Context. sendOrderedBroadcast()或者 Context.sendStickyBroadcast()发送广播给 Broadcast Receiver。

总结起来,Intent 对象包括 7 大属性,见表 4-1。

表 4-1　Intent 对象的属性

属　性	备　注
Action	字符串变量,用于指定 Intent 要执行的动作类型
Data	URI 对象,表示动作要操纵的数据
Category	包含 Intent 额外信息的字符串,表示处理该 Intent 的组件类型
Type	指定 Intent 的数据类型
Component	Intent 的目标组件名称
Extra	Intent 携带的额外扩展信息
Flag	Intent 的运行模式

5. ContentProvider

ContentProvider 是 Android 四大组件之一,其本质是一个标准化的数据管道,它屏蔽了底层数据管理和服务等细节,以标准化的方式在 Android 应用间共享数据。用户可以配置自己的 ContentProvider 存取其他应用程序或者通过其他应用程序暴露的 ContentProvider 去存取它们的数据,ContentProvider 继承自 ContentProvider 类。对于 ContentProvider 而言,最重要的就是数据模型(Data Model)和 URI。

(1)数据模型(Data Model)。ContentProvider 为所有需要共享的数据创建一个数据表,表中每一行代表一条记录,每一列代表某个数据,每条记录都包含一个名为_ID 的字段来标识每条数据。

(2)URI(Uniform Resource Identifier,通用资源标识符)。每个 ContentProvider 都会对外提供一个公开的 URI 来标识自己的数据集。URI 主要分为 3 个部分:scheme、authority 和 path,其中 authority 又分为 host 和 port,其格式为:scheme://host:port/path。在 Android 中,所有的 URI 都以 content://开头,例如:content://com.example.project:200/test/subtest/data。

另外,使用 ContentProvider 访问共享资源时,需要为应用程序增加适当的权限。在应用程序的 AndroidManifest.xml 文件中添加权限<uses-permission android:name="android.permission.READ_CONTACTS"。

6. Notification

Notification 是一种具有全局效果的通知,可以在系统的通知栏中显示。当 App 向系统发出通知时,它将先以图标的形式显示在通知栏中,用户可以下拉通知栏查看通知的详细信息,通知栏和抽屉式通知栏均由系统控制,用户可以随时查看。

◆ 4.3 Android 应用程序运行机理

Android 应用程序由 Activity、Service、Broadcast Receiver 以及 ContentProvider 等组件构成,其中 Activity 是使用最多的组件。Activity 形成应用程序的用户界面,一个 Android 应用程序通常会有多个 Activity,每个 Activity 拥有自己的生命周期。在程序运行过程中,一个 Activity 结束,另一个 Activity 开始活动,所有 Activity 的状态都由 Android 操作系统来管理。

4.3.1 界面

在 Android 系统中,用户与系统的交互很大程度上依赖于 Activity,在 HelloWorld 示例中,应用程序刚刚运行时用户看到的就是与 MainActivity 对应的 UI 界面。在 Android 系统中,Activity 可以被通俗地理解为"一个单独的屏幕显示"。每个 Activity 都有与之对应的 XML 布局文件、Java 代码以及组件状态来确定屏幕上显示的内容、对用户操作的响应以及显示的时机。

通过 Activity 在界面上显示的内容,很多情况下是在 XML 布局文件中已经布局好的各类控件,如 Button、TextView、ImageView、RadioButton、CheckBox 等。 当然,开发者也可以在 Activity 的 Java 代码中动态控制即将要显示在屏幕上的内容。

一个 Activity 可以启动另外一个 Activity,甚至包括启动一个其他应用中的 Activity。例如,某个应用需要打开地图应用,开发者可以在该应用中通过 startActivity()启动地图。当用户在使用程序的过程中单击"返回"按钮,屏幕又会返回到当前应用。

4.3.2　任务、进程和线程

1. 任务

Android 操纵系统通过任务(Task)来管理实现某种功能的一系列 Activity。用户在实施某项操作时往往需要多个 Activity 前后运行才可以完成。以邮件收发客户端 App 为例,用户完成邮件收发的典型步骤如下。

(1) 用户进入 MainActivity 邮件客户端主界面。

(2) 单击"收件箱"进入 ReceiveMailActivity 完成邮件接收。

(3) 选中某一份邮件,系统跳转到 MailDetailActivity 显示邮件明细。

(4) 单击"回复"按钮,系统进入 SendMailActivity 进入邮件回复界面。

这些 Activity 的运行有明显的前后关系,新运行的 Activity 总是处于栈顶,只有栈顶的 Activity 才有机会与用户交互。当栈顶的 Activity 完成任务退出时,任务将其退出任务栈,下一个位于栈顶的 Activity 得到与用户交互的机会。

2. 进程

当应用程序的组件第一次运行时,Android 将启动一个只有一个执行线程的 Linux 进程。默认情况下,应用程序所有的组件都运行在这个进程和线程中。然而,开发者可以安排组件运行在其他进程中,且可以为进程衍生出其他线程。组件运行于哪个进程需要在 AndroidMainfest.xml 功能清单文件中配置。组件元素＜activity＞、＜service＞、＜receiver＞、＜provider＞,都有一个 process 属性可以指定组件运行在哪个进程中。这个属性可以设置为每个组件运行在自己的进程中,或者某些组件共享一个进程。可以设置不同应用程序的组件运行在同一个进程中——假设这些应用程序共享同一个 Linux 用户 ID 且被分配了同样的权限。＜application＞元素也有 process 属性,为所有的组件设置一个默认值。

所有的组件都在特定进程的主线程中实例化,且系统调用组件是由主线程派遣,不会为每个实例创建单独的线程。一般来说,响应用户操作的 View.onKeyDown()以及有关系统通知的方法,总是运行在进程的主线程中。这意味着,被系统调用的组件不应该长时间执行或者阻塞,因为这将阻塞进程中的其他组件。开发者应该为执行时间较长的操作设置独立的线程。

当剩余内存较少且其他进程请求较大内存并需要立即分配时,Android 要回收某些进程,进程中的应用程序组件会被销毁。当它们再次运行时,会开启一个新的进程。决定终结哪个进程时,Android 会权衡它们对用户的重要性。Android 系统根据运行于进程内的组件和组件的状态将进程划分为 5 个不同的重要性等级。按照重要性由高到低排列,依次是前台进程、可见进程、服务进程、后台进程和空进程。

1) 前台进程

前台进程是正在为用户服务的进程,满足下面几个条件的进程为前台进程。

(1) 拥有一个正在与用户交互的 Activity 的进程。

(2) 拥有一个被绑定到与当前用户交互的 Activity 上的 Service 的进程。

(3) 拥有一个前台运行的 Service,且该 Service 方法调用了 startForeground()。

(4) 拥有一个正在执行其生命周期回调方法(onCreate()、onStart()、onDestroy())的 Service 的进程。

(5) 拥有一个正在执行其 onReceiver()方法的 BroadcastReceiver 的进程。

2) 可见进程

此类进程并不拥有在前台运行的组件,但对用户依然是可见的。满足下述条件时,进程被认为是可见进程。

(1) 拥有一个不在前台运行但仍然可见的 Activity(其 onPause()方法被调用)。例如,当一个前台 Activity 启动一个对话框时,就会出现这种情况。

(2) 拥有一个绑定到可视 Activity 的 Service 的进程。

3) 服务进程

满足下列条件的进程即为服务进程。

(1) 拥有一个由 startService()方法启动的 Service。

(2) 支持不需要可见界面运行的 Service。

4) 后台进程

满足下列条件的进程可被视为后台进程。

(1) 拥有一个当前不可见的 Activity(Activity 的 onStop()方法被调用)。

(2) 目前没有服务的 Service。

后台进程不会直接影响用户体验,系统可以在任何时候 Kill 后台进程从而为前台进程、可见进程以及服务进程提供存储空间。

5) 空进程

空进程不拥有任何 Activity 组件,对用户没有任何作用。

3. 线程

每一个进程有一个到多个线程运行其中。在大多数情况下,系统不会为进程中的每一个组件启动新的线程,进程中所有的组件都在 UI 线程中实例化,以保证应用程序是单线程的,除非应用程序本身创建了线程。例如,用户界面需要快速响应用户操作,而网络连接、数据下载等耗时的操作应该放到其他线程中。

在 Android 开发中,开发者通过 Java 的标准对象 Thread 创建线程。Android 系统提供了很多方便管理线程的方法,例如,Looper 在线程中运行消息循环,Handler 传递一个消息,HandlerThread 创建一个带有消息循环的线程。

UI 线程是非常重要的,开发者在进行多线程编程时,需要注意两个问题:①不可阻塞 UI 线程,在 UI 线程中不能执行特别耗时或者有可能导致阻塞的任务;②不可在非 UI 线程中更新 UI,即便要更新 UI,也应该通知 UI 线程进行 UI 更新。

4.3.3 生命周期

Android 操作系统是一个多任务的手机操作系统,手机的一些特有功能,如电话、即时消息等任务执行时,需要系统暂停之前的任务,立即执行接电话、接收短消息等任务,而且在接完电话后还要求系统能够回到之前的应用程序,这便是多任务操作系统。多任务操作系统有很多优点,但是也存在明显的缺点,如每新增一个应用程序,手机可用的内存就会变少一些,而手机的内存本身是很有限的。此外,执行的程序越多,手机的运行速度也会越慢,甚至可能会出现系统不稳定的情况。为了解决这个问题,Android 引入了生命周期的机制。

应用程序进程从创建到结束的全过程就是应用程序的生命周期。Android 应用程序的生命周期是由 Android 框架进行管理的。一般情况下,系统根据应用程序对用户的重要性以及当前的系统负载来决定生命周期的长短。

对开发者而言,理解应用程序组件(Activity、Service、Intent 和 BroadcastReceiver)的生命周期是至关重要的,这是正确使用这些组件构建应用程序的前提。切忌在程序设计过程中出现应用程序正在处理紧要事务,进程却被系统撤销的错误。

Android 系统中所有的 Activity 通过一个 Activity 栈来管理,新建的 Activity 总是放在栈顶,称为运行着的 Activity,前一个 Activity 依然保留在栈中,直到栈顶的 Activity 生命周期结束(退出)。从启动到退出,Activity 经历了一个生命周期。

1) Activity 生命周期状态

Activity 在整个生命周期中有 5 种状态:启动、运行、暂停、停止和销毁。

当 Activity 被压入栈顶,在屏幕前台,称为启动状态(Starting)。此时,Activity 获得焦点,与用户进行交互,称为运行状态(Running)。一般而言,Activity 启动后随机进入运行状态。

如果一个 Activity 失去焦点,但依旧可见,此时一个非全屏幕的(透明的)Activity 被放置在栈顶,称为暂停状态(Paused)。一个处于暂停状态的 Activity 依然保持活力,例如,保持所有的状态、成员信息和窗口管理器保持连接等。内存极端缺乏时,系统会终止此类包含暂停状态 Activity 的进程。

如果一个 Activity 被另外的 Activity 完全覆盖,称为停止状态(Stopped)。此类 Activity 虽然还保存所有状态和成员信息,但已经不再可见,窗口被隐藏。系统需要为其他进程腾出内存空间时,包含此类 Activity 的进程也会被终止。

如果一个 Activity 是 Paused 状态或者 Stopped 状态,系统可以将该 Activity 从内存中删除,称为销毁状态(Destroyed)。Android 系统采用两种方式删除 Activity,要么要求该 Activity 结束,要么直接终止拥有它的进程。当该 Activity 再次显示时,必须重置其状态。

2）Activity 状态转换

Activity 的几种状态会随着操作事件或内部控制机制而进行转换，如图 4-42 所示。

图 4-42　Activity 状态转换

3）Activity 生命周期中的方法

所有继承自 Activity 的类是重写了 onCreate()方法，与 onCreate()方法类似的方法还有多个，Activity 的状态转换通过这些方法得以通知。拟在 Activity 实施状态转换时做某些工作或实施某些任务时，可通过重写这些方法来实现。

表 4-2 列举了整个 Activity 生命周期中的 9 种方法。

表 4-2　Activity 生命周期方法说明

方　　法	描　　述	是否可被终止	下一个
onCreate()	在 Activity 第一次被创建时调用。可在该函数内完成最初的初始化工作，如创建视图，绑定数据列表等。如果曾经有状态记录，则调用此方法会传入一个包含此 Activity 以前状态的 Bundle 对象作为参数。紧跟其后调用的方法是 onStart()	否	onStart()
onStart()	在 Activity 变为用户可见之前调用。当 Activity 转向前台时接下来调用 onResume()，在 Activity 变为隐藏时接下来调用 onStop()	否	onResume()或 onStop()
onRestart()	在 Activity 停止后，在再次启动之前被调用。紧跟其后的方法总是 onStart()	否	onStart()
onResume()	在 Activity 开始与用户进行交互之前被调用。此时 Activity 位于栈顶，并接收用户输入。紧跟其后的方法是 onPause()	否	onPause()

续表

方　　法	描　　述	是否可被终止	下一个
onPause()	当系统将要启动另一个 Activity 时调用。此方法主要用来将未保存的变化进行持久化,停止动画和其他耗费 CPU 的动作等。这一切动作应该在短时间内完成,因为下一个 Activity 必须等到此方法返回后才会继续。 当 Activity 重新回到前台时接下来调用 onResume()。 当 Activity 变为用户不可见时接下来调用 onStop()	是	onResume()或 onStop()
onStop()	当 Activity 不再为用户可见时调用此方法。这可能发生在它被销毁或者另一个 Activity(已经存在的或者新的)回到运行状态并覆盖它。 如果 Activity 再次回到前台与用户交互则接下来调用 onRestart(),如果关闭 Activity 则接下来调用 onDestroy()	是	onRestart()或 onDestroy()
onDestroy()	在 Activity 销毁前调用。这是 Activity 接收到的最后一个调用。这可能发生在 Activity 结束(调用其 finish()方法)或者因系统需要空间而临时销毁此 Activity 实例时。可以通过 isFinishing()方法来区分这两种情况	是	
onSaveInstanceState (Bundle)	调用该方法让 Activity 保存每个实例的状态;当 Activity 由运行状态变为可见状态时接下来调用 onPause();当 Activity 由暂停状态变为可见停止状态时接下来调用 onStop()		onPause()或 onStop()
onRestoreInstanceState (Bundle)	使用 onSaveInstanceState()方法保存的状态来重新初始化某个 Activity 时调用该方法,紧随其后的方法是 onResume()		onResume()

表 4-2 中的 9 个方法定义了 Activity 的整个生命周期,有 3 个嵌套的循环,开发者可以通过这 9 个方法监视以下内容。

(1) Activity 的整个生命周期。

从调用 onCreate()开始,到调用 onDestroy()结束。一个 Activity 在 onCreate()方法中做全局设置,在 onDestroy()中释放所保留的资源。比如,需要在网络上下载数据时可在 onCreate()中创建一个线程,由线程去执行下载任务,在 onDestroy()方法中结束线程。

(2) Activity 的可视生命周期。

从调用 onStart()到调用 onStop()。在此期间,用户可以在屏幕上看见 Activity,虽然它可能不是运行在前台且与用户交互。在这两个方法之间,可以保持显示 Activity 所需要的资源。例如,可以在 onStart()中注册一个 Broadcast Receiver 来监视 UI 的改变,在 onStop()中注销。因为 Activity 在可视和隐藏之间来回切换,onStart()和 onStop()可以调用多次。

（3）Activity 的前台生命周期。

从调用 onResume() 到调用 onPause()。期间，频繁地在暂停和其他状态之间转换。例如，设备进入睡眠状态或者启动一个新的 Activity 时调用 onPause()，当一个 Activity 返回或一个新的 Intent 被传输时调用 onResume()。注意，这两个方法中的代码应该是轻量级的。

图 4-43 展示了 3 个循环和状态转换的可能路径，其中标注 * 的为可选项，从一个状态到另一个状态，用（1）、（2）、（3）、（4）表示调用方法的先后顺序。

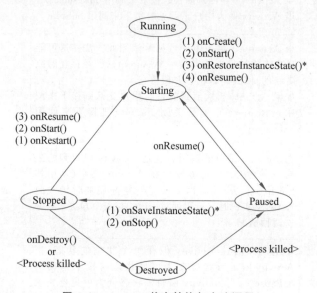

图 4-43　Activity 状态转换与方法调用

假设有两个 Activity，分别是 Activity_A 和 Activity_B，以此按照下述步骤进行操作，这两个 Activity 的各个方法调用过程如下。

（1）先启动 Activity_A，方法回调顺序如下。

onCreate(A)→onStart(A)→onResume(A)。

（2）Activity_A 不关闭，跳转到 Activity_B，方法回调顺序如下。

onFreeze(A)→onPause(A)→onCreate(B)→onStart(B)→onResume(B)→onStop(A)。

（3）如果按 Back 键，回到 Activity_A，方法回调顺序如下。

onPause(B)→onActivityforResult(A)→onRestart(A)→onStart(A)→onResume(A)→onStop(B)→onDestroy(B)。

（4）如果单击 Exit 退出应用，方法回调顺序如下。

onPause(A)→onStop(A)→onDestroy(A)。

4.3.4　组件通信

Intent 是连接 Android 三大组件 Activity、Service 和 BroadcastReceiver 的桥梁，它在组件通信中扮演着重要角色。Intent 位于 android.content 包，其操作与内容有关。实际

上,Intent 类绑定一次操作,它负责携带这次操作所需要的数据以及操作的类型等。

Intent 存在不同的传送机制。

(1) 一个 Intent 对象通过调用 Context.startActivity()或者 Activity.startActivityforResult()启动一个 Activity 或者让一个存在的 Activity 去完成某些新的任务。

(2) 一个 Intent 对象通过调用 Context.startService()发起一个 Service 或者向已经在运行的 Service 提交新的指令。一个 Intent 对象也可以通过 Context.bindService()在调用组件和 Service 之间建立连接。

(3) 一个 Intent 对象通过调用 Context.sendBroadcast()、Context.sendOrderedBroadcast()或者 Context.sendStickyBroadcast()传递给所有感兴趣的 BroadcastReceiver。

Android 系统会找到合适的 Activity、Service 或 BroadcastReceiver 来回应这个 Intent,必要时实例化它们。这些消息传送系统不会重叠:一个传送给 startActivity 的 Intent 只会被传递给一个 Activity,永远不会传给一个 Service 或者 BroadcastReceiver,用于 BroadcastReceiver 的 Intent 只会被传递给 BroadcastReceiver,永远不会传递给 Service 或者 Activity。

1. Intent 对象

一个 Intent 对象实际上是一组信息的组合,其中包含接收这个 Intent 的组件感兴趣的信息,具体而言,Intent 对象由 Component Name、Action、Data、Category、Extra 以及 Flag 这 6 个部分组成。

1) Component Name(组件名)

组件名是要处理这个 Intent 的组件的名称,组件名是可选的。如果被设置,这个 Intent 将会被传递到指定的类。如果没有被设置,则在 AndroidManifest.xml 中,通过使用 IntentFilter 找与该 Intent 匹配的组件。

组件名通过 setComponent()、setClass()或 setClassName()设置,通过方法 getComponent()读取。

2) Action(动作)

Action(动作)是一个将被执行的动作类别,是一个字符串变量。Intent 常见的动作类别见表 4-3。

表 4-3　Intent 常见的动作类别

方　　法	作　　用
ACTION_MAIN	表示程序入口
ACTION_VIEW	自动以最合适的方式显示 Data
ACTION_EDIT	显示数据可被用户编辑
ACTION_PICK	选择一个 Data,并且返回它
ACTION_DAIL	显示 Data 指向的号码在拨号界面 Dialer 上
ACTION_CALL	拨打 Data 指向的号码

续表

方　　法	作　　用
ACTION_SEND	发送 Data 到指定的地方
ACTION_SENDTO	发送多组 Data 到指定的地方
ACTION_RUN	运行 Data，不管 Data 是什么
ACTION_SEARCH	执行搜索
ACTION_WEB_SEARCH	执行网上搜索
ACTION_SYNC	同步执行一个 Data
ACTION_INSERT	添加一个空项到容器中

Action 的类别决定 Intent 的其他部分如何被组织，尤其是 Data 和 Extra。开发者可以定义自己的 Action，并定义相应的 Activity 处理自定义 Action。一个 Intent 对象里的 Action 可通过 setAction()设置，通过 getAction()读取。

3）Data（数据）

Data（数据）表示为 Action 提供的数据，用指向具体数据的一个资源标识符（URI）表示。不同的 Action 有不同的 Data。例如，Action 的类别是 ACTION_EDIT，Data 字段就包含可编辑文档的 URI；如果动作类型是 ACTION_CALL，数据字段会是一个包含呼叫电话号码的 URI。当匹配一个 Intent 到一个能处理数据的组件时，除了它的 URI 以外，通常需要知道数据类型。

URI 的格式为 scheme://host:port/path。在很多情况下，这个数据类型可以从 URI 那里推断出来。尤其是当 scheme 的内容为 content 时，意味着数据存放在设备上并被一个 ContentProvider 控制。

在 Java 代码中，获取一个 URI 的语句格式为

```
Uri uriA=Uri.parse(<字符串>);
```

创建一个 Intent 对象的语句格式为

```
Intent intent=new Intent(<动作>,<内容>);
```

比如，资源 uri1 定义了用户手机通讯录上的第一个联系人，对象 intent 包含的信息是 uri1 标识的联系人详情：

```
Uri uri1=Uri.parse("content://contacts");
Intent intent=new Intent(Intent.ACTION_PICK, uri1);
```

通过 setData()方法指定数据只能为一个 URI，通过 setType()方法指定数据只能是一个 MIME 类型，而通过 setDataAndType()方法可通知指定数据为 URI 和 MIME。通过 getData()方法读取 URI，通过 getType()方法读取类型。

4）Category（类别）

Category（类别）用来表现动作的类别，是一个包含 Intent 额外信息的字符串，表示哪种类型的组件处理这个 Intent。任何数量的 Category 描述都可以添加到 Intent 中，但是很多 Intent 不需要 Category，表 4-4 列举了一些常用的 Category。

表 4-4　常见的 Category

方　法	作　用
CATEGORY_DEFAULT	把一个组件 Component 设为可被 implicit 启动的
CATEGORY_LAUNCHER	把一个 Action 设置为在顶级执行。并且包含这个属性的 Activity 所定义的 icon 将取代 Application 中定义的 icon
CATEGORY_BROWSABLE	当 Intent 指向网络相关时，必须要添加这个类别
CATEGORY_HOME	使 Intent 指向 Home 界面
CATEGORY_PREFERENCE	定义的 Activity 是一个偏好面板 Preference Panel

通过 addCategory()方法在一个 Intent 对象中添加一个类别，通过 removeCategory()方法删除之前添加的类别，通过 getCategories()方法可以获取当前对象的所有类别。

5）Extra（附加信息）

Extra（附加信息）是提交给即将处理 Intent 对象的 key-value 对。可以通过调用 putExtra()方法设置数据，每一个 key 对应一个 value 数据。也可以通过创建 Bundle 对象存储所有数据，然后通过调用 putExtra()方法设置数据。

6）Flag（标志）

Flag（标志）是各种类型的标志。许多标志用来指示 Android 系统如何加载一个 Activity（例如，这个 Activity 应该归属的任务是哪一个）和启动后如何处理它（例如，它是否属于当前 Activity 列表）。

Intent 分为两大类别：①显式 Intent，即指定组件名称的 Intent；②隐式 Intent，即不指定组件名称的 Intent。

2. Intent 过滤器

为了通知系统它们可以处理哪些 Intent，Activity、Service 和 BroadcastReceiver 可以有一个或多个 Intent 过滤器。每个过滤器用来描述组件想要接收什么样的 Intent，不想接收什么样的 Intent，实现对 Intent 的过滤。Intent 过滤器只对隐式 Intent 起作用。对于显式 Intent，总是能够被递交给目标组件。

可以使用 Java 代码设置 IntentFilter 类的一个实例，但是更多情况下，需要在 AndroidManifest.xml 中设置＜intent-filter＞标签。在其中设置需要过滤的内容。＜intent-filter＞标签包含＜action＞、＜category＞、＜data＞等元素。

3. Intent 解析

通过比较 Intent 对象的内容和组件的 Intent 过滤器，找到匹配的目标组件。如果一个组件没有设置 Intent 过滤器,它只能接收显式 Intent。一个设置了 Intent 过滤器的组件可以同时接收显式 Intent 和隐式 Intent。

一个 Intent 对象被一个 Intent 过滤器测试时,通常会验证其 Action、Data(URI 和 MIME)和 Category 3 个方面。信息完全匹配时,验证才能通过。

4. Intent 使用案例

下面通过一个案例介绍两个 Activity 是如何进行通信的。

【案 例 1】　应用程序有两个 Activity,即 MainActivity 和 SubActivity。在 MainActivity 布局有一个按钮,单击该按钮会跳转到 SubActivity,同时标题栏显示跳转信息;SubActivity 上也布局有一个按钮,单击该按钮返回到 MainActivity 上,且在标题栏显示跳转信息。

【设计步骤】

(1) 在 Android Studio 新建一个名为 Activity_Intent 的项目,如图 4-44 所示。

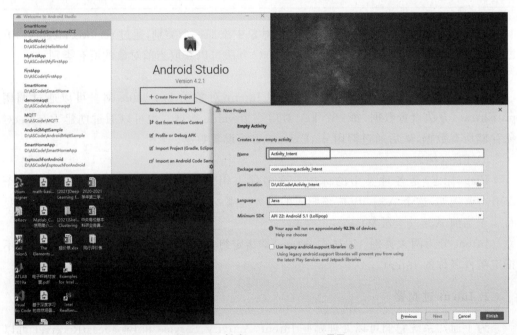

图 4-44　创建 Activity_Intent 项目

(2) 完成对 MainActivity 的布局,编辑文件 app/src/main/res/layout/activity_main. xml,其代码如下。

```xml
<?xml version="1.0" encoding="utf-8"?>
<LinearLayout xmlns:android="http://schemas.android.com/apk/res/android"
    android:layout_width="fill_parent"
    android:layout_height="fill_parent"
    android:orientation="vertical">
```

```
    <Button
        android:id="@+id/button1"
        android:layout_height="wrap_content"
        android:layout_width="wrap_content"
        android:text="跳转至 SubActivity"/>
</LinearLayout>
```

（3）新增 SubActivity（右击 app → New → Activity → Empty Activity），如图 4-45
所示。

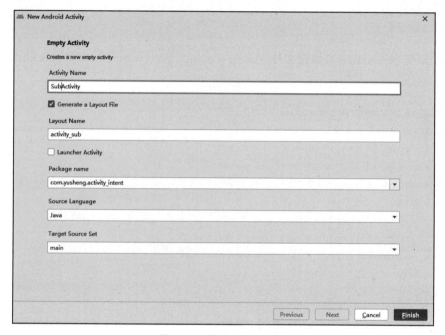

图 4-45　新建 SubActivity

（4）确认 AndroidManifest.xml 中注册了新增的 SubActivity。打开 app/src/main/
AndroidManifest.xml 文件，确保其中含有 SubActivity 的注册信息。一般情况下，新增
SubActivity 时，Android Studio 会自动完成对新增 Activity 的注册，如果没有注册，开发
者需要自己手动添加代码，具体如下。

```
<?xml version="1.0" encoding="utf-8"?>
<manifest xmlns:android="http://schemas.android.com/apk/res/android"
    package="com.yusheng.activity_intent">
    <application
        android:allowBackup="true"
        android:icon="@mipmap/ic_launcher"
        android:label="@string/app_name"
        android:roundIcon="@mipmap/ic_launcher_round"
```

```
        android:supportsRtl="true"
        android:theme="@style/Theme.Activity_Intent">
        <activity android:name=".SubActivity"></activity>
        <activity android:name=".MainActivity">
            <intent-filter>
                <action android:name="android.intent.action.MAIN" />
                <category android:name="android.intent.category.LAUNCHER" />
            </intent-filter>
        </activity>
    </application>
</manifest>
```

（5）布局 SubActivity，编辑文件 app/src/main/res/layout/activity_sub.xml，其代码如下。

```
<?xml version="1.0" encoding="utf-8"?>
<LinearLayout xmlns:android="http://schemas.android.com/apk/res/android"
    android:layout_width="fill_parent"
    android:layout_height="fill_parent"
    android:orientation="vertical">
    <Button
        android:id="@+id/button2"
        android:layout_width="wrap_content"
        android:layout_height="wrap_content"
        android:text="返回 MainActivity"/>
</LinearLayout>
```

（6）实现 MainActivity 业务逻辑，编辑 app/src/main/java/com.yusheng.activity_intent/MainActivity.java 文件，其代码如下。

```
1.      package com.yusheng.activity_intent;
2.
3.      import androidx.appcompat.app.AppCompatActivity;
4.      import android.content.Intent;
5.      import android.os.Bundle;
6.      import android.view.View;
7.      import android.widget.Button;
8.
9.      public class MainActivity extends AppCompatActivity {
10.         /*声明变量*/
11.         View.OnClickListener mListener1;
12.         Button mBtn1;
13.         static final int REQUEST_CODE=1;
14.
```

```
15.        /*当 Activity 第一次创建时调用 onCreate()方法 */
16.        @Override
17.        protected void onCreate(Bundle savedInstanceState) {
18.            super.onCreate(savedInstanceState);
19.            /*创建监听器并重写其 onClick()方法 */
20.            mListener1=new View.OnClickListener() {
21.                @Override
22.                public void onClick(View v) {
23.                    Intent intent1=new Intent(MainActivity.this, SubActivity.
                       class);
24.                    intent1.putExtra("mainactivity","从 MainActivity 进入");
25.                    startActivityForResult(intent1, REQUEST_CODE);
26.                }
27.            };
28.            setContentView(R.layout.activity_main); //启动 activity_main.
                                                     xml 定义的布局
29.
30.            mBtn1=(Button)findViewById(R.id.button1);
                        //将资源中 id 为 button1 的按钮控件绑定到按钮变量
31.            mBtn1.setOnClickListener(mListener1);//为按钮 mBtn1 设置监听器
32.            setTitle("首次进入 MainActivity 页面!");//设置标题栏内容
33.        }
34.
35.        @Override
36.        protected void onActivityResult(int requestCode, int resultCode,
37.                                        Intent data) {
38.        super.onActivityResult(requestCode, resultCode, data);
39.        if(requestCode==REQUEST_CODE) {
40.            if(RESULT_CANCELED==resultCode)
41.                setTitle("取消");
42.            else if(RESULT_OK==resultCode) {
43.                String temp=null;
44.                Bundle extras=data.getExtras();
45.                if(extras !=null) {
46.                    temp=extras.getString("store");
47.                }
48.                setTitle("现在是在 MainActivty 里面"+temp);
49.            }
50.        }
51.    }
52. }
```

第 4 行引入 Intent 所在的类，代码中要使用该类，首先必须要引入。

第 20～27 行创建一个监听器 mLinstener1,并且实现该监听器的 onClick()方法,当按钮被单击后,onClick()函数得以调用,在该函数中实现用户单击按钮时的业务逻辑。

第 23 行创建一个 Intent 对象,其动作值为 MainActivity.this,内容值为 SubActivity.class,即该 Intent 指定组件名称,是一个显式 Intent。

第 24 行向 intent1 对象添加一条附加信息,此附加信息是一组 key-value 对的 Bundle 信息,其名为 mainactivity,其值为"从 MainActivity 进入"。

第 25 行使用 startActivityForResult()方法发送 intent1 对象,同时发送一个请求码 REQUEST_CODE 给 SubActivity。

第 36～50 行代码重写了 onActivityResult()方法。通过判断请求码值和返回码值,确定是否正确地获得回传数据,如果是正确的,便取出回传数据,将它显示在标题栏中。

(7) 实现 SubActivity 业务逻辑,编辑 app/src/main/java/com.yusheng.activity_intent/SubActivity.java 文件,其代码如下:

```
1.    package com.yusheng.activity_intent;
2.
3.    import androidx.appcompat.app.AppCompatActivity;
4.    import android.content.Intent;
5.    import android.os.Bundle;
6.    import android.view.View;
7.    import android.widget.Button;
8.
9.    public class SubActivity extends AppCompatActivity {
10.       /*声明变量*/
11.       View.OnClickListener mListener2=null;
12.       Button mBtn2;
13.       /*当 Activity 第一次创建时调用此方法*/
14.       @Override
15.       protected void onCreate(Bundle savedInstanceState) {
16.           super.onCreate(savedInstanceState);
17.           setContentView(R.layout.activity_sub);
18.           mListener2=new View.OnClickListener() {
19.               @Override
20.               public void onClick(View v) {
21.                   Bundle bundle=new Bundle();
22.                   bundle.putString("store","自 SubActivity 返回");
23.                   Intent intent2=new Intent();
24.                   intent2.putExtras(bundle);
25.                   setResult(RESULT_OK, intent2);
26.                   finish();
27.               }
28.           };
29.           mBtn2=(Button)findViewById(R.id.button2);
```

```
30.            mBtn2.setOnClickListener(mListener2);
31.            String data=null;
32.            Bundle extras=getIntent().getExtras();
33.            if(extras !=null){
34.                data=extras.getString("mainactivity");
35.            }
36.            setTitle("现在是在 SubActivity 里"+data);
37.        }
38.    }
```

第 18～28 行创建了一个监听器 mListener2，并在创建的同时定义了 onClick()方法。

第 21～22 行创建了一个 Bundle 对象，名为 bundle，并将一个 key-value 对写入其中，key 为 store，value 为"自 SubActivity 返回"。

第 23 行创建一个 Intent 对象，名为 intent2，其内不含任何信息。

第 24 行向 intent2 新增一个附件信息，此信息是已经保存在 bundle 对象中的 key-value 对。

第 25 行是打包好要回传的数据。在这里回传一个 RESULT_OK 和 intent2 对象。

第 26 行将打包好的数据发回给 MainActivity，并且运行 MainActivity.java 中的 onActivityResult()方法。

第 31～36 行完成从 MainActivity 中的 intent1 对象中提取其附加信息，并赋予 extras(第 32 行)。如果其 key-value 对为空，就取出名为 mainactivity 的对应值并赋值给字符串变量 data，并将 data 的值显示到标题栏。

【运行结果】　在模拟器中运行程序，分别单击 MainActivity 上的按钮、SubActivity 上的按钮和系统的返回按钮查看程序的运行结果，如图 4-46 所示。

图 4-46　运行结果

4.3.5　界面状态保存

在 Android 系统中，一个 Activity 被激活并运行，实际上是在系统中建立一个 Activity 实例。Activity 在与用户交互的过程中会产生一些状态信息，如果需要保存这些状态信息，Android 应用一般采用 SharedPreferences 对象或 Bundle 对象来保存这些状态信息。

1. SharedPreferences 对象

SharedPreferences 是 Android 框架中的一个轻量级存储类，主要保存一些 Activity

的状态信息。例如,用户个性化设置的字体、颜色、位置等参数信息。SharedPreferences
共享的范围局限在一个 Package 中,它将数据保存在本应用项目的私有存储区域,这些存
储区域的数据只能被本应用项目的程序所读取,对于外部应用而言,SharedPreferences
对象的访问权限是私有的。SharedPreferences 使用 key-value 对的方式存储数据,当保
存一条数据的时候,需要给这条数据提供一个对应的 key,这样在读取数据的时候就可以
通过这个 key 把相应的 value 读取出来。SharedPreferences 还支持多种不同的数据类型存
储,如 String、Long、Float、Integer、Boolean 等。使用 SharedPreferences 进行数据持久化要比
使用文件方便得多。使用 SharedPreferences 存储数据,首先需要获得 SharedPreferences 对
象。Android 中主要提供 3 种获取 SharedPreferences 对象的方法。

(1) Context 类中的 getSharedPreferences()方法。

此方法接收两个参数,第一个参数用于指定 SharedPreferences 文件的名称,如果指定的文
件不存在则会创建一个,SharedPreferences 文件都是存放在/data/data/＜packagename＞/
shared_prefs/目录下的。第二个参数用于指定操作模式,主要有两种模式可以选择,
MODE_PRIVATE 和 MODE_MULTI_PROCESS。MODE_PRIVATE 是默认的操作
模式,和直接传入 0 效果相同,表示只有当前的应用程序才可以对这个 SharedPreferences
文件进行读写。MODE_MULTI_PROCESS 则是用于有多个进程对同一个
SharedPreferences 文件进行读写的情况。类似地,MODE_WORLD_READABLE 和
MODE_WORLD_WRITEABLE 这两种模式已在 Android 4.2 版本中被废弃。

(2) Ativity 类中的 getPreferences()方法。

这个方法和 Context 中的 getSharedPreferences()方法很相似,不过它只接收一个操
作模式参数,因为使用这个方法会自动将当前 Activity 的类名作为 SharedPreferences 的
文件名。

(3) PreferenceManager 类中的 getDefaultSharedPreferences()方法。

这是一个静态方法,它接收一个 Context 参数,并自动使用当前应用程序的包名作为
前缀来命名 SharedPreferences 文件。

得到 SharedPreferences 对象之后,就可以开始向 SharedPreferences 文件中存储数
据,主要可以分为 3 步实现。

(1) 用 SharedPreferences 对象的 edit()方法来获取一个 SharedPreferences.Editor
对象。

(2) 往 SharedPreferences.Editor 对象中添加数据,比如,添加一个布尔型数据就使
用 putBoolean()方法,添加一个字符串则使用 putString()方法。

(3) 调用 commit()方法将添加的数据提交,从而完成数据存储操作。

例如,将窗口中一个 TextView 控件中的信息保存到 Activity 的匿名 SharedPreferences
中,可以使用下面的代码实现。

```
protected void saveActivityPreferences(){
    //获取匿名 SharedPreferences
    SharedPreferences activityPref=getPreferences(Activity.MODE_PRIVATE);
```

```
    Editor editor=activityPref.edit();      //获取 SharedPrefrences 对象的编辑器
    TextView tv=(TextView)findViewByID(R.id.textView);
                                             //获取 TextView 控件
    editor.putString("TextValue",tv.getText().toString());
                                             //存储 TextView 控件上显示的字符串信息
    editor.commit();                         //提交并保存
}
```

从 SharedPreferences 文件中读取数据的操作也很简单。SharedPreferences 对象提供一系列的 get 方法用于对存储的数据进行读取，每种 get 方法都对应 SharedPreferences.Editor 中的一种 put 方法，比如，读取一个布尔型数据就使用 getBoolean()方法，读取一个字符串就使用 getString()方法。这些 get 方法都接收两个参数，第一个参数是键（传入存储数据时使用的键），第二个参数是默认值，表示当传入的键找不到对应的值时，会以什么样的默认值进行返回。例如，下面的代码实现了对上述存储的字符串的读取。

```
SharedPreferences activityPref=getPreferences(Activity.MODE_PRIVATE);
tempStr=activityPref.getString("TextValue","")
```

2. Bundle 对象

在 Activity 生命周期的 onCreate()、onSaveInstanceState()、onRestoreInstanceState()等方法中都使用了 Bundle 对象来保存 Activity 相关的状态信息。与 SharedPreferences 对象类似，Bundle 对象也能够封装 key-value 数据对。通过 Bundle 对象将想要传递的数据或参数封装后再通过 Intent 对象传递到不同的 Activity 是比较便捷的实现方法。

Bundle 对象继承自 Android.os.Bundle 类。在 Android 应用中，Bundle 对象中的数据都是保存在应用程序的上下文中，如果应用程序退出，相应的上下文也就销毁，自然地，Bundle 对象也就不复存在。

下面的示例代码演示了使用 Bundle 对象封装数据并通过 Intent 传送的示例。

```
Bundle bundle=new Bundle();
bundle.putString("TextValue","Hello,World");
//key 是"TextValue",对应的 value 值是"Hello,World"
bundle.putInt("IntValue",235);      //key 是"IntValue",对应的 value 是整数 235
intent.putExtras(bundle);

startActivity(intent);
```

相应地，在目标 Activity 中通过下面的代码读取 Bundle 中封装的数据。

```
Bundle bundle=this.getIntent().getExtras();
String str1=bundle.getString("TextValue");
Int int1=bundle.getInt("IntValue");
```

当然,通过使用 Bundle 对象也可以在线程间传递数据,此处不再赘述。

 # 4.4 Android 应用程序布局

4.4.1 线性布局

线性布局(LinearLayout)是 Android 常用的布局方式之一。线性布局在布局 View 时按照单一方向进行,当以垂直方向排列时,屏幕中只有一列;当按照水平方向排列时,屏幕只有一行。使用线性布局的效果图如图 4-47 所示。

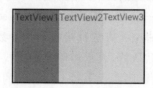

图 4-47 线性布局(横向)

实现上述线性布局的代码如下。

```
1.    <?xml version="1.0" encoding="utf-8"?>
2.    <LinearLayout xmlns:android="http://schemas.android.com/apk/res/
      android"
3.        android:layout_width="match_parent"
4.        android:layout_height="match_parent"
5.        android:orientation="horizontal">
6.        <TextView
7.            android:layout_width="wrap_content"
8.            android:layout_height="match_parent"
9.            android:text="TextView1"
10.           android:textSize="12pt"
11.           android:background="#FF8800">
12.       </TextView>
13.       <TextView
14.           android:layout_width="wrap_content"
15.           android:layout_height="match_parent"
16.           android:text="TextView2"
17.           android:textSize="12pt"
18.           android:background="#00FF00">
19.       </TextView>
20.       <TextView
21.           android:layout_width="wrap_content"
22.           android:layout_height="match_parent"
23.           android:text="TextView3"
```

```
24.                android:textSize="12pt"
25.                android:background="#00FFFF">
26.        </TextView>
27.    </LinearLayout>
```

第 2、27 行：线性布局的开始、结束标签。

第 6~26 行：使用了文本框控件。layout_width 和 layout_height 属性的值 wrap_content 表示控件大小跟随内容而变化，match_parent 表示控件大小跟随其父控件变化；text 属性用于设置控件上显示的文本内容；textSize 定义文本字体大小；background 属性定义控件的背景颜色。

Android Studio 提供了强大的代码补全功能，在编程过程中可以帮助用户自动补全代码、用户可以看到每一个属性的取值，编程效率很高。

4.4.2　相对布局

相对布局(RelativeLayout)通过定义控件之间的相对位置关系来描述控件位置。例如，按钮 A 放置在按钮 B 的下方，文本框 C 位于其父控件的正中间等。相对布局要参照其他对象来布局控件位置，布局中一般会为每个对象定义一个唯一的 ID 号用以识别对象。图 4-48 给出了相对布局效果图。

图 4-48　相对布局

使用相对布局实现上述布局效果的代码如下。

```
1.     <?xml version="1.0" encoding="utf-8"?>
2.     <RelativeLayout xmlns:android="http://schemas.android.com/apk/res/
       android"
3.         android:id="@+id/RL1"
4.         android:layout_width="match_parent"
5.         android:layout_height="match_parent">
6.         <TextView
7.             android:id="@+id/TV1"
8.             android:layout_width="wrap_content"
9.             android:layout_height="wrap_content"
10.            android:text="TextView1"
11.            android:textSize="13pt"
12.            android:background="#FF0000">
13.        </TextView>
14.        <TextView
15.            android:id="@+id/TV2"
16.            android:layout_width="wrap_content"
17.            android:layout_height="wrap_content"
18.            android:text="TextView2"
19.            android:textSize="13pt"
20.            android:background="#00FF00"
```

```
21.              android:layout_below="@+id/TV1">
22.         </TextView>
23.         <TextView
24.              android:id="@+id/TV3"
25.              android:layout_width="wrap_content"
26.              android:layout_height="wrap_content"
27.              android:text="TextView3"
28.              android:textSize="13pt"
29.              android:background="#00FFFF"
30.              android:layout_below="@+id/TV1"
31.              android:layout_toRightOf="@id/TV2">
32.         </TextView>
33.    </RelativeLayout>
```

第 2、33 行：定义相对布局的开始、结束标签。

第 6~32 行：定义了文本框控件，其中第 24 行为第 3 个文本框控件分配了 ID 号；第 30、31 行定义了该控件相对于其他控件的相对位置关系。

4.4.3　约束布局

约束布局（ConstraintLayout）解决了传统布局方法中布局嵌套的问题，是目前 Android 系统开发最灵活的布局方式，也是目前 Android Studio 默认的布局方式。除了使用代码构建，还可以直接在可视化编辑器中通过拖曳控件实现约束布局。约束布局在布局控件时，可以相对整个视图（View）约束控件位置，也可以相对另外一个控件或者添加到视图中的参考线进行约束，下面举例说明。

新建一个项目后，打开布局文件 activity_main.xml，可以看到 Android Studio 默认采用约束布局在视图中放置了一个 TextView 控件。在工具栏单击 Design 按钮进入设计模式，如图 4-49 所示。

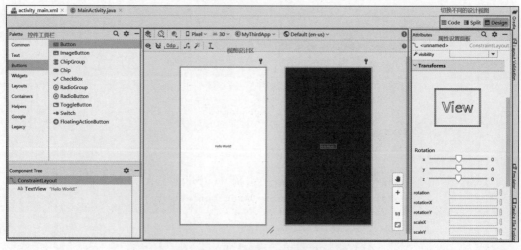

图 4-49　Android Studio 布局设计

删除默认的 TextView 控件并在左侧的控件工具栏拖曳第一个 Button 至设计区,选中控件对象时,可以在属性面板区域设置 Button 控件的相关属性。在控件周围的 4 个参考点上按住左键不放并拖曳至参考目标可以建立一个约束,也可在 Layout 面板中单击"添加约束"的符号建立约束,如图 4-50 所示。

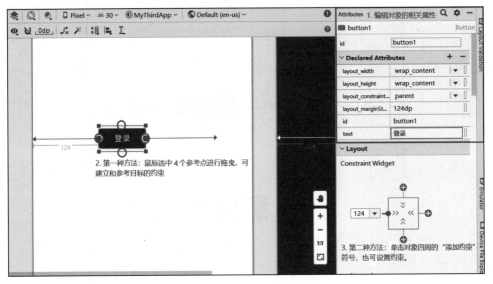

图 4-50　建立约束

约束的参考对象可以是视图(View)本身,也可以是其他控件。在设计区域插入第二个 Button,按住其上边缘参考点拖曳至第一个 Button,可建立第二个 Button 和第一个 Button 之间的约束关系,可将其值设置为 30pt,如图 4-51 所示。

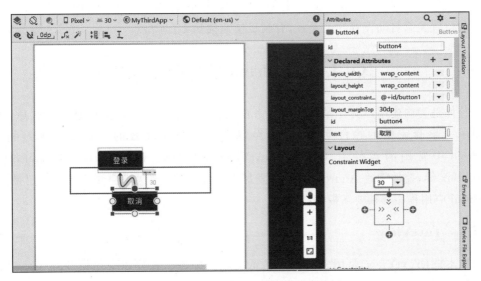

图 4-51　建立控件之间的相对约束关系

单击工具栏上的 Guideline 图标按钮 I，可在视图中建立参考线对象。设计区域中的控件对象可建立与参考线之间的约束关系，如图 4-52 所示。

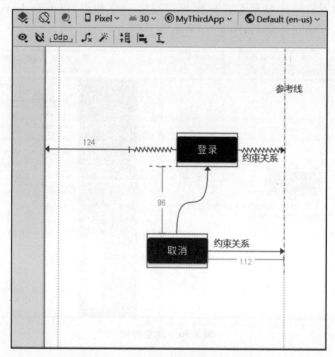

图 4-52　建立基于参考线的约束关系

要删除所有的约束，可单击工具栏上的"删除布局"图标 。根据用户需求，在设计区大致摆放多个控件并单击工具栏上的"布局推测"图标 ，Android Studio 将根据控件之间的位置关系自动设置约束关系，有利于快速构建 UI 原型。

4.5　Android 应用程序控件

控件是为构建用户交互界面提供服务的视图对象。Android 和其他开发语言一样，提供了一整套完整的控件实现，用于为用户提供简洁高效的人机交互实现机制。Android 中常用的控件有 Button、TextView、EditText、RadioButton、ImageButton、CheckBox 等，控件随着 Android 系统的发展而日益丰富，对这些控件的熟练使用是构建Android 应用程序必须要掌握的技能。

4.5.1　TextView

文本框(TextView)是用来向用户显示文本的控件。在代码中使用 TextView 时需要通过使用 import android.widget.TextView 语句导入 TextView 类。TextView 控件拥有很多属性，常见的属性见表 4-5 所示。

表 4-5　TextView 控件属性

属　　　性	相 关 方 法	说　　　明
android:text	setText(CharSequence text)	设置显示文本
android:textSize	setTextSize(float size)	设置文本大小
android:textColor	setTextColor(int color)	设置文本颜色
android:textStyle	setTextStyle(TextStyle textStyle)	设置字形
android:hint	setHint(int resid)	设置控件内容为空时的提示信息
android:typeface	setPadding(Typeface typeface)	设置文本字体
android:padding	setPadding(int padding)	设置控件与其父控件容器边界的距离
android:gravity	setGravity(int gravity)	设置控件在 X、Y 轴方向的显示方式
android:height	setHeight(int height)	设置控件高度
android:width	setWidth(int width)	设置控件宽度

下述代码给出一个 TextView 的示例。

```
<TextView
    android:id="@+id/textView"
    android:layout_width="fill_parent"
    android:layout_height="wrap_content"
    android:text="你好,我是 TextView 控件"
    android:textSize="16pt"
    android:textColor="#27408B"
    android:padding="10pt"
    android:background="#FFCC99"
    tools:layout_editor_absoluteX="157dp"
    tools:layout_editor_absoluteY="230dp">
</TextView>
```

其显示效果如图 4-53 所示。

图 4-53　TextView 控件示例

4.5.2 EditText

可编辑文本框(EditText)是向用户显示文本内容,并允许用户对文本进行编辑的控件。在设计过程,EditText 控件是使用频率较高的 UI 控件,如设计需要用户输入用户名和密码的登录界面。代码中使用 EditText 控件时要通过 import android. widget. EditText 语句导入类。

EditText 控件也有诸多属性,常见的属性见表 4-6。

表 4-6　EditText 控件常用属性

属　　性	相 关 方 法	说　　明
android:text	setText(CharSequence text)	设置文本内容
android:textColor	setTextColor(int color)	设置字体颜色
android:hint	setHint(int resid)	内容为空时显示的提示文本
android:textColorHint	void setHintTextColor(int color)	内容为空时显示的提示文本的颜色
android:inputType	setInputType(int Type)	限制输入类型 number:整型 numberDecimal:小数 date:日期类型 text:文本类型(默认值) phone:拨号键盘 textPassword:密码 textVisiblePassword:可见密码 textUri:网址
android:maxLength		限制文本的最大长度,超出部分不显示
android:gravity	setGravity(int gravity)	设置文本位置,如 center
android:digits		设置允许输入哪些数字,如 1234
android:ellipsize		
android:lines	setLines(int lines)	设置文本行数
android:lineSpacingExtra		设置行间距
android:singleLine	setSingleLine()	true:单行显示;false:可多行显示
android:textStyle		设置字形,可以设置多个,用"|"分隔: bold:粗体 italic:斜体 bolditalic:粗体+斜体

下述示例代码给出了 EditText 控件的基本用法。

```
<EditText
    android:id="@+id/editText1"
    android:layout_width="fill_parent"
    android:layout_height="wrap_content"
    android:layout_marginTop="100dp"
    android:gravity="center"
    android:text="请输入用户名："
    android:textSize="16pt">
</EditText>
```

运行效果如图 4-54 所示。

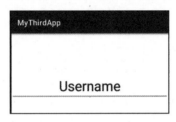

图 4-54　EditText 控件示例

4.5.3　Button

按钮（Button）控件是 Android 开发中最常用的控件之一，其实现过程也相对简单。当用户按下屏幕上的 Button 后，其 onClick 事件会被触发，因此需要对 Button 控件设置 setOnClickListener 事件监听器。

在 Java 代码中使用 Button 类需要通过 import android.widget.Button 语句导入类。同样地，Button 控件也有与 TextView 控件相似的属性，可以设置其文本大小、背景颜色等。

在 main_activity.xml 文件中使用下述代码布局一个 Button 控件。

```
<Button
    android:id="@+id/button5"
    android:layout_width="wrap_content"
    android:layout_height="wrap_content"
    android:text="单击我"
    android:textSize="12pt"
    tools:layout_editor_absoluteX="143dp"
    tools:layout_editor_absoluteY="244dp">
</Button>
```

为上述代码中的 button5 添加监听器，需要在 MainActivity.java 文件中编写如下代码。

```
package com.yusheng.bookexpbutton;
import androidx.appcompat.app.AppCompatActivity;
import android.os.Bundle;
import android.view.View;
import android.widget.Button;          //导入用到的 Button 类
import android.widget.Toast;
public class MainActivity extends AppCompatActivity {
    private Button mBtn;               //定义 Button 类型的变量
    @Override
    protected void onCreate(Bundle savedInstanceState) {
        super.onCreate(savedInstanceState);
        setContentView(R.layout.activity_main);
        mBtn=(Button)findViewById(R.id.button5);
                                    //由 mBtn 变量控制中的 button5
    //为 mBtn 增加监听器
    mBtn.setOnClickListener(new View.OnClickListener() {
        @Override
        //Button 的 OnClick()事件响应代码
        public void onClick(View v) {
            Toast.makeText(MainActivity.this, "I am clicked",
            Toast.LENGTH_SHORT).show();
        }
    });
    }
}
```

在模拟器中运行程序，其效果如图 4-55 所示。

图 4-55　Button 控件示例

4.5.4　RadioButton

单选框（RadioButton）也是最常见的 UI 控件之一，其常规属性和 Button 控件类似。与普通 Button 有区别的是，RadioButton 拥有 android:checked 属性，用于为用户提供二选一的交互选项，例如，指定性别为"男"或"女"，开关状态为"开"或"关"等。RadioButton 一般和 RadioGroup 一起使用，在一个 RadioGroup 中布局多个 RadioButton，用户在操作时只能在 RadioGroup 中选择一个 RadioButton。下面的示例给出了布局 RadioGroup 和 RadioButton 的代码。

```
<LinearLayout
    android:id="@+id/LL1"
    android:layout_height="match_parent"
    android:layout_width="match_parent">
    <RadioGroup
        android:id="@+id/rg1"
        android:layout_width="wrap_content"
        android:layout_height="wrap_content"
        android:orientation="horizontal">
        <RadioButton
            android:id="@+id/rb_male"
            android:layout_width="80dp"
            android:layout_height="40dp"
            android:checked="true"
            android:text="男"
            android:textColor="#00CCFF"
            android:textSize="18sp"/>
        <RadioButton
            android:id="@+id/rb_female"
            android:layout_width="80dp"
            android:layout_height="40dp"
            android:checked="true"
            android:text="女"
            android:textColor="#00CCFF"
            android:textSize="18sp"/>
    </RadioGroup>
</LinearLayout>
```

在 MainActivity.java 代码中，最常用的操作是确定 RadioGroup 中到底选择了哪一个 RadioButtpm。也就是说，要为 RadioGroup 设置 OnCheckedChanged()事件的监听器，并且编写 OnCheckedChanged()事件的响应代码，下面给出操作 RadioGroup 的示例代码。

```
package com.yusheng.bookexpradiobutton;
import androidx.appcompat.app.AppCompatActivity;
import android.os.Bundle;
import android.widget.RadioGroup;
import android.widget.Toast;
public class MainActivity extends AppCompatActivity {
    private RadioGroup mRg;            //定义变量
    @Override
    protected void onCreate(Bundle savedInstanceState) {
        super.onCreate(savedInstanceState);
```

```
        setContentView(R.layout.activity_main);
        mRg=(RadioGroup)findViewById(R.id.rg1);        //绑定变量
        //添加监听事件
        mRg.setOnCheckedChangeListener(new RadioGroup.OnCheckedChangeListener() {
            @Override
            public void onCheckedChanged(RadioGroup group, int checkedId) {
                String msg=null;
                if(checkedId==R.id.rb_female)
                    msg="女";
                else
                    msg="男";
                Toast.makeText(MainActivity.this, "你选中的是"+msg,
                Toast.LENGTH_SHORT).show();
            }
        });
    }
}
```

运行效果如图 4-56 所示。

图 4-56　RadioButton 控件示例

4.5.5　CheckBox

复选框(CheckBox)也是 Android 开发中常用的 UI 控件,用以向用户提供"选中"或者"取消选中"的交互选项。与 RadioButton 不同的是,使用 CheckBox 时无须使用 RadioGroup,可以根据需要设置多个 CheckBox 控件,然后分别设置变量去控制。与 RadioButton 相同的是,用户在 CheckBox 上进行"选中"或"取消选中"的操作时,会触发 OnCheckedChanged()事件,也需要添加对应的监听器才可以。下述示例代码中布局了两个 CheckBox。

```
<LinearLayout
    android:id="@+id/LL1"
    android:layout_height="match_parent"
    android:layout_width="wrap_content"
    android:orientation="vertical">
    <CheckBox
```

```
        android:id="@+id/checkBox1"
        android:layout_width="wrap_content"
        android:layout_height="wrap_content"
        android:text="加粗"/>
    <CheckBox
        android:id="@+id/checkBox2"
        android:layout_width="wrap_content"
        android:layout_height="wrap_content"
        android:text="倾斜"/>
</LinearLayout>
```

可以在 Java 代码中设置不同的变量控制视图(View)中的控件并设置相应的事件监听器,编写事件响应代码,示例代码如下。

```
package com.yusheng.bookexpcheckbox;
import androidx.appcompat.app.AppCompatActivity;
import android.os.Bundle;
import android.widget.CheckBox;
import android.widget.CompoundButton;
import android.widget.Toast;

public class MainActivity extends AppCompatActivity {
    private CheckBox mCB1, mCB2;//定义变量
    @Override
    protected void onCreate(Bundle savedInstanceState) {
        super.onCreate(savedInstanceState);
        setContentView(R.layout.activity_main);
        //绑定变量
        mCB1=(CheckBox)findViewById(R.id.checkBox1);
        mCB2=(CheckBox)findViewById(R.id.checkBox2);
        //设置 checkBox1 的监听事件
        mCB1.setOnCheckedChangeListener(new CompoundButton.
        OnCheckedChangeListener() {
            @Override
            public void onCheckedChanged(CompoundButton buttonView, boolean
            isChecked) {
                if(true==isChecked)
                    Toast.makeText(MainActivity.this,"你选中了加粗",
                    Toast.LENGTH_SHORT).show();
                else
                    Toast.makeText(MainActivity.this,"你取消了加粗",
                    Toast.LENGTH_SHORT).show();
            }
```

```
});
//设置checkBox2的监听事件
mCB2.setOnCheckedChangeListener(new CompoundButton.
OnCheckedChangeListener() {
    @Override
    public void onCheckedChanged(CompoundButton buttonView, boolean
    isChecked) {
        if(true==isChecked)
            Toast.makeText(MainActivity.this,"你选中了倾斜",
            Toast.LENGTH_SHORT).show();
        else
            Toast.makeText(MainActivity.this,"你取消了倾斜",
            Toast.LENGTH_SHORT).show();
    }
});
}
}
```

运行效果如图4-57所示。

图 4-57　CheckBox 控件示例

4.5.6 ImageView

　　ImageView 控件在 UI 布局中主要负责显示图片,另外附带一些简单的图片处理功能,如设置图片的 alpha 值,改变图片的显示尺寸等。在 Android 系统中,图片有多个来源,可以是资源文件 ID,也可以是 drawable 目录下的图片对象,还可以是 ContentProvider 中的 URI 资源等。ImageView 控件常用的属性见表 4-7。

表 4-7　ImageView 控件属性

属　　性	相 关 方 法	说　　明
android:adjustViewBounds	setAdjustViewBounds(boolean)	设置是否需要 ImageView 调整边界来保证显示图片的长宽比
android:maxHeight	setMaxHeight(int)	可选项,设置 ImageView 最大高度
android:maxWidth	setMaxWidth(int)	可选项,设置 ImageView 最大宽度

续表

属　　性	相 关 方 法	说　　明
android：scaleType	setScaleType(ImageView.ScaleType)	调整或移动图片以适应 ImageView 的尺寸
android：src	setImageResource(int)	设置 ImageView 要显示的图片源

ImageView 控件还有一些成员函数，见表 4-8。

表 4-8　ImageView 常用成员函数

成 员 方 法	说　　明
setAlpha(int)	设置 ImageView 透明度
setImageBitmap(Bitmap)	设置 ImageView 中显示的图片为 Bitmap 对象
setImageDrawable(Drawable)	设置 ImageView 中显示的图片内容为指定的 Drawable 对象
setImageResource(int)	设置 ImageView 中显示的图片为指定 ID 的资源
setImageURI(Uri)	设置 ImageView 中显示的图片为指定 URI 所指出的网络图片资源
setSelected(boolean)	设置 ImageView 的选中状态

下面的示例给出了使用 ImageView 进行布局的代码。

```
<LinearLayout
    android:id="@+id/LL_1"
    android:layout_width="match_parent"
    android:layout_height="wrap_content"
    android:orientation="vertical">
  <ImageView
    android:id="@+id/mIv1"
    android:layout_width="wrap_content"
    android:layout_height="wrap_content"
    android:layout_gravity="center"
    android:src="@drawable/img_light_on1">
  </ImageView>
</LinearLayout>
```

运行效果如图 4-58 所示。

图 4-58　ImageView 控件示例

◈ 4.6 Android 后台信息处理

Android 系统中设计有一些不带运行界面的后台信息处理机制,可以在其他应用程序运行的同时支持对后台信息的处理,如消息收发、音乐播放、服务运行、线程内数据控制等。使用这些机制处理后台信息,无须界面布局,只需掌握相关机制的使用方法即可。

4.6.1 消息提示

Android 的消息提示机制主要有 Toast 类、Notification 类以及 BroadcastReceiver 组件。

1.Toast

Toast 类用于向用户提供一种快速显示的及时消息,消息内容一般都较为简单,消息显示时悬浮于应用程序界面上,位置处于屏幕的下半部分,显示的消息无法获得焦点,几秒后消息自动消失。在 Java 代码中使用 Toast 类进行消息处理时,首先要通过 import android.widget.Toast 语句导入 Toast 类。调用 Toast 类的 makeText() 方法即可完成消息显示,前文代码示例中已有相关用法,此处不再赘述。

2. Notification

Notification 为 Android 提供了另一种消息显示方式,Notification 无须 Activity,它将消息显示在位于手机屏幕最上方的状态栏。手机状态栏常用来显示移动信号强度、电池电量、时钟等信息。使用 Notification 类可以实现的常用功能有:①创建新的状态栏图标;②控制呼吸灯;③控制振动马达;④发出提示音。

Notification 类位于 android.app 包下。所有的 Notification 对象都由 NotificationManager 来管理,NotificationManager 是用于管理 Notification 的系统服务,使用 getSystemService() 方法可获得对其的引用。通过 NotificationManager 可以触发新的 Notification、修改现有的 Notification 以及删除不需要的 Notification。

使用 NotificationManager 管理 Notification 的基本步骤如下。

(1) 获取 NotificationManager 对象。

```
String ns=Context.NOTIFICATION_SERVICE;
NotificationManager mNM=(NotificationManager)getSystemService(ns);
```

(2) 创建一个 Notification 对象。

```
Notification nt=new Notification();
nt.icon=R.drawable.notification_icon;
```

(3) 设置 Notification 的属性,如内容、图标、标题、相应的动作处理等。

① 设置在状态栏中显示的文本内容。

```
nt.tickerText="Hello"
```

② 发出提示音。

```
nt.defaults |=Notification.DEFAULT_SOUND;
```

③ 设置手机振动。

```
nt.defaults |=Notification.DEFAULT_VIBRATE;
long[] vibrate={0, 100, 200, 300};
nt.vibrate=vibrate;
```

④ 设置呼吸灯闪烁。

```
nt.defaults |=Notification.DEFAULT_LIGHTS;
```

⑤ 设置对 Notification 的单击事件。

```
Context context=getApplicationContext();         //获取上下文
CharSequence ntTitle="My Notification";           //通知栏标题
CharSequence ntText="Hello, World!";              //通知栏内容
Intent ntIntent=new Intent(this, Main.class);     //单击通知后拟跳转的 Activity
PendingIntent conIntent=PendingIntent.getActivity(this, 0, ntIntent, 0);
nt.setLatestEventInfo(context, ntTitle, ntText, conIntent);
//将 Notification 传递给 NotificationManager
mNM.notify(0, nt);
```

（4）发送通知。

```
private static final int ID_NOTIFICATION=1;
mNM.notify(ID_NOTIFICATION, nt);
```

3. BroadcastReceiver 组件

Android 系统提供的 BroadcastReceiver(广播接收器)是一种对广播消息进行过滤并予以响应的控件,与事件响应机制有相似之处。与事件响应不同的是,事件响应描述的控件自身的行为,而 BroadcastReceiver 则是程序组件级别的消息处理机制。

BroadcastReceiver 发送广播的 3 种方式见表 4-9。

表 4-9 BroadcastReceiver 发送广播的方法

方　　法	说　　明
sendBroadcast()或 sendStickyBroadcast()	使用 sendBroadcast()或 sendStickyBroadcast()方法发送的广播,所有满足条件的都会执行其 onReceiver()方法来处理响应。多个满足条件的 BroadcastRecevier 执行其 onReceiver()方法的顺序是不定的

续表

方　　法	说　　明
sendOrderedBroadcast()	使用 sendOrderedBroadcast() 方法发送出去的 Intent，会根据 BroadcastReceiver 注册时 IntentFilter 中设置的优先级来执行 onReceiver() 方法，具有相同优先级的 BroadcastReceiver，其执行 onReceiver() 方法的顺序是不定的
sendStickyBroadcast()	使用 sendStickyBroadcast() 方法与其他两种方法的主要不同在于 Intent 在发送后一直存在，在后续调用 registerReceiver() 注册相匹配的 Receiver 时会把这个 Intent 直接返回给新注册的 Receiver

BroadcastReceiver 接收广播消息的过程如下。

（1）设计 BroadcastReceiver 类的子类，重写 onReceiver() 方法，代码如下。

```
public class MyReceiver extends BroadcastReceiver{
    @override
    Public void onReceiver(Context context, Intent intent){
      //……定义事件响应处理
    }
}
```

onReceiver() 方法中的事件响应代码应该短小精悍，不应该有较耗时的程序。

（2）注册 BroadcastReceiver 对象。

获取系统或其他程序广播的 Intent，都需要先注册一个 BroadcastReceiver 并设置一个 IntentFilter 来确定 BroadcastReceiver 对接收 Intent 的筛选规则。注册 BroadcastReceiver 有静态注册和动态注册两种方法。

① 静态注册。静态注册是在 AndroidManifest.xml 的＜application 标签里添加＜receiver＞标签，并设置要接收的动作（action），其代码如下：

```
<receiver android:name="MyReceiver">
    <intent-filter>
        <action android:name="android.intent.action.DATE_CHANGED"/>
        <category android:name="android.intent.category.HOME"/>
    </intent-filter>
</receiver>
```

Android 系统提供了一些标准的广播 Action 常量，常见的 Action 常量见表 4-10。

表 4-10　Android 常见的标准广播 Action 常量

常　量　名	常　量　值	含　义
ACTION_BOOT_COMPLETED	Android.intent.action.ACTION_BOOT_COMPLETED	系统启动完成
ACTION_TIME_CHANGED	Android.intent.action.ACTION_TIME_CHANGED	时间改变

续表

常　量　名	常　量　值	含　义
ACTION_DATE_CHANGED	Android.intent.action.ACTION_DATE_CHANGED	日期改变
ACTION_TIMEZONE_CHANGED	Android.intent.action.ACTION_TIMEZONE_CHANGED	时区改变
ACTION_BATTERY_LOW	Android.intent.action.ACTION_BATTERY_LOW	电量低
ACTION_MEDIA_EJECT	Android.intent.action.ACTION_MEDIA_EJECT	插入或拔出外部媒体

② 动态注册。动态注册方式通过在 Activity 里调用 registerReceiver()方法来注册，示例代码如下。

```
//创建相关对象
MyReceiver receiver=new MyReceiver();
IntentFilter filter=new IntentFilter();
filter.addAction(DATE_CHANGED);
//动态注册 BroadcastReceiver
registerReceiver(receiver, filter);
```

registerReceiver()方法有两个参数，第一个参数为指定的接收器对象，第二个参数是 IntentFilter 对象，其内是要接收的 Action 属性。

4.6.2　Android 后台线程

当一个程序第一次启动时，Android 会启动一个 Linux 进程和一个主线程（Main Thread）。主线程主要负责处理与 UI 相关的事件，如用户按键、触屏以及屏幕绘图事件等。主线程也被称为 UI 线程。不是主线程的线程被视为子线程，子线程一般都是后台线程，可由用户在程序中完成自定义。对于运行速度缓慢、较为耗时的操作可以放置到子线程中运行，以保证主线程对用户操作的响应效率。需要注意的是，在子线程中操作 UI 对象是不安全的。如果后台子线程操纵了 UI 对象，Android 会发出错误提示信息。但是，子线程和 UI 线程之间势必存在通信需求，为了解决该问题，Android 设计了一种 Handler 消息传递机制或 AsyncTask 后台运行事务，来处理线程之间的数据传递。

1. Handler 消息传递机制

Handler 类位于 android.os 包下，主要负责 Android 的 Widget 与应用程序中子线程之间的消息（Message）交互。自定义的后台线程可以与 Handler 进行通信，一个 Handler 对应一个 Activity，Handler 与 UI 线程一起工作。

消息处理过程中使用消息队列（Message Queue）来存储通过 Handler 发布的消息，每个消息队列都有一个对应的 Handler，Handler 的常用方法见表 4-11。

表 4-11 Handler 常用方法

方　　法	返回值	描　　述
handlerMessage(Message msg)	void	子类对象通过该方法接收消息
sendEmptyMessage(int what)	boolean	发送一个只含有 what 值的消息
sendMessage(Message msg)	boolean	发送消息到 Handler
hasMessage(int what)	boolean	监测消息队列中是否含有 what 值的消息
Post(Runnable r)	boolean	将一个线程添加到消息队列中

开发带有 Handler 类的程序的基本步骤如下。

（1）在 Activity 或 Activity 的 Widget 中开发 Handler 类的对象,重写 handlerMessage() 方法。

（2）在新启动的线程中调用 sendEmptyMessage()或 sendMessage()方法向 Handler 发送消息。

（3）Handler 类的对象用 handlerMessage()方法接收消息,然后根据消息执行相应的操作。

2. AsyncTask

异步任务(AsyncTask)是位于 android.os 中的一个抽象类,它运行在 UI 线程之外, 而其回调方法是在 UI 线程中执行,是比 Handler 类更加轻量级的后台任务处理机制。 使用 AsyncTask 类必须实现一个继承了该类的子类并重写其中的方法,AsyncTask 类中 的常用方法见表 4-12。

表 4-12 AsyncTask 类需要重写的方法

方　　法	描　　述
onPreExecute()	任务执行之前调用该方法。比如,可以在该方法中显示进度条对话框
doInBackground(Params...)	该方法在后台线程执行,完成任务的主要工作(如下载数据等),通常都是安排执行较为耗时的工作
publishProgress(Progress...)	更新任务进度
onProgressUpdate(Progress...)	该方法在主线程调用,用于显示任务进度
onPostExecute(Result)	该方法在主线程调用,任务执行结果作为此方法的参数被返回

使用 AsyncTask 类时,开发人员必须实现抽象方法 doInBackground(Params...),该 方法在后台执行,用于完成一些较为耗时的任务,执行完毕后会返回一个值,该值作为 onPostExecute(Result)方法的参数。在 doInBackground()方法中可以调用 publishProgress()方法传递参数,这些值将会在 onProgressUpdate()方法中实现 UI 线 程中控件信息的更新。

继承 AsyncTask 实现自己的 AsyncTask 类时需要传递 3 个参数,其基本的代码格式 如下。

```
class MyAsyncTask extends AsyncTask<Params, Progress, Result>{
    //具体实现代码
}
```

其中 Params 参数用于向后台任务的执行方法传递参数,如 HTTP 请求的 URL;Progress 参数用于在后台任务执行过程中,向主 UI 线程传递的过程状态,如任务执行进度等;Result 参数返回任务执行完毕后的参数。这 3 个参数都是一种范式类型,定义范式类型参数的格式为"<数据类型>…<参数名>"。在一个 AsyncTask 里,不是所有的类型都会被用到。某个参数用不到时,可使用 void 类型代替。

AsyncTask 的运行过程如下。

(1) 在 UI 主线程调用 execute()启动 AsyncTask 之后,onPreExecute()方法立即在 UI 主线程中执行。在该方法中一般都设置相关任务,比如在用户界面显示一个进度条。

(2) 当 onPreExecute()执行之后,doInBackground()方法立即在后台线程中执行。该方法中一般安排比较耗时的后台计算任务,如下载资源、等待消息等。在该方法的执行过程中可以调用 publishProgress()方法来更新任务进度。

(3) 调用 publishProgress()后,onProgressUpdate()方法会在 UI 线程中运行,该方法用于在后台计算任务还在执行的同时更新 UI 界面,如显示进度、百分比等过程信息。

(4) 当后台计算结束时,在主线程执行 onPostExecute()方法。后台计算的结果作为一个参数传递到该函数。

使用 AsyncTask 须遵循如下规则。

(1) AsyncTask 任务实例必须在 UI 线程中创建。

(2) execute()方法必须在 UI 线程上调用。

(3) 不能手动调用 onPreExecute()、onPostExecute()、doInBackground()、onProgressUpdate()方法。

(4) 每个 AsyncTask 只能有一个实例被执行,同时运行两个以上的 AsyncTask,将会抛出异常。

4.6.3　Service 组件

Service 是 Android 系统提供的能够在后台运行的服务程序,其在 Android 系统中的重要性不亚于 Activity。使用 Service 可以完成诸如音乐播放、数据计算、记录用户位置、发出 Notification、检测 SD 卡文件变化等需要在后台进行计算的任务。

Service 的生命周期中,有 onCreate()、onStartCommand()以及 onDestroy() 3 个重要的方法。当 Service 第一次被创建时,系统调用 OnCreate()函数。当 Activity 通过 startService()方法启动 Service 时,Service 的 onStartCommand()方法会被自动调用。当 Service 不再使用时,其 onDestroy()方法将会被调用。

Service 没有自己的 UI,也无法自己启动,需要通过某个 Activity 或 Context 对象来启动。启动一个 Service,既可以通过调用 startService()方法实现,也可以使用 bindService()方法来绑定一个已经存在的 Service。

Android 系统的 Service 为 android.app 包下,使用 Service 的一般流程如下。

1. 创建 Service 子类

使用 Service 首先需要设计一个 Service 的子类并在子类中重写 Service 的一些方法即可,需要重写的方法有 onBind(Intent intent)、onCreate()、onStart(Intent intent,int startId)以及 onDestroy()。

2. 注册 Service 组件

应用程序中使用 Service,需要在 AndroidManifest.xml 中完成对 Service 组件的注册,可以使用<service>标签,其示例代码如下。

```
<service android:enabled="true" android:name=".MyService">
```

3. 启动 Service

可以使用 Context.startService(Intent intent)启动 Service,也可以使用 bindService(Intent service,ServiceConnection conn,int flags)绑定 Service,其中第 1 个参数是 Intent,第 2 个参数是绑定 Service 的对象,第 3 个参数是创建 Service 的方式,一般是系统常量 BIND_AUTO_CREATE,即绑定时自动创建。

假设已经有一个 MyService 类被创建且在 AndroidManifest.xml 中完成注册,显式启动 MyService 的示例代码如下。

```
Intent myIntent=new Intent(this, MyService.class);
myIntent.putExtra("TOPPING", "Margherita");
startService(myIntent);
```

也可采用隐式启动方法,其示例代码如下。

```
startService(new Intent(this, MyService.class));
```

4. 停止 Service

停止一个 Service(),可由 Service 自己调用 stopSelf()实现,也可通过调用 stopService()方法实现,具体如下。

```
stopService(new Intent(this, MyService.class));
```

◈ 4.7 Android 应用开发步骤

4.7.1 前期准备

严格意义上讲,Android 应用开发属于嵌入式系统开发。由于 Google 提供的

Android Studio 嵌入式开发工具的强大功能和 Android 系统对硬件设备的良好支持,基于 Android 的开发变得相对容易,设计和开发 App 不需要过多地深入硬件细节就能够完成开发任务。一般而言,开发 Android App 需要考虑如下一些问题。

（1）App 需要实现哪些功能?

（2）App 需要实现哪些用户界面?

（3）App 的操作流程是怎样的? 不同的操作界面如何跳转?

（4）App 需要处理的数据格式是什么?

（5）App 是一个单机运行的 App,还是一个需要服务端支持的 App?

（6）App 是否需要本地数据库支持?

（7）App 涉及哪些权限?

（8）App 的设计与实现是否需要后台进程?

（9）App 的设计风格、基本色调以及需要的图形元素都有哪些?

上述几个问题是大多数 App 开发者在开发之前需要明确的。当然,不同领域的 App 可能会面临其他一些需求问题,在需求分析阶段要与目标用户充分沟通,确保在概要设计完成之前明确上述几个问题的答案,尽量避免在开发过程中因用户频繁改动需求而导致项目延期、开发成本增加等风险。

4.7.2　开发过程

1. 界面设计

大多数商用 App 的界面设计都由专业的 UI 设计人员完成。按照需求规格说明书,准备要用到的图标、图片等资源,在布局文件中描述各个用户界面。界面设计包括:界面布局、界面元素风格、菜单与对话框设计等。另外,还要考虑需要响应用户事件的界面元素,将其部署在用户容易操作的位置。

2. 数据存储与操作

数据存储和数据操作是 App 设计中的重要问题,必须仔细考虑数据的存储格式和操作方式,Android App 开发中常用 SharedPreferences 文件、数据库、ContentProvider、网络等方式获取数据。开发过程中需要弄清楚 App 涉及哪些数据,以及该采用什么样的存储方式。

3. 界面跳转设计

开发人员必须理清整个 App 的操作流程,实现各个界面的正常跳转,将整个系统的操作流程贯穿起来。在设计中,针对不同的元素可能需要设计不同的跳转方式。例如,是选择用菜单实现跳转还是选择用按钮实现跳转。此外,还需考虑程序的健壮性和可靠性。例如,在跳转过程中如果发生异常该如何处理等。

4. 使用 Service

人机交互体验是开发 Android App 需要重点考虑的问题,但 App 中涉及的一些操作可能需要后台服务。程序设计人员要仔细考虑这个问题,合理地划分程序功能,将适合采用 Service 实现的功能模块用 Service 实现。

5. 完善应用细节

Android App 应用开发中,完成每一个功能模块都需要检查和关注细节。例如,在 AndroidManifest.xml 文件中是否添加权限配置信息、版本信息、服务注册信息等。另外,尽管 Android 模拟器已经具备了强大的功能,但在模拟器上的运行效果与真实硬件上的运行效果还是有差异的,程序在发布前必须要在真机上进行测试。很多细节问题的解决,很大程度上依赖于程序员的经验,只有在不断的开发实践中逐步积累才能掌握。

6. 站在他人的肩膀上

设计和开发应用程序不一定要从头开始做起,很多已有的公开发布的工具包可以作为重要的参考资料来使用。有一些软件企业甚至开源了很多有用的代码包,如各类网络协议、文件传输服务工具等,构建自己的应用程序时完全可以借鉴已有成果,提高开发效率。

7. 应用测试

在 Android 提供的模拟器上进行程序测试是 Android App 开发的第一步,大多数的测试工作都可以在模拟器中完成。目前,Android Studio 集成开发环境提供的模拟器与真机环境保持很高的相似度,测试效果也很理想。即便如此,诸如手机振动、打电话、呼吸灯、传感器、时钟等应用程序的测试仍然要在真机环境中进行。

8. 打包发布

应用程序通过测试后即可打包发布。Android Studio 集成了软件的发布功能,通过简单的操作即可实现软件的发布操作。

综合案例——电子秤设计与实现

◇ 5.1 项目概述

电子秤是采用现代传感技术、电子技术和计算机技术的一种电子称量装置,能够在实际生活中满足人们对物品称重时"快速、准确、连续、自动"的要求,同时保持相对较低的称量误差,使物品称量符合法制计量管理和过程控制要求。构成电子秤的核心原件有称重传感器、微控制器以及显示模块。其中,通过 MCU 实现对称重传感器数据的采集是实现电子秤的核心任务,称重传感器有光电式、液压式、电容式、磁极变形式、振动式、陀螺仪式、电阻应变式等几类,在电子秤设计中,电阻应变式压力传感器的应用最为广泛。

本项目的设置旨在培养读者综合运用所学理论知识和技能解决实际问题的能力、动手实践能力、团队协作能力以及文档撰写和管理能力。本项目要求读者完成硬件选型、电路设计、嵌入式软件开发、文档撰写等具体任务,其任务难度和工作量适中。电子秤项目涉及如下 3 个核心业务模块。

1. 获取质量信号

电阻应变式压力传感器是目前应用最为广泛的传感器之一,其基本原理是电阻的应变效应,即导体受机械形变时,其电阻值发生变化,称为"应变效应"。构建电子秤的首要任务是通过 MCU 控制压力传感器获取压力信号并根据调校算法建立传感器输出与物品实际质量之间的函数关系。

2. 显示质量信息

显示物品质量信息是电子秤必须具备的功能,通过将压力信号转变为物品的质量信息并调用显示设备的 API 函数实现对物品质量信息的显示。本项目建议采用单片机和嵌入式开发领域常用的 LCD1602 显示器,其成本低廉、易于控制的优势使其在市场上占有相当的份额。通过设计 MCU 和 LCD1602 显示器之间的接口电路、移植驱动程序、设计和开发质量信息显示程序,读者需了解嵌入式产品设计开发的基本流程,熟悉相关工具的使用,掌握嵌入式开发的相关技术。

3. 电子秤设置模块

功能完备的电子秤需要具备量程设置,显示屏亮度调节,超量程报警等基本功能。本项目要求读者通过电位器调节实现对屏幕亮度的控制,通过按键实现量程设置,通过LED灯和蜂鸣器实现物品称重时的超量程声光报警。通过实现这些功能,读者能够熟悉常见元器件的使用方法以及相关控制程序的设计方法。

◇ 5.2 设 计 目 的

本项目旨在培养读者综合应用物联网工程专业的基本知识和基本理论分析解决实际问题、设计开发嵌入式系统、研究相关课题、使用现代工具、实施项目管理、进行团队协作以及持续学习的能力。在新工科教育背景下,通过本项目的实施,能够为达到如下教学目标打下一定的基础。

(1) 提高政治觉悟,自觉拥护党的领导,忠于国家,忠于人民,立志发奋读书,努力掌握专业知识,练就过硬的业务素质,成长为对祖国建设有用的高科技人才。

(2) 熟悉构建嵌入式系统的常用元器件和传感器,掌握常见电路设计方法,能够使用相关工具完成硬件方案设计。

(3) 熟悉嵌入式软件开发方法,熟练使用一种嵌入式开发工具。

(4) 具备一定的文档撰写能力,能够独立完成项目中相关文档资料的编写和管理。

(5) 具备一定的自学能力,能够独立收集相关资料,自学相关知识并完成任务。

(6) 具备一定的团队协作能力,能够和团队成员积极沟通,协作完成项目实施工作。

(7) 掌握现代项目管理工具,理解现代嵌入式项目的实施流程。

(8) 掌握一定的工程实施规范,具备一定的人文素养,具有高度的社会责任感。

◇ 5.3 预 备 知 识

模拟电路和数字电路基础、C程序设计基础、嵌入式系统与设计基础、传感器原理与应用基础。

◇ 5.4 系 统 需 求

5.4.1 系统功能性需求

(1) 设计一个嵌入式系统——电子秤。

(2) 电子秤能够实时采集物体质量并显示在显示屏。

(3) 电子秤具备去皮功能。

(4) 电子秤具备量程设置功能。

(5) 电子秤具备超量程声光报警功能。

（6）电子秤显示屏具备亮度调节功能。

5.4.2　系统性能需求

（1）当用户在秤盘上放置物品时，质量数据需实时显示，不得有太大的延迟和卡顿现象。

（2）质量数据需经过仔细调校，显示结果准确、稳定、可靠。

（3）去皮、量程设置等操作需灵敏，不得有卡顿、停止响应等问题。

5.4.3　其他需求

（1）易用性：操作简单易用，对用户友好。

（2）可靠性：系统能够持续工作，避免出现卡顿、操作失灵等问题。

（3）低功耗：模拟智能设备的嵌入式系统需保持较低功耗。

（4）环境适应性：模拟智能设备的嵌入式系统需能够在常规的监测环境完成称重。

（5）安全性：设备运行能够保证程序和数据安全，杜绝漏电、短路、数据丢失等故障的出现。

（6）经济性：系统开发成本较低，开发周期较短。

◆ 5.5　硬件设计与实现

5.5.1　电路设计

电子秤的硬件电路主要包括电源电路、按键控制电路、LED 指示灯控制电路、蜂鸣器控制电路、LCD1602 显示电路以及 HX711 压力传感器控制电路，其硬件设计框图如图 5-1 所示。

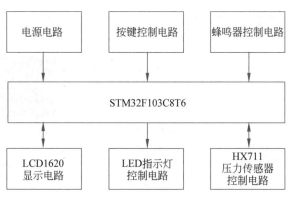

图 5-1　电子秤硬件设计框图

采用常规元器件，按照系统需求，完成硬件电路设计，图 5-2 给出电子秤原理图的一种设计方案，读者完全可以根据所掌握的专业知识，提出其他设计方案。对于初学者而言，可按照本书提出的设计方案认真实施项目，达到锻炼能力的目的。

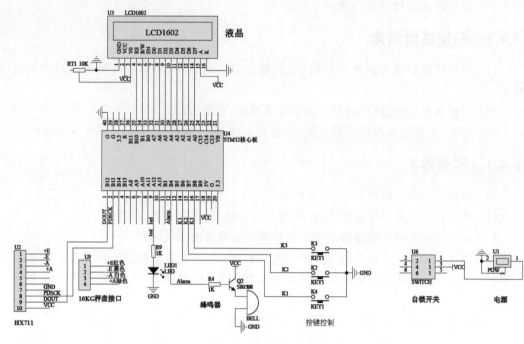

图 5-2　电子秤原理图

5.5.2　硬件选型

　　根据硬件设计原理图,制作 PCB,购置元器件。根据图 5-2 的设计图,表 5-1 列出一份物料清单(Bill of Materials,BOM),清单中所列元器件均为常见的元器件,很容易通过网购渠道获得。

表 5-1　电子秤物料清单

物 料 名 称	规 格 型 号	原理图标号	数量	参 考 图 片
微控制器	STM32F103C8T6 核心板	U4	1	
按键	立式按键,6×6×4.3	K2、K3、K4	3	
LED 报警灯	5mm,白发红	LED1	1	

续表

物料名称	规格型号	原理图标号	数量	参考图片
三极管	S8050	Q2	1	
蜂鸣器	有源蜂鸣器	BELL	1	
液晶显示器	LCD1602	U3	1	
电阻器	1K	R4、R9	2	
可调电位器	3362P 电位器,10K	RT1	1	
电源底座	DC005 插头,3.5×1.5	U1	1	
按压式开关	8×8 自锁式按键开关	U6	1	
AD 转换模块	HX711	U2	1	
压力传感器	YZC131 微型称重传感模块	U9	1	

5.5.3　制作硬件实物

使用设计好的 PCB 或者万用板完成对硬件实物的焊接,实现电子秤硬件设计方案。建议具备条件的读者使用 Altium Designer 认真设计原理图和 PCB 设计图,完成 PCB 的制作,尽量采用贴片元件实现硬件电路。不具备条件的读者建议采购穿通式元件,在万用板上实现硬件电路。

◆ 5.6　嵌入式软件设计与实现

5.6.1　创建项目模板

1. 准备 STM32 库函数

STM32 库函数可通过官方网站进行下载,下载后解压生成如图 5-3 所示的目录结构。

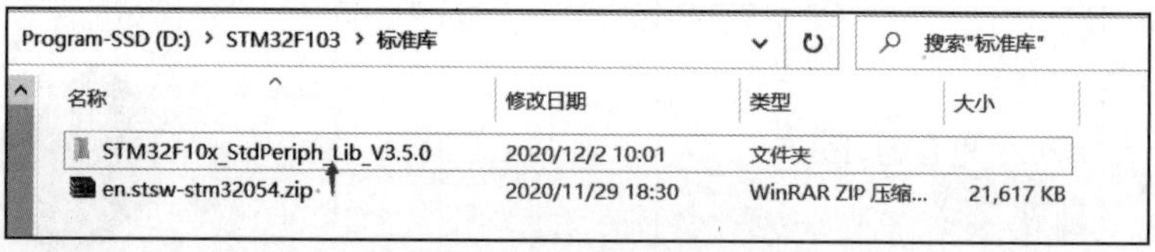

Program-SSD (D:) › STM32F103 › 标准库		∨	↻	🔍 搜索"标准库"	
名称	修改日期	类型		大小	
📁 STM32F10x_StdPeriph_Lib_V3.5.0	2020/12/2 10:01	文件夹			
📦 en.stsw-stm32054.zip	2020/11/29 18:30	WinRAR ZIP 压缩...		21,617 KB	

图 5-3　STM32 库函数

2. STM32 库函数简介

ST(意法半导体)为了方便用户开发程序,提供了一套丰富的 STM32 固件库。固件库就是函数的集合,固件库函数的作用是向下负责与寄存器直接打交道,向上提供用户函数调用的接口(API)。固件库将这些寄存器底层操作都封装起来,提供一整套接口(API)供开发者调用,大多数场合下,读者不需要知道某个函数到底操作的是哪个寄存器,只需要知道调用哪些函数即可。

ARM 公司为了让不同的芯片公司生产的 Cortex-M3 芯片能在软件上基本兼容,和芯片生产商共同提出 ARM Cortex 微控制器软件接口标准(Cortex Microcontroller Software Interface Standard,CMSIS)。

CMSIS 分为 3 个基本功能层具体如下。

(1) 核内外设访问层:由 ARM 公司提供的访问,定义处理器内部寄存器地址以及功能函数。

(2) 中间件访问层:定义访问中间件的通用 API,也由 ARM 公司提供。

(3) 外设访问层:定义硬件寄存器的地址以及外设的访问函数。

CMSIS 层在整个系统中处于中间层,向下负责与内核和各个外设直接打交道,向上提供实时操作系统用户程序调用的函数接口。如果没有 CMSIS 标准,那么各个芯片公司就会设计风格各异的库函数,而 CMSIS 标准就是要强制规定,芯片生产公司设计的库函数必须按照 CMSIS 这套规范来设计。

举一个简单的例子,在使用 STM32 芯片的时候首先要进行系统初始化,CMSIS 规范规定,系统初始化函数名字必须为 SystemInit,所以各个芯片公司开发自己的库函数时必须用 SystemInit 对系统进行初始化。CMSIS 还对各个外设驱动文件的文件名进行了规范。

可在 ST 官网下载 ST 固件库,固件库是不断完善升级的,有不同的版本,电子秤项目使用 V3.5 版本的固件库 STM32F10x_StdPeriph_Lib_V3.5.0。下面查看 STM32V3.5 库函数的基本情况。

Libraries 目录下有 CMSIS 和 STM32F10x_StdPeriph_Driver 两个目录,这两个目录包含固件库核心的所有子目录和文件。其中,CMSIS 目录下是启动文件,STM32F10x_StdPeriph_Driver 存放的是 STM32 固件库源码文件。源文件目录下面的 inc 目录存放的是 stm32f10x_xxx.h 头文件,无须改动。src 目录下面放的是 stm32f10x_xxx.c 格式的固件库源码文件。每一个 .c 文件和一个相应的 .h 文件对应。这里的文件也是固件库的核心文件,每个外设对应一组文件。建立工程的时候会用到 Libraries 目录下的文件。

Project 目录下有两个目录。顾名思义,STM32F10x_StdPeriph_Examples 目录下面存放着 ST 官方提供的固件实例源码,在以后的开发过程中,可以参考修改官方提供的实例来快速驱动自己的外设,通过网购得到的大多数开发板实例都参考了官方提供的实例源码,这些源码对后续的学习非常重要。STM32F10x_StdPeriph_Template 目录下面存放的是工程模板。

Utilities 目录下是官方评估板的一些对应源码,这个可以忽略不看。

根目录下还有一个 stm32f10x_stdperiph_lib_um.chm 文件,这是一个固件库的帮助文档,该文档非常有用,关于库函数的帮助信息都在该文档中详细记录。

下面着重介绍 Libraries 目录下的几个重要文件。core_cm3.c 和 core_cm3.h 文件位于 \Libraries\CMSIS\CM3\CoreSupport 目录下,这是 CMSIS 核心文件,提供进入 CM3 内核接口,也由 ARM 公司提供,对所有 CM3 内核的芯片都一样,初学者永远都不需要修改这个文件。

与 CoreSupport 同一级目录中还有一个 DeviceSupport 目录。DeviceSupport\ST\STM32F10xt 目录下面主要存放一些启动文件以及比较基础的寄存器定义和中断向量定义的文件。该目录下共有 3 个文件,即 system_stm32f10x.c、system_stm32f10x.h 以及 stm32f10x.h 文件。其中 system_stm32f10x.c 和对应的头文件 system_stm32f10x.h 文件的功能是设置系统以及总线时钟,该文件中定义了非常重要的 SystemInit() 函数,这个函数在系统启动的时候会被调用,用来设置系统的整个时钟系统。

stm32f10x.h 文件也非常重要,该文件中定义了很多结构体和宏,主要完成对系统寄存器的定义以及封装对内存的操作。

3. 创建项目模板

1）创建项目目录

创建 D:\STM32F103\My_Elec_Scale 目录作为项目目录,并将 STM32 库函数的

Libraries 目录复制到该目录下并重命名为 STM32F10x_FWlib。同时,还需要在该项目目录下分别创建如下几个目录用来保存各类文件。通俗地讲,项目开发过程中需要建立不同的目录分门别类地管理项目中的各类文件,如图 5-4 所示。

图 5-4　项目目录结构

将库函数 STM32F10x_StdPeriph_Lib_V3.5.0\Project\STM32F10x_StdPeriph_Template 下的如下 5 个文件复制到新建的 USER 目录下,如图 5-5 所示。

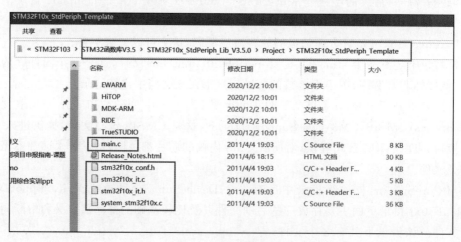

图 5-5　复制模板文件

2) 新建工程

(1) 打开 Keil5,选择 Project→New μVision Project...菜单项,如图 5-6 所示。

(2) 建立工程,保存在 My_Elec_Scale/USER/Project 下,然后选择 CPU 型号,我们用的是 STM32F103C8,如图 5-7 所示。

3) 设置工程

(1) 在左侧的 Project 视图中将 Target1 重命名为 My_Elec_Scale(单击 Target1 的名称,待选中后直接输入新的名称)。

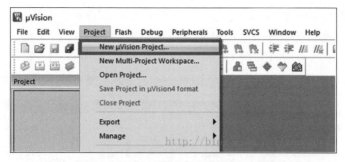

图 5-6 新建工程菜单

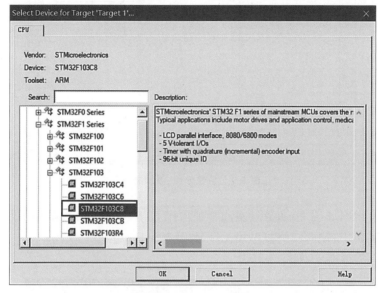

图 5-7 选择 CPU 型号

（2）右击项目名称 My_Elec_Scale 选择 Manage Project Items 菜单项，弹出 Manage Project Items...菜单，如图 5-8 所示。

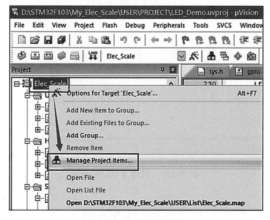

图 5-8 管理项目菜单

（3）在弹出的窗口中，可以在 Project Targets 栏内修改项目名称，在 Group 栏内创建分组，在 Files 栏内为每个分组添加相关文件。

（4）创建一个名为 USER 的 Group，在该 Group 内添加..\ My_Elec_Scale\USER 目录下的 main.c，stm32f10x_it.c 以及 system_stm32f10x.c 这 3 个文件，如图 5-9 所示。

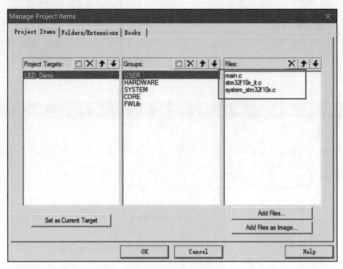

图 5-9　创建分组、添加文件

（5）创建 FWLib 分组，并在该分组添加操作 STM32 各类外设的库函数，即将目录..\My_Elec_Scale\STM32F10x_FWlib\STM32F10x_StdPeriph_Driver\src 下即将用到的外设文件全部添加即可，如图 5-10 所示。

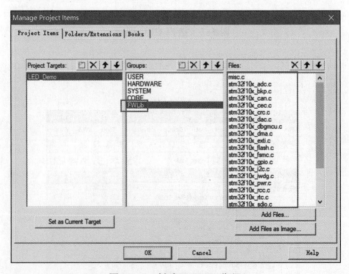

图 5-10　创建 FWLib 分组

（6）在 CORE 这一 Group 内，添加两个文件。第一个文件是位于..\My_Elec_Scale\STM32F10x_FWlib\CMSIS\CM3\CoreSupport\目录下的 core_cm3.c，第二个是目录..

STM32F10x_FWlib\CMSIS\CM3\DeviceSupport\ST\STM32F10x\startup\arm\下的
startup_stm32f10x_hd.s，该文件属于芯片的启动文件，如图 5-11 所示。

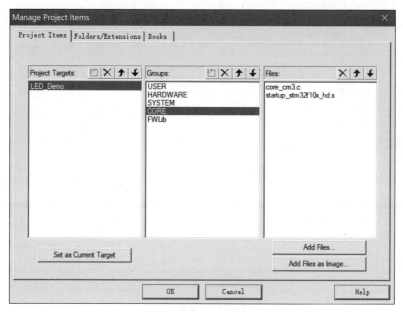

图 5-11　创建 CORE 分组

（7）如图 5-12 所示，工程项目模板建立完毕后，将 main.c 文件修改成一个最简单的形式。单击"编译"按钮依旧会出错。

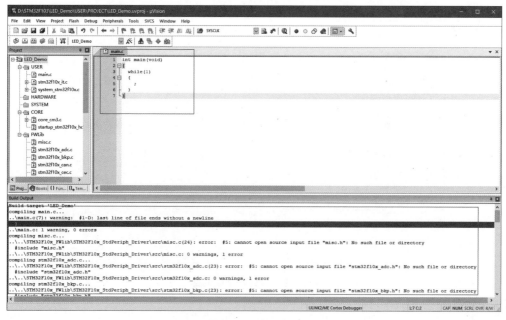

图 5-12　编译工程

（8）单击"魔法棒"（工程设置按钮）Options for Target，如图 5-13 所示。

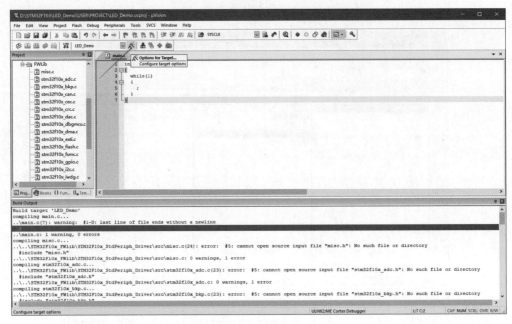

图 5-13　设置工程

（9）弹出 Options for Target "工程名"窗口，如图 5-14 所示。

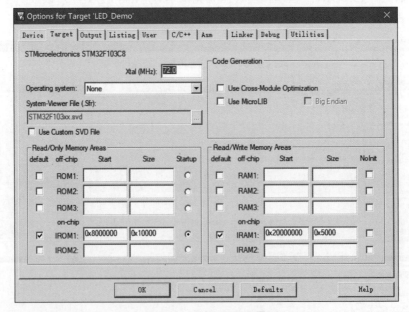

图 5-14　目标 CPU 设置

（10）在 Output 选项卡勾选 Create HEX File，如图 5-15 所示。

（11）在 Output 选项卡的 Select Folder for Objects 指定编译过程中生成的目标文件

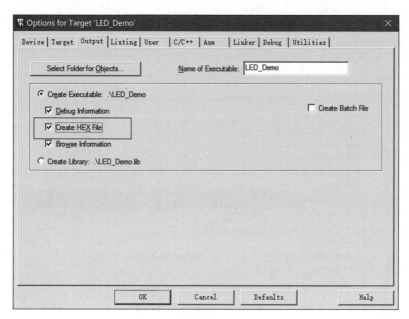

图 5-15　设置输出文件格式

的存放路径为：..\ My_Elec_Scale\OBJ，如图 5-16 所示。

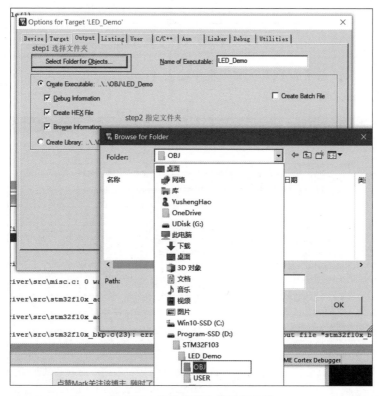

图 5-16　设置编译文件输出目录

（12）在 Listing 选项卡中指定列表文件的输出路径为：..\ My_Elec_Scale\USER\ List\。

注意：对应位置目录不存在时手动创建即可，如图 5-17 所示。

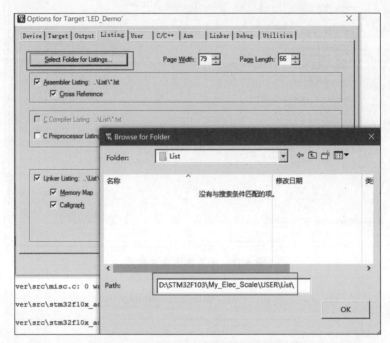

图 5-17　设置列表文件输出目录

（13）在 C/C++ 选项的 Define 文本框中输入 STM32F10X_MD.USE_STDPERIPH_ DRIVER，如图 5-18 所示。

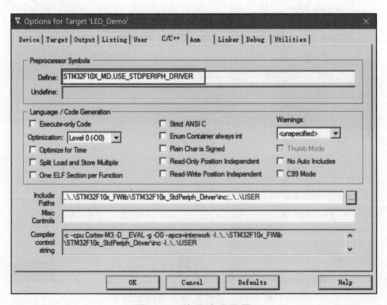

图 5-18　编译选项设置

注意：这个字符串如果写错了，编译的时候会出现很多问题。

STM32F10X_MD 对应启动文件 startup_stm32f10x_hd.s，即中等容量的 Flash。

USE_STDPERIPH_DRIVER 定义使用外设库，定义此项会包含 *_conf.h 文件。

（14）添加所有的.h 文件的路径，目的是告知系统所有的.h 文件都存放在哪里。否则，系统在编译时会因为找不到头文件而产生编译错误。添加头文件路径的具体方法如图 5-19 所示。

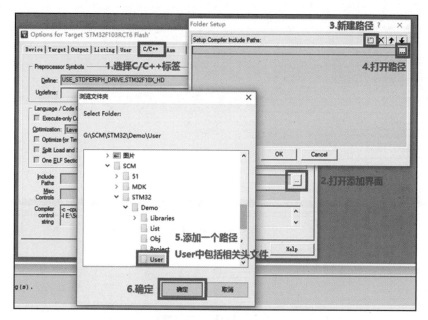

图 5-19　头文件目录设置

务必注意，项目中包含头文件的地方可能有多处，此处要将所有的包含头文件的路径一一添加进来，将 My_Elec_Scale 目录下可能会包含头文件的所有目录都添加进来，即：

```
D:\STM32F103\LED_Demo\STM32F10x_FWlib\STM32F10x_StdPeriph_Driver\inc
D:\STM32F103\LED_Demo\USER
```

4）测试

再次编译 main.c 文件，若编译通过，说明项目配置没有问题，如图 5-20 所示。

5.6.2　点亮板载 LED

1. 理解原理图

在使用 STM32 库函数进行嵌入式开发之前，嵌入式软件设计人员必须要看懂硬件原理图，要知道自己拟控制的外设都挂在芯片的哪几个引脚上。My_Elec_Scale 项目中准备的 STM32 核心板，有一个 LED 指示灯可用于测试最简单的跑马灯程序，该 LED 指示灯挂在 STM32F103C8T6 核心板的 PC13 引脚，如图 5-21 所示。

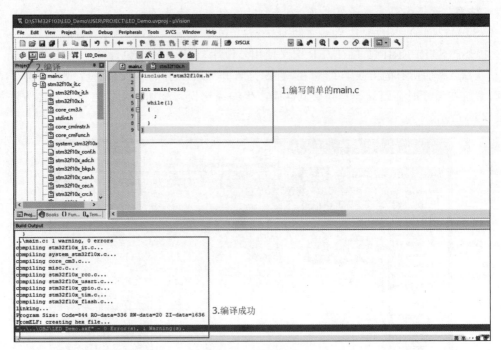

图 5-20　编译通过

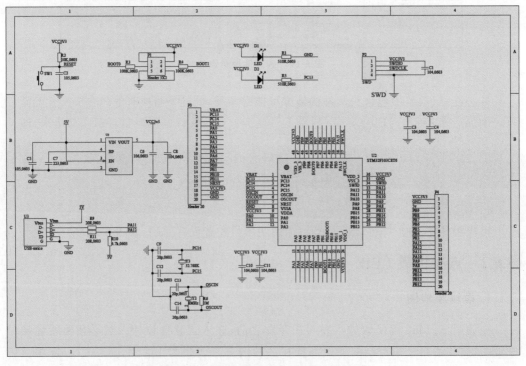

图 5-21　STM32F103C8T6 核心板原理图

2. 设计跑马灯程序

跑马灯程序的实质就是往 PC13 引脚输出高电平,只不过这种操作需要通过 STM32 库函数实现。在项目实施过程中要遵循如下的做法。

每次新增一种有关系统的整体性功能,如时钟配置、中断配置、延时功能等关乎全局的功能,就在 D:\STM32F103\My_Elec_Scale\SYSTEM\sys\目录下新建.h 和.c 文件。

每次使用一种设备(驱动一种外设),就在对应的 D:\STM32F103\My_Elec_Scale\HARDWARE 目录下创建一个文件夹,并在文件夹内新建对应的.h 文件和.c 文件。

新增文件以后,必须将.h 文件的路径添加到系统中,同时将对应的.c 文件添加至对应的 Group。

(1) 实现 sys.h 和 sys.c 文件。

在 D:\STM32F103\My_Elec_Scale\SYSTEM\目录下创建 sys.h 和 sys.c 文件,并在 sys.h 头文件中,实现对 GPIO 操作的地址映射,完成类似于 C51 中对 GPIO 的位带定义。向项目中创建文件的过程如图 5-22 所示。

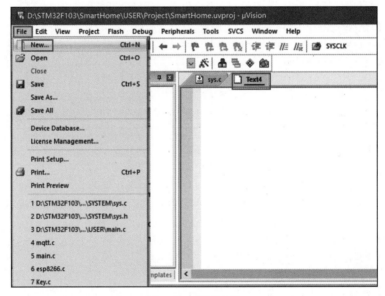

图 5-22　新建文件

在 D:\STM32F103\My_Elec_Scale\SYSTEM\目录下创建一个 sys 文件夹,并在该文件夹内新增 sys.h 头文件,实现对 GPIO 操作的地址映射,完成类似于 C51 中对 GPIO 的位带定义。

sys.h 文件内容如下。

```
#ifndef __SYS_H
#define __SYS_H
#include "stm32f10x.h"
```

```
//位带操作,实现与 C51 类似的 GPIO 控制功能
//具体实现思想,参考《CM3 权威指南》第五章(87~92 页)
//I/O 口操作宏定义
#define BITBAND(addr, bitnum) ((addr & 0xF0000000)+0x2000000+((addr &0xFFFFF)
<<5)+(bitnum<<2))
#define MEM_ADDR(addr)    *((volatile unsigned long   *)(addr))
#define BIT_ADDR(addr, bitnum)    MEM_ADDR(BITBAND(addr, bitnum))
//I/O 口地址映射
#define GPIOA_ODR_Addr      (GPIOA_BASE+12) //0x4001080C
#define GPIOB_ODR_Addr      (GPIOB_BASE+12) //0x40010C0C
#define GPIOC_ODR_Addr      (GPIOC_BASE+12) //0x4001100C
#define GPIOD_ODR_Addr      (GPIOD_BASE+12) //0x4001140C
#define GPIOE_ODR_Addr      (GPIOE_BASE+12) //0x4001180C
#define GPIOF_ODR_Addr      (GPIOF_BASE+12) //0x40011A0C
#define GPIOG_ODR_Addr      (GPIOG_BASE+12) //0x40011E0C

#define GPIOA_IDR_Addr      (GPIOA_BASE+8) //0x40010808
#define GPIOB_IDR_Addr      (GPIOB_BASE+8) //0x40010C08
#define GPIOC_IDR_Addr      (GPIOC_BASE+8) //0x40011008
#define GPIOD_IDR_Addr      (GPIOD_BASE+8) //0x40011408
#define GPIOE_IDR_Addr      (GPIOE_BASE+8) //0x40011808
#define GPIOF_IDR_Addr      (GPIOF_BASE+8) //0x40011A08
#define GPIOG_IDR_Addr      (GPIOG_BASE+8) //0x40011E08

//I/O 口操作,只对单一的 I/O 口!
//确保 n 的值小于 16!
#define PAout(n)    BIT_ADDR(GPIOA_ODR_Addr,n)   //输出
#define PAin(n)     BIT_ADDR(GPIOA_IDR_Addr,n)   //输入

#define PBout(n)    BIT_ADDR(GPIOB_ODR_Addr,n)   //输出
#define PBin(n)     BIT_ADDR(GPIOB_IDR_Addr,n)   //输入

#define PCout(n)    BIT_ADDR(GPIOC_ODR_Addr,n)   //输出
#define PCin(n)     BIT_ADDR(GPIOC_IDR_Addr,n)   //输入

#define PDout(n)    BIT_ADDR(GPIOD_ODR_Addr,n)   //输出
#define PDin(n)     BIT_ADDR(GPIOD_IDR_Addr,n)   //输入

#define PEout(n)    BIT_ADDR(GPIOE_ODR_Addr,n)   //输出
#define PEin(n)     BIT_ADDR(GPIOE_IDR_Addr,n)   //输入

#define PFout(n)    BIT_ADDR(GPIOF_ODR_Addr,n)   //输出
#define PFin(n)     BIT_ADDR(GPIOF_IDR_Addr,n)   //输入
```

```
# define PGout(n)    BIT_ADDR(GPIOG_ODR_Addr,n)    //输出
# define PGin(n)     BIT_ADDR(GPIOG_IDR_Addr,n)    //输入

void NVIC_Configuration(void);

# endif
```

在 sys 目录下新增一个 sys.c 文件,内容暂时为空,后续用到关于系统方面的配置再往里面添加代码,sys.c 文件内容暂时如下。

```
# include "sys.h"
```

（2）完成配置后将 sys.h 的路径添加至系统路径中,如图 5-23 所示。

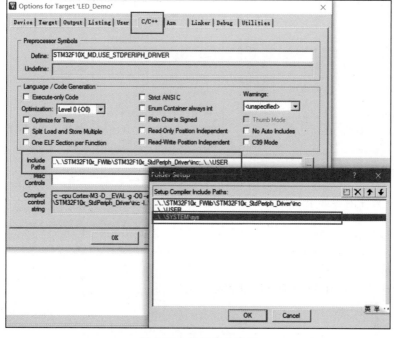

图 5-23　增加文件路径

（3）将 sys.c 文件添加到 SYSTEM 这个 Group 内,如图 5-24 所示。

（4）实现 delay.h 和 delay.c 文件。

由于跑马灯程序需要使用延时功能,继续在 D:\STM32F103\My_Elec_Scale\SYSTEM\文件夹下新建一个 delay 文件夹,在 delay 文件夹内新增 delay.h 和 delay.c 文件,用于实现系统的延时功能。同时,还要将 delay.h 文件的路径添加到系统路径里,并将 delay.c 添加到开发环境的 SYSTEM 组中。

delay.h 文件内容如下。

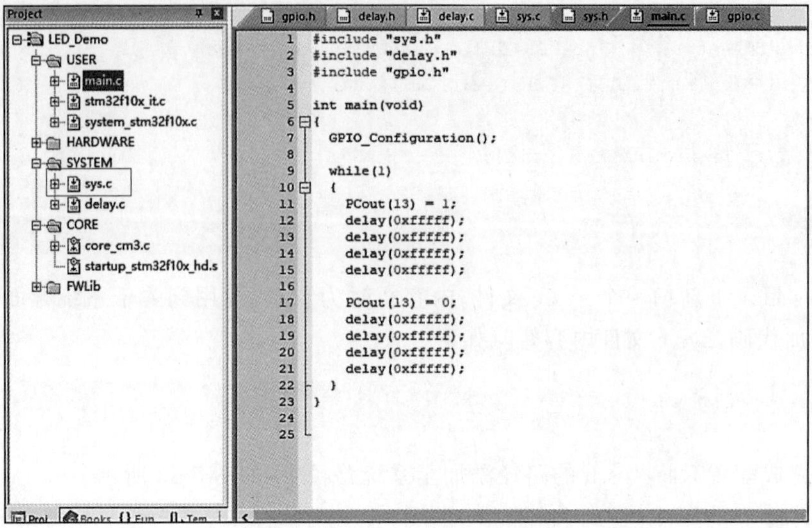

图 5-24　向 Group 内添加文件

```
#ifndef __DELAY_H
#define __DELAY_H
#include "sys.h"
void delay_init(void);              //新增延时初始化函数
void delay(u32 nCount);             //跑马灯程序中实现的较为粗糙的延时函数

#endif
```

delay.c 文件内容如下。

```
#include "delay.h"
//==========================================================
//函数名称：delay_init
//功能概要：系统时钟初始化，用于实现延时功能
//参数说明：无
//函数返回：void
//==========================================================
void delay_init(void)
{
    SysTick_CLKSourceConfig(SysTick_CLKSource_HCLK_Div8);//选择外部时钟
HCLK/8,系统时钟的 8 分频
    fac_us=SystemCoreClock/8000000;
    fac_ms=(u16)fac_us * 1000; //每个毫秒的时钟节拍数
}
//==========================================================
//函数名称：delay
```

```
//功能概要：延时
//参数说明：nCount：延时长短
//函数返回：无
//=============================================================
void delay(u32 nCount)
{
  for(; nCount !=0; nCount--);
}
```

（5）实现 gpio.h 和 gpio.c 文件。

至此，已经在 D:\STM32F103\My_Elec_Scale\SYSTEM\sys\实现了对 GPIO 位带的定义，在 D:\STM32F103My_Elec_Scale\SYSTEM\delay\ 目录下实现了系统延时功能。

下一步，需要实现对 GPIO 配置函数的定义，可将 GPIO 操作视为硬件驱动操作，因此需要在 D:\STM32F103\My_Elec_Scale\HARDWARE\目录下创建一个 GPIO 文件夹，在其中新增 gpio.h 以及 gpio.c 文件，实现 GPIO 配置函数 PC13_GPIO_Configuration(void)，仍然不要忘记将.h 文件的路径配置到系统中，将.c 文件添加到 HARDWARE 这个 Group 中。

文件 gpio.h 的内容如下。

```
#ifndef __GPIO_H
#define __GPIO_H
#include "sys.h"
//=============================================================
//函数名称：PC13_GPIO_Configuration
//功能概要：PC13 引脚的配置
//参数说明：无
//函数返回：无
//=============================================================
void PC13_GPIO_Configuration(void);

#endif
```

文件 gpio.c 的内容如下。

```
#include "gpio.h"
//=============================================================
//文件名称：PC13_GPIO_Configuration
//功能概要：PC13 的 GPIO 初始化，LED 灯接在 PC13 引脚上
//参数说明：无
//函数返回：无
//=============================================================
```

```
void PC13_GPIO_Configuration(void)
{
  GPIO_InitTypeDef GPIO_InitStructure;
  RCC_APB2PeriphClockCmd( RCC_APB2Periph_GPIOC , ENABLE);
//============================================================
//LED -> PC13
//============================================================
  GPIO_InitStructure.GPIO_Pin=GPIO_Pin_13;
  GPIO_InitStructure.GPIO_Speed=GPIO_Speed_50MHz;
  GPIO_InitStructure.GPIO_Mode=GPIO_Mode_Out_PP; //推挽输出
  GPIO_Init(GPIOC, &GPIO_InitStructure);
}
```

（6）在 main.c 文件中实现跑马灯程序。

有了 GPIO 位带操作和系统延时功能的支持，加上已经实现了 GPIO_Configuration()函数，可在 main()函数中完成对跑马灯程序的实现，具体代码如下。

```
#include "sys.h"
#include "delay.h"
#include "gpio.h"
int main(void)
{
    delay_init();                     //调用延时初始化函数(配置系统时钟)
    PC13_GPIO_Configuration();        //完成引脚 PC13 的 GPIO 配置
    while(1)
    {
        PCout(13)=1;
        delay(0xffff);
        delay(0xffff);
        delay(0xffff);
        delay(0xffff);
        PCout(13)=0;
        delay(0xffff);
        delay(0xffff);
        delay(0xffff);
        delay(0xffff);
    }
}
```

3. 编译并下载程序

（1）单击开发环境界面上的"编译"按钮即可完成代码的编译，如图 5-25 所示。
编译完成后，会在 D:\STM32F103\My_Elec_Scale\OBJ 目录下生成 HEX 文件，如

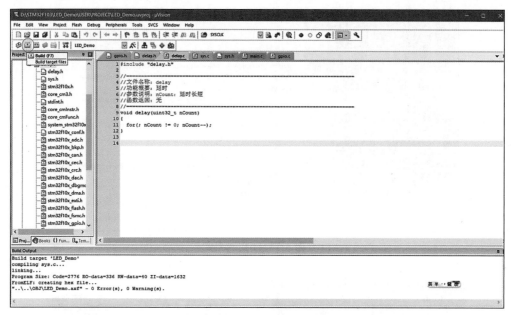

图 5-25　编译工程

图 5-26 所示。使用 uVision MDK 可以直接将该文件烧写到核心板的 STM32 芯片中。

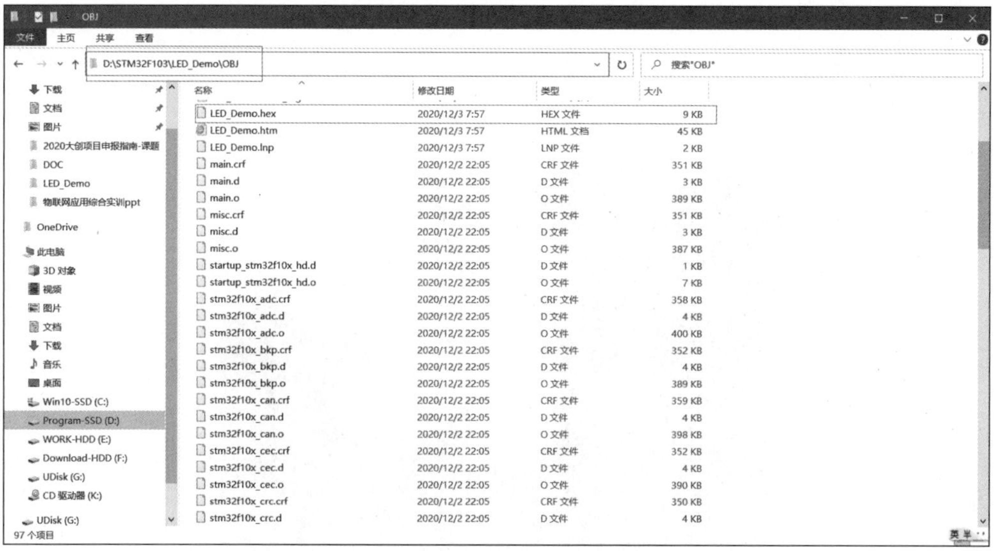

图 5-26　生成 HEX 文件

（2）使用 J-Link OB 下载代码。

J-Link OB 是由 SEGGER 开发的一套独立的调试下载器，通常被设计到各大公司的评估板上，这也是后缀为 OB 的原因，如图 5-27 所示。

J-Link OB 和单片机的连接方式为：VCC 接 3.3V 到单片机，GND 接单片机 GND，JTMS 接单片机 SWDIO 数据，JTCLK 接单片机 SWCLK 时钟，如图 5-28 所示。

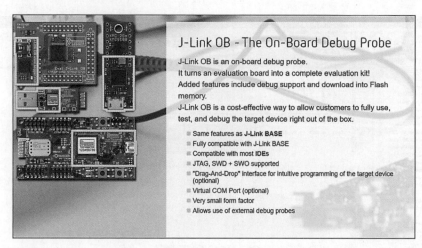

图 5-27　J-Link OB

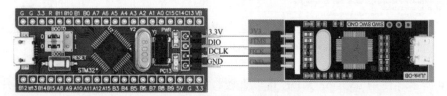

图 5-28　J-Link OB 连接方式

（3）下载代码。

将 J-Link OB 连接到计算机的 USB 口，如图 5-29 所示。

图 5-29　J-Link OB 连接至 USB

单击"魔法棒"，如图 5-30 所示。

紧接着，单击 Settings 按钮，在弹出的窗口中设置 Port 为 SW，设置 Max 为 5MHz，如图 5-31 所示。

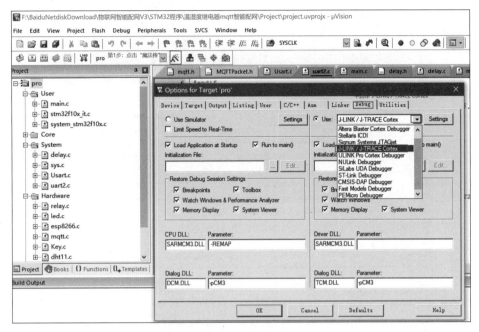

图 5-30　设置工程

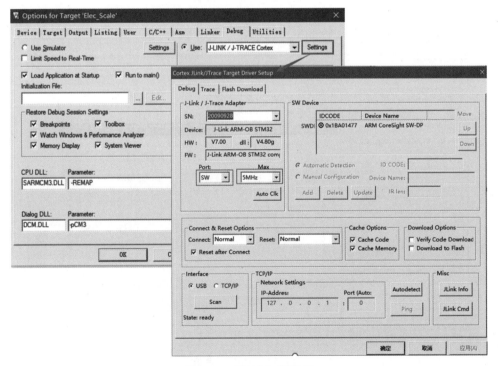

图 5-31　"调试方式"设置

单击 Utilities 选项卡,将 Use Target Driver for Flash Programming 设置为 J-LINK/J-TRACE Cortex,如图 5-32 所示。

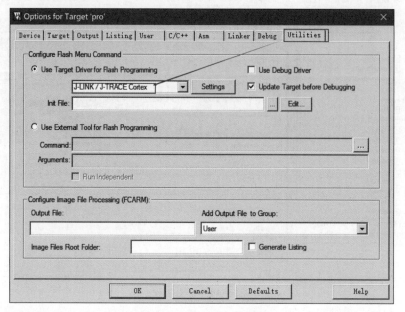

图 5-32 Utilities 设置

单击 Settings 按钮,按图 5-33 所示的内容进行设置。

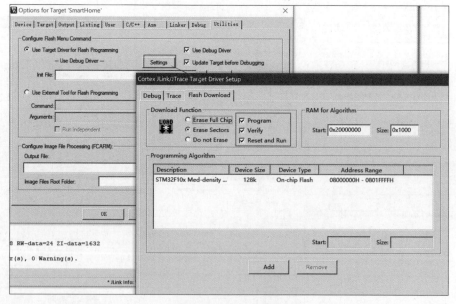

图 5-33 Utilities 详情

编译程序,然后单击 Download 按钮即可实现程序烧写,如图 5-34 所示。

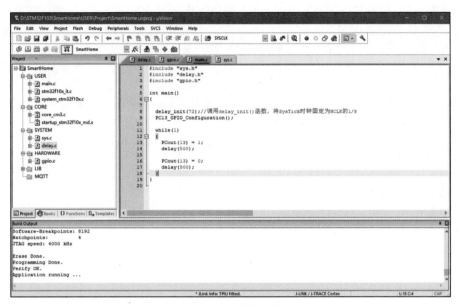

图 5-34　程序下载

5.6.3　改进延时功能

在跑马灯程序中,实现了一个极为简单的 delay()函数,用于实现延时。在电子秤项目中,有必要继续改进系统的延时函数,实现毫秒(ms)级的延时函数 delay_ms()和微秒级(μs)的延时函数 delay_us()。

(1) delay.h 文件的内容如下。

```
#ifndef __DELAY_H
#define __DELAY_H
#include "sys.h"
void delay_init(void);          //新增延时初始化函数
void delay_us(u32 nus);         //新增微秒延时函数
void delay_ms(u16 nms);         //新增毫秒延时函数
void delay(u32 nCount);         //跑马灯程序中实现的较为粗糙的延时函数
#endif
```

(2) delay.c 文件内容如下。

```
#include "delay.h"
static u8 fac_us=0; //us 延时倍乘数
static u16 fac_ms=0;  //ms 延时倍乘数
//==========================================================
//函数名称:delay_init
//功能概要:系统时钟初始化,用于实现延时功能
//参数说明:无
```

```
//函数返回: void
//===========================================================
void delay_init(void)
{
    SysTick_CLKSourceConfig(SysTick_CLKSource_HCLK_Div8);
                                  //选择外部时钟 HCLK/8,系统时钟的 8 分频
    fac_us=SystemCoreClock/8000000;
    fac_ms=(u16)fac_us * 1000;          //每个毫秒的时钟节拍数
}
//===========================================================
//函数名称: delay_us(u32 nus)
//功能概要: 延时,以微秒为单位计
//参数说明: nus, 为要延时的微秒数
//函数返回: void
//===========================================================
void delay_us(u32 nus)
{
    u32 temp;
    SysTick->LOAD=nus * fac_us;              //时间加载
    SysTick->VAL=0x00;                       //清空计数
    SysTick->CTRL |=SysTick_CTRL_ENABLE_Msk; //开始倒数
    do
    {
        temp=SysTick->CTRL;
    }
    while(temp&0x01&&!(temp&(1<<16)));        //等待时间到达
    SysTick->CTRL &=~ SysTick_CTRL_ENABLE_Msk; //关闭计数器
    SysTick->VAL=0x00;                       //清空计数器
}
//===========================================================
//函数名称: delay_ms(u16 nms)
//功能概要: 延时,以毫秒为单位
//参数说明: nms, 为要延时的毫秒数
//函数返回: void
//===========================================================
void delay_ms(u16 nms)
{
    u32 temp;
    SysTick->LOAD=(u32)nms * fac_ms;         //时间加载(SysTick->LOAD 为 24 位)
    SysTick->VAL=0x00;                       //清空计数器
    SysTick->CTRL |=SysTick_CTRL_ENABLE_Msk; //开始倒数
    do
    {
```

```
            temp=SysTick->CTRL;
    }
    while(temp&0x01&&!(temp&(1<<16)));          //等待时间到达
    SysTick->CTRL &=~ SysTick_CTRL_ENABLE_Msk;   //关闭计数器
    SysTick->VAL=0x000;                          //清空计数器
}
//========================================================
//函数名称：delay
//功能概要：延时
//参数说明：nCount：延时长短
//函数返回：无
//========================================================
void delay(u32 nCount)
{
   for(; nCount !=0; nCount--);
}
```

（3）测试。

在新增 3 个延时函数的基础上，可利用 PC13 进行跑马灯程序的测试，以检测 3 个新增的延时函数能否正常工作，其中一个测试用例的（main.c 文件）内容如下。

```
#include "sys.h"
#include "delay.h"
#include "gpio.h"
int main(void)
{
    delay_init();                  //调用延时初始化函数(配置系统时钟)
    PC13_GPIO_Configuration();     //完成引脚 PC13 的 GPIO 配置
    while(1)
    {
        PCout(13)=1;
        delay_ms(500);
        PCout(13)=0;
        delay_ms(500);
    }
}
```

5.6.4　扩展 GPIO 配置

在改进系统的延时功能后，在 GPIO 的配置功能中，仅对 PC13 引脚配置为推挽输出模式，而连接有按键、LED 灯、蜂鸣器以及 LCD 屏幕的引脚都还未完成配置，本小节完成对 GPIO 引脚的配置。配置各个引脚之前，有必要再次熟悉硬件原理图，要熟悉各个外设都连接在哪个引脚上，应该将相应的引脚配置为何种模式，这些问题都要做到心里有数。

分析原理图可得出如下结论。

(1) PB6,PB7 以及 PB8 分别连接按键 Key1,Key2 和 Key3,因此这 3 个引脚要配置为上拉输入模式。

(2) PA12 连接 LED 报警灯,PB4 连接蜂鸣器,这 2 个引脚要配置为推挽输出模式。

(3) PB13 连接 HX711 的 PDSCK,因此要配置为推挽输出模式,而 PB12 连接 HX711 的 DOUT 引脚,因此需配置为上拉输入模式。

(4) LCD 显示器使用了较多的 GPIO 引脚,对于这些引脚的配置,我们放到稍后 LCD 驱动程序的实现中,此处暂时不做处理。

(5) 对于没有用到的引脚,在硬件实现时不应该偷懒不予焊接,实际上为了牢固起见,对于没有使用的引脚也要正确焊接在对应的焊盘上。通过软件进行 GPIO 配置时,为了避免干扰,应该将没有用到的引脚配置为输出模式。

在 gpio.h 和 gpio.c 中新增如下几个函数。

```
KEY_GPIO_Configuration();
LED_BUZZER_GPIO_Configuration();
HX711_GPIO_Configuration()
OTHER_PIN_GPIO_Configuration();
```

同时,还需要在 gpio.h 头文件中定义一些见名知义的宏,使得后续编程更加容易,具体示例如下。

```
#define LED PAout(12);    //PA12 上的输出操作 PAout(12)定义为 LED。配置 LED=1 即执
                            行 PAout(12)=1 的输出操作
#define BEEP PBout(4);    //PB4 上的输出操作定义为 BEEP,BEEP=1 即为 PBout(4)=1
```

gpio.h 文件内容如下。

```
#ifndef __GPIO_H
#define __GPIO_H
#include "sys.h"
//操作 HX711 芯片的宏定义
#define ADSK PBout(13)
#define ADDO PBin(12)
#define PERSON_LNF PBin(14)
//操作按键的宏定义
#define KEY1 PBin(6)
#define KEY2 PBin(7)
#define KEY3 PBin(8)
//操作 LED 报警灯的宏定义
#define LED PAout(12)
//操作蜂鸣器的宏定义
#define BEEP PBout(4)
```

```
//=============================================================
//函数名称：PC13_GPIO_Configuration
//功能概要：PC13 引脚的配置
//参数说明：无
//函数返回：无
//=============================================================
void PC13_GPIO_Configuration(void);
//=============================================================
//函数名称：KEY_GPIO_Configuration
//功能概要：按键引脚的配置
//参数说明：无
//函数返回：无
//=============================================================
void KEY_GPIO_Configuration(void);
//=============================================================
//函数名称：LED_BUZZER__GPIO_Configuration
//功能概要：LED 报警灯和蜂鸣器引脚配置
//参数说明：无
//函数返回：无
//=============================================================
void LED_BUZZER_GPIO_Configuration(void);
//=============================================================
//函数名称：HX711_GPIO_Configuration
//功能概要：HX711 芯片的引脚配置
//参数说明：无
//函数返回：无
//=============================================================
void HX711_GPIO_Configuration(void);
//=============================================================
//函数名称：OTHER_PIN_GPIO_Configuration
//功能概要：未使用引脚的配置
//参数说明：无
//函数返回：无
//=============================================================
void OTHER_PIN_GPIO_Configuration(void);
#endif
```

gpio.c 文件的内容如下。

```
#include "gpio.h"
//=============================================================
//文件名称：PC13_GPIO_Configuration
//功能概要：PC13 的 GPIO 初始化，LED 灯接在 PC13 引脚上
//参数说明：无
```

```
//函数返回：无
//=============================================================
void PC13_GPIO_Configuration(void)
{
   GPIO_InitTypeDef GPIO_InitStructure;
   RCC_APB2PeriphClockCmd( RCC_APB2Periph_GPIOC , ENABLE);
//=============================================================
//LED ->PC13
//=============================================================
   GPIO_InitStructure.GPIO_Pin=GPIO_Pin_13;
   GPIO_InitStructure.GPIO_Speed=GPIO_Speed_50MHz;
   GPIO_InitStructure.GPIO_Mode=GPIO_Mode_Out_PP;                      //推挽输出
   GPIO_Init(GPIOC, &GPIO_InitStructure);
}
//=============================================================
//函数名称：KEY_GPIO_Configuration
//功能概要：按键引脚的配置
//参数说明：无
//函数返回：无
//=============================================================
void KEY_GPIO_Configuration(void)
{
    GPIO_InitTypeDef GPIO_InitStructure;
    RCC_APB2PeriphClockCmd(RCC_APB2Periph_GPIOB, ENABLE);              //使能时钟
    //-----------------------------------------------------
    //KEY1→PB6, KEY2→PB7, KEY3→PB8
    //-----------------------------------------------------
    GPIO_InitStructure.GPIO_Pin=GPIO_Pin_6 | GPIO_Pin_7 | GPIO_Pin_8;  //端口配置
    GPIO_InitStructure.GPIO_Speed=GPIO_Speed_50MHz;        //速度配置
    GPIO_InitStructure.GPIO_Mode=GPIO_Mode_IPU;            //上拉输入
    GPIO_Init(GPIOB, &GPIO_InitStructure);
}
//=============================================================
//函数名称：LED_BUZZER_ _GPIO_Configuration
//功能概要：LED 报警灯和蜂鸣器引脚配置
//参数说明：无
//函数返回：无
//=============================================================
void LED_BUZZER_GPIO_Configuration(void)
{
    GPIO_InitTypeDefGPIO_InitStructure;
    //使能 PB 端口时钟以及 AFIO 时钟
    RCC_APB2PeriphClockCmd(RCC_APB2Periph_GPIOA|RCC_APB2Periph_AFIO, ENABLE);
```

```
//--------------------------------------------------------------
//注意,STM32 的 PB3,PB4 是 JTAG 的 JTDO 和 NJTRST 引脚,在没有关闭 JTAG 功能之前
//这两个引脚是不能当作普通引脚使用的,要释放 PB3 和 PB4,首先要使能 AFIO 时钟
//然后再关闭 JTAG 功能
//--------------------------------------------------------------
    //关闭 JTAG 模式 使 PB3,PB4 变成普通 IO 口
GPIO_PinRemapConfig(GPIO_Remap_SWJ_JTAGDisable,ENABLE);
//--------------------------------------------------------------
//LED 灯→PA12
//--------------------------------------------------------------
GPIO_InitStructure.GPIO_Pin=GPIO_Pin_12;                    //端口配置
GPIO_InitStructure.GPIO_Mode=GPIO_Mode_Out_PP;             //推挽输出
GPIO_InitStructure.GPIO_Speed=GPIO_Speed_50MHz;           //IO 口速度为 50MHz
GPIO_Init(GPIOA, &GPIO_InitStructure);
GPIO_ResetBits(GPIOA,GPIO_Pin_12);                         //PA12 输出低
RCC_APB2PeriphClockCmd(RCC_APB2Periph_GPIOB, ENABLE);     //使能 PB 端口时钟
//--------------------------------------------------------------
//蜂鸣器→PB4
//--------------------------------------------------------------
GPIO_InitStructure.GPIO_Pin=GPIO_Pin_4;                    //端口配置
GPIO_InitStructure.GPIO_Mode=GPIO_Mode_Out_PP;             //推挽输出
GPIO_InitStructure.GPIO_Speed=GPIO_Speed_50MHz;           //I/O 口速度为 50MHz
GPIO_Init(GPIOB, &GPIO_InitStructure);
GPIO_ResetBits(GPIOB,GPIO_Pin_4);
}
//==============================================================
//函数名称: HX711_GPIO_Configuration
//功能概要: HX711 芯片的引脚配置
//参数说明: 无
//函数返回: 无
//==============================================================
void HX711_GPIO_Configuration(void)
{
  GPIO_InitTypeDef  GPIO_InitStructure;
  RCC_APB2PeriphClockCmd(RCC_APB2Periph_GPIOB, ENABLE);   //使能 PB 端口时钟
  GPIO_InitStructure.GPIO_Pin=GPIO_Pin_13;                 //端口配置
  GPIO_InitStructure.GPIO_Mode=GPIO_Mode_Out_PP;          //推挽输出
  GPIO_InitStructure.GPIO_Speed=GPIO_Speed_50MHz;         //IO 口速度为 50MHz
  GPIO_Init(GPIOB, &GPIO_InitStructure);
  GPIO_InitStructure.GPIO_Pin=GPIO_Pin_12;                 //端口配置
  GPIO_InitStructure.GPIO_Mode=GPIO_Mode_IPU;             //上拉输入
  GPIO_InitStructure.GPIO_Speed=GPIO_Speed_50MHz;         //IO 口速度为 50MHz
  GPIO_Init(GPIOB, &GPIO_InitStructure);
```

```
}
//==========================================================
//函数名称: OTHER_PIN_GPIO_Configuration
//功能概要:未使用引脚的配置
//参数说明:无
//函数返回:无
//==========================================================
void OTHER_PIN_GPIO_Configuration(void)
{
    //在该函数中一般将一些不用的引脚设置为输出模式,防止外部干扰
    //此处暂时略过这部分内容
}
```

配置好与按键、LED 灯、蜂鸣器以及 HX711 芯片相连接的 GPIO 口,仍旧需要一个小的程序来测试其功能是否正常,其中一个测试用例(main.c 文件)内容如下,该实例仅测试了 3 个按键以及 LED 灯、蜂鸣器的功能是否正常,对于 HX711 芯片是否正常工作,等到实现称重逻辑时再测试。

```
#include "sys.h"
#include "delay.h"
#include "gpio.h"
int main(void)
{
    delay_init();                    //调用延时初始化函数(配置系统时钟)
    PC13_GPIO_Configuration(); //完成引脚 PC13 的 GPIO 配置
    KEY_GPIO_Configuration();
    LED_BUZZER_GPIO_Configuration();
    while(1)
    {
        PCout(13)=1;
        delay_ms(500);
        PCout(13)=0;
        delay_ms(500);
        if(KEY1==0)
        {
            delay_ms(20);            //如果按键 1 按下持续 20ms,则 LED 灯亮
            if(KEY1==0)
            {
                LED=1;
            }
        }
        if(KEY2==0)
        {
```

```
        delay_ms(20);     //如果按键 2 按下持续 20ms,则蜂鸣器响起
        if(KEY2==0)
        {
            BEEP=1;
        }
    }
    if(KEY3==0)
    {
        delay_ms(20);     //如果按键 3 按下持续 20ms,则 LED 灯亮,同时蜂鸣器响起
        if(KEY3==0)
        {
            LED=1;
            BEEP=1;
        }
    }
}
```

测试用例执行步骤如下。

(1) 烧写程序。

(2) 按下 KEY1,看 LED 灯是否亮起,LED 灯亮起说明 KEY1 正常且 LED 灯正常。

(3) 复位核心板,按下 KEY2,听蜂鸣器是否响起,蜂鸣器响起说明 KEY2 正常且蜂鸣器正常。

(4) 复位核心板,按下 KEY3,看 LED 灯亮起,同时蜂鸣器响起,则 KEY3 正常。

5.6.5　实现显示功能

本小节学习如何实现 LCD1602 的驱动程序以实现系统的显示功能。首先,在 D:\STM32F103\My_Elec_Scale\HARDWARE\目录下创建一个 LCD1602 文件夹,其中新增 lcd1602.h 和 lcd1602.c 文件。不要忘记将 lcd1602.h 文件的路径配置到系统,同时将 lcd1602.c 文件添加到 HARDWARE 这个 Group 内。

同时要注意,在配置 GPIO 时,由于 LCD 显示器用到较多的引脚,通过一个 LCD_GPIO_Configuration()函数实现对连接到 LCD 上的 GPIO 引脚的配置,同时还有其他一些重要的驱动函数需要实现。

在 lcd1602.h 和 lcd1602.c 中新增函数。

```
void LCD_GPIO_Configuration(void);
void LCD_Clear(void);
void LCD_Check_Busy(void);
void LCD1602_Write_Com(unsigned char com);
void LCD1602_Write_Data(unsigned char data);
void LCD1602_Write_String(unsigned char x, unsigned char y, unsigned char * s);
```

```
void LCD_Write_Char(unsigned char x,unsigned char y,unsigned char Data);
void LCD1602_write_long(unsigned char x, unsigned char y, u32 data, unsigned
char num);
void LCD1602_write_word(unsigned char * s);
```

同时,还需要在 lcd1602.h 头文件中定义一些见名知义的宏,使得后续操作 LCD 屏幕时更方便,示例代码如下。

```
#define LCD1602_RS PBout(10)          //写数据命令
#define LCD1602_RW PBout(1)           //读写引脚
#define LCD1602_EN PBout(0)           //使能引脚
```

lcd1602.h 文件内容如下。

```
#ifndef __LCD1602_H
#define __LCD1602_H
#include "delay.h"
#include "sys.h"
//实现宏定义
#define LCD1602_RS PBout(10)          //数据命令引脚
#define LCD1602_RW PBout(1)           //读写引脚
#define LCD1602_EN PBout(0)           //使能引脚
void LCD_GPIO_Configuration(void);
void LCD_Clear(void);
void LCD_Check_Busy(void);
void LCD1602_Write_Com(unsigned char com);
void LCD1602_Write_Data(unsigned char data);
void LCD1602_Write_String(unsigned char x, unsigned char y, unsigned char * s);
void LCD_Write_Char(unsigned char x,unsigned char y,unsigned char Data);
void LCD1602_Write_Long(unsigned char x, unsigned char y, u32 data, unsigned
char num);
void LCD1602_Write_Word(unsigned char * s);
#endif
```

lcd1602.c 文件内容如下。

```
#include "lcd1602.h"
#include "delay.h"
#include "sys.h"
//==============================================================
//函数名称: Dao_xu(u8 data)
//功能概要: 倒序函数
//参数说明: u8 data,拟处理的数据
//函数返回: u8,返回处理后的数据
```

```
//函数工作过程分析
//-----------------------------------------
//假设 data=0101 0011,处理过程如下
//i=0 时,data>>0&0x01,提取第 0 位 1,且将第 0 位<<7 位,加到 temp 上,temp=1000 0000
//i=1 时,data>>1&0x01,提取第 1 位 1,且将第 1 位<<6 位,加到 temp 上,temp=1100 0000
//i=2 时,data>>2&0x01,提取第 2 位 0,且将第 2 位<<5 位,加到 temp 上,temp=1100 0000
//......
//i=7 时,得到的 temp 正好是 data 按位倒序以后的结果,即 1100 1010
//===============================================================
u8 Dao_xu(u8 data) //倒序函数
{
    u8 i=0, temp=0;;

      for(i=0; i<8; i++)
    {
      temp+=(((data >>i) & 0x01) <<(7-i));
    }
    return temp;
}
//===============================================================
//函数名称: LCD1602_Write_Com(unsigned char com)
//功能概要: 命令写入函数
//参数说明: unsigned char com, 拟写入 LCD 的命令
//函数返回: void
//===============================================================
void LCD1602_Write_Com(unsigned char com)
{
  LCD1602_RS=0;      //RS 寄存器选项 1: 选择数据寄存器; 0: 选择指令寄存器
delay_ms(1);
  LCD1602_RW=0; //R/W 读写信号    1: 读操作;   0:写操作
  delay_ms(1);
  LCD1602_EN=1; //使能端,由高变低时,液晶模块执行命令
delay_ms(1);
//在不影响 A8~A15 引脚的前提下,把数据装载到 A0~A7 引脚
//STM32 的引脚 A0~A7 分别连接 LCD1602 引脚的 D7~D0,因此拟写的数据要"倒序"
  GPIO_Write(GPIOA,(GPIO_ReadOutputData(GPIOA)&0XFF00)+Dao_xu(com));
delay_ms(1);
  LCD1602_EN=0;
}
//===============================================================
//函数名称: LCD1602_Write_Data(unsigned char data)
//功能概要: 数据写入函数
//参数说明: unsigned char data,拟写入 LCD 的数据
```

```
//函数返回：void
//================================================================
void LCD1602_Write_Data(unsigned char data)
{
LCD1602_RS=1;              //数据寄存器
delay_ms(1);
  LCD1602_RW=0;            //低电平写
  delay_ms(1);
  LCD1602_EN=1;
delay_ms(1);
//在不影响 A8~A15 引脚的前提下，把数据装载到 A0~A7 引脚
GPIO_Write(GPIOA,(GPIO_ReadOutputData(GPIOA)&0XFF00)+Dao_xu(data));
delay_ms(1);
LCD1602_EN=0;
}
//================================================================
//函数名称：LCD1602_Write_String(unsigned char x, unsigned char y, unsigned
char * s)
//功能概要：字符串写入函数
//参数说明：unsigned char x,行号
//         unsigned char y
//         unsigned char * s,拟写入 LCD 的字符串
//函数返回：void
//================================================================
void LCD1602_Write_String(unsigned char x, unsigned char y, unsigned char * s)
{
if(y==0)
    {
    LCD1602_Write_Com(0x80+x);        //第一行
    }
else
    {
    LCD1602_Write_Com(0xC0+x);        //第二行
    }
while(* s) //判断是否检测到结束符\0
{
    LCD1602_Write_Data(* s);          //显示字符
    s++;                              //指针加 1
}
}
//================================================================
//函数名称：LCD_Write_Char(unsigned char x,unsigned char y,unsigned char Data)
//功能概要：字符写入函数
```

```
//参数说明: unsigned char x,行号
//          unsigned char y
//          unsigned char Data,拟写入 LCD 的字符
//函数返回: void
//=============================================================
void LCD_Write_Char(unsigned char x,unsigned char y,unsigned char Data)
{
if(y==0)
{
    LCD1602_Write_Com(0x80+x);              //第一行
}
else
{
    LCD1602_Write_Com(0xC0+x);              //第二行
}
    LCD1602_Write_Data( Data);              //显示字符
}
//=============================================================
//函数名称: LCD1602_Write_Long(unsigned char x, unsigned char y, u32 data,
unsigned char num)
//功能概要:
//参数说明: unsigned char x,行号
//          unsigned char y
//          u32 data
//          unsigned char num,
//函数返回: void
//=============================================================
void LCD1602_Write_Long(unsigned char x, unsigned char y, u32 data, unsigned
char num)
{
    unsigned char temp[12],i=12,temp_num=num;
    while(i--)
    {
        temp[i]=' ';
    }
    temp[num]='\0';
    while(num--)
    {
      if(data || data%10)
        temp[num]=data % 10+0x30;
      data=data/10;
    }
    if(temp[temp_num-1]==' ')   temp[temp_num-1]='0';
```

```
    LCD1602_Write_String(x,y,temp);
}
//=============================================================
//函数名称: LCD1602_Write_Word(unsigned char * s)
//功能概要: 显示字符
//参数说明: unsigned char * s,拟显示的字符串
//函数返回: void
//=============================================================
void LCD1602_Write_Word(unsigned char * s)
{
    while( * s>0)
    {
        LCD1602_Write_Data( * s);           //逐个字符写入
        s++;
    }
}
//=============================================================
//函数名称: LCD_Clear()
//功能概要: 清屏
//参数说明: void
//函数返回: void
//=============================================================
void LCD_Clear()
{
LCD1602_Write_Com(0x01);
delay_ms(5);
}
//=============================================================
//函数名称: LCD_Check_Busy()
//功能概要:
//参数说明: void
//函数返回: void
//=============================================================
void LCD_Check_Busy()
{


}
//=============================================================
//函数名称: LCD_GPIO_Configuration()
//功能概要: LCD 引脚配置
//参数说明: void
//函数返回: void
//=============================================================
```

```
void LCD_GPIO_Configuration()
{
    GPIO_InitTypeDef GPIO_InitStructure;
    //开启 GPIOA GPIOB GPIOC 时钟
    RCC_APB2PeriphClockCmd(RCC_APB2Periph_GPIOA|RCC_APB2Periph_GPIOC|RCC_
APB2Periph_GPIOB, ENABLE);
    GPIO_InitStructure.GPIO_Pin=GPIO_Pin_0 |GPIO_Pin_1 | GPIO_Pin_2 | GPIO_Pin
_3 |
    GPIO_Pin_4 | GPIO_Pin_5 | GPIO_Pin_6 | GPIO_Pin_7;
    GPIO_InitStructure.GPIO_Mode=GPIO_Mode_Out_PP;       //推挽输出
    GPIO_InitStructure.GPIO_Speed=GPIO_Speed_50MHz;      //输出速度 50MHZ
    GPIO_Init(GPIOA, &GPIO_InitStructure);               //初始化 GPIOA
    GPIO_InitStructure.GPIO_Pin=GPIO_Pin_0 |GPIO_Pin_1|GPIO_Pin_10;
                                                         //LCD1602 RS-RW-EN?
    GPIO_InitStructure.GPIO_Mode=GPIO_Mode_Out_PP;       //推挽输出
    GPIO_InitStructure.GPIO_Speed=GPIO_Speed_50MHz;      //输出速度 50MHZ
    GPIO_Init(GPIOB, &GPIO_InitStructure);               //GPIOC
    LCD1602_EN=0;
    LCD1602_RW=0;                    //设置为写状态
    LCD1602_Write_Com(0x38);         //显示模式设定
    LCD1602_Write_Com(0x0c);         //开关显示、光标有无设置、光标闪烁设置
    LCD1602_Write_Com(0x06);         //写一个字符后指针加一
    LCD1602_Write_Com(0x01);         //清屏指令
}
```

LCD1602 驱动程序完成以后，通过一个小的测试用例来检验屏幕能否正确输出，其内容如下。

```
#include "sys.h"
#include "delay.h"
#include "gpio.h"
#include "lcd1602.h"
int main(void)
{
    delay_init();                    //调用延时初始化函数(配置系统时钟)
    PC13_GPIO_Configuration();       //完成引脚 PC13 的 GPIO 配置
    KEY_GPIO_Configuration();
    LED_BUZZER_GPIO_Configuration();
    delay_ms(500);
    LCD_GPIO_Configuration();
    delay_ms(300);
    LCD1602_Write_Com(0x80);
    LCD1602_Write_Word("Weight:  .   kg ");
```

```
    LCD1602_Write_Com(0x80+0x40);
    LCD1602_Write_word("We-Max:0.000kg   ");
    while(1)
    {
        PCout(13)=1;
        delay_ms(500);
        PCout(13)=0;
        delay_ms(500);
    }
}
```

如果屏幕上有如图 5-35 所示的输出,说明 LCD 驱动能够正常工作,屏幕显示功能正常。

图 5-35 LCD1602 驱动测试

5.6.6 获取称重信号

在 5.6.4 节,已经通过 HX711_GPIO_Configuration( )函数实现了与 HX711 相连接的两个引脚的配置,其中 PB13 与 HX711 的 PDSCK 引脚(断电和串口时钟输入)相连接,应该配置为推挽输出模式;PB12 与 HX711 的 DOUT(串口数据输出)引脚相连接,应该配置为上拉输入模式。

HX711 是一款专为高精度称重传感器而设计的 24 位 A/D 转换器芯片。与同类型其他芯片相比,该芯片集成了包括稳压电源、片内时钟振荡器等其他同类型芯片所需的外围电路,具有集成度高、响应速度快、抗干扰性强等优点,降低了电子秤的整机成本,提高了整机的性能和可靠性。该芯片与后端 MCU 芯片的接口和编程非常简单,所有控制信号由引脚驱动,无须对芯片内部的寄存器编程。输入选择开关可任意选取通道 A 或通道 B,与其内部的低噪声可编程放大器相连。通道 A 的可编程增益为 128 或 64,对应的满额度差分输入信号幅值分别为 ±20mV 或 ±40mV。通道 B 则为固定的 64 增益,用于系统参数检测。芯片内提供的稳压电源可以直接向外部传感器和芯片内的 A/D 转换器提供电源,系统板上无须另外的模拟电源。芯片内的时钟振荡器不需要任何外接部件,上电自动复位功能简化了开机的初始化过程。

电子秤项目采用高精度电阻应变式压力传感器,电阻应变式压力传感器能够"感应"由于压力带来的机械形变导致的电阻变化值,输出的是微弱的毫伏级电压信号。该电压信号经过电子秤专用模拟/数字(A/D)转换器芯片 HX711 对传感器信号进行调理转换。压力传感器和 HX711 芯片的连接电路如图 5-36 所示。

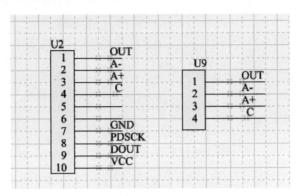

图 5-36　HX711 连接

实现硬件连接后,就需要编程读取称重信号。在 D:\STM32F103\ My_Elec_Scale \ HARDWARE\目录下创建一个 HX711 文件夹,在其中新增 hx711.h 和 hx711.c 文件,不要忘记将 hx711.h 文件的路径添加到系统中,将 hx711.c 文件的路径添加到 HARDWARE 这个 Group 中。

在 hx711.h 文件中,仅需声明一个函数(读取 A/D 转换的值即可)。

```
unsigned long ReadCount(void);
```

hx711.h 文件的内容如下。

```
#ifndef _HX711_H_
#define _HX711_H_
unsigned long ReadCount(void);
#endif
```

hx711.c 文件的内容如下。

```
#include "hx711.h"
#include "gpio.h"
#include "delay.h"
#include "sys.h"
//===========================================================
//函数名称:ReadCount(void)
//功能概要:读取 HX711 的数据
//参数说明:void
//函数返回:unsigned long
//===========================================================
```

```
unsigned long ReadCount(void)          //参考 HX711 芯片手册
{
  u32 Count=0;
  u8 i;
  ADSK=0;
  while(ADDO);                         //等待 A/D 转换结束
  for (i=0;i<24;i++)
  {
    ADSK=1;
    Count=Count<<1;                    //变量左移一位,右侧补零
delay_us(1);
    ADSK=0;
    if(ADDO)
Count++;
delay_us(1);
  }
  ADSK=1;
  Count=Count^0x800000;                //第 25 个脉冲下降沿来时,转换数据
delay_us(1);
  ADSK=0;
delay_us(1);
  return(Count);
}
```

与称重相关的函数,在实现时放在主函数中。获取的质量值是通过 HX711 芯片经过 A/D 转换后发送到 MCU 的,只要获取到了 HX711 进行 A/D 转换的值,即获取到了质量信息。

定义一个 get_weight()函数用于获取质量信息,函数定义如下。

```
volatile unsigned long cur_adc_value=0;    //HX711 的 AD 值
unsigned long weight;                      //质量信息
void get_weight()
{
    cur_adc_value=ReadCount();             //读取 HX711 的 AD 值
}
```

之所以将 cur_adc_value 声明为 volatile 变量,是因为该值是一个容易变化的值,编译器在处理该值时每次都要从内存读取,不能进行优化处理(比如,直接从寄存器读取)。

同时,利用 LCD 驱动程序在实现一个 display_weight()函数,用于在液晶显示器的第一行打印获得的质量信息。

```
void display_weight()
{
```

```
LCD1602_Write_Com(0x87);
LCD1602_Write_Data(weight/1000+0x30);
LCD1602_Write_Data('.');
LCD1602_Write_Data(weight%1000/100+0x30);
LCD1602_Write_Data(weight%100/10+0x30);
LCD1602_Write_Data(weight%10+0x30);
}
```

至此，main.c 文件已经实现了电子秤的基本功能，其内容如下。

```
#include "sys.h"
#include "delay.h"
#include "gpio.h"
#include "lcd1602.h"
#include "hx711.h"
//定义 HX711 的 AD 值
volatile unsigned long cur_adc_value=0;
//定义保存质量的变量
unsigned long weight;
//============================================================
//函数名称：display_weight()
//功能概要：在显示器的第一行显示称重信息
//参数说明：void
//函数返回：void
//============================================================
void display_weight()
{
  LCD1602_Write_Com(0x87);
    LCD1602_Write_Data(weight/1000+0x30);
    LCD1602_Write_Data('.');
    LCD1602_Write_Data(weight%1000/100+0x30);
    LCD1602_Write_Data(weight%100/10+0x30);
    LCD1602_Write_Data(weight%10+0x30);
}
//============================================================
//函数名称：get_weight()
//功能概要：获取质量值
//参数说明：void
//函数返回：void
//============================================================
void get_weight()                       //获得称重
{
    cur_adc_value=ReadCount();     //读取 HX711 的 AD 值
```

```
cur_adc_value=cur_adc_value-(cur_adc_value %100);
//使 cur_adc_value 较为稳定
weight=cur_adc_value * 0.0042;    //简单乘以一个系数,将 cur_adc_value 转换为质量
}
//============================================================
//函数名称: int main(void)
//功能概要:程序主函数
//参数说明: void
//函数返回: int
//============================================================
int main(void)
{
    delay_init();              //调用初始化函数,完成延时功能的相关初始化(配置系统时钟)
    PC13_GPIO_Configuration();          //引脚 PC13 的 GPIO 配置
    KEY_GPIO_Configuration();           //按键 GPIO 配置
    HX711_GPIO_Configuration();         //HX711 GPIO 配置
    LED_BUZZER_GPIO_Configuration();   //LED 灯和蜂鸣器 GPIO 配置
    delay_ms(500);                      //延时
    LCD_GPIO_Configuration();           //LCD1602 初始化
    delay_ms(300);
    LCD1602_Write_Com(0x80);            //显示位置
    LCD1602_Write_Word("Weight: .   kg ");
    LCD1602_Write_Com(0x80+0x40);       //显示位置
    LCD1602_Write_Word("We-Max:0.000kg  ");
    while(1)
    {
        PCout(13)=1;
        delay_ms(500);
        PCout(13)=0;
        delay_ms(500);
        get_weight();
        display_weight();
    }
}
```

连接秤盘,对物品进行称重测试,观察屏幕上显示的信息。

可以看到,程序将获取的质量值 weight 打印到 LCD1602 显示器的第一行,说明电子秤的秤盘以及 HX711 工作正常,如图 5-37 所示。

显然,目前电子秤虽然能够称重且正确显示,但需要调校质量数据,即对获取的质量进行一定的处理才可以使称重信息更加准确。

图 5-37　称重功能测试

5.6.7　质量调校

在 5.6.6 节，已经获取质量信号，但是其值并不准确。已知 HX711 芯片是将秤盘传感器上得到的微弱电压信号经过 A/D 转换后得到一个 24 位的值，并将该值输入到 MCU。实际上，这个数值并不是真正的质量信息，需要经过算法处理，将获得的这个值和具体的物体质量进行拟合，得到一个较为准确的函数表达式，才算是真正实现了"称重"。

对于该值的预处理，HX711 中文参考手册给出的 C 语言版本的参考驱动程序如下。

```
sbit ADDO=P1^5;
sbit ADSK=P0^0;
unsigned long ReadCount(void)
{
    unsigned long Count;
    unsigned char i;
    ADSK=0;
    Count=0;
    while(ADDO);
    for(i=0;i<24;i++)
    {
        ADSK=1;
        Count=Count<<1;
        ADSK=0;
        if(ADDO) Count++;
    }
    ADSK=1;
    Count=Count^0x800000;
    ADSK=0;
    return(Count);
}
```

首先,需要理顺从开机到物品称重过程的执行逻辑。每次开机,HX711 芯片都会采集到秤盘上的信号然后进行 A/D 转换,应该将一开机就得到的值当作称重的零点。程序采用变量 FullScale 保存刚开机时获得的数值,计为秤盘零点。每次开机,都要从 HX711 读取数据,以获取秤盘零点。开机以后的每次称重都以该点作为参考点,称重时要从获得的实时值减去零点参考值 FullScale 才是真正的净重。

设计一个函数 To_Zero(),每次开机时在主函数中都首先调用该函数获得 FullScale 值。

```c
//声明一个称重用变量 FullScale
unsigned long FullScale;
//实现 To_Zero()函数
void To_Zero()
{
    FullScale=ReadCount();    //重新读取 HX711 的值,找回零点
}
```

进一步地,改造 get_weight()函数,使其更加准确。

```c
//修正系数,通过称重标准砝码,然后对获得的 HX711 值进行拟合
#define RATIO 0.00420
void get_weight(void)                    //获取称重
{
    volatile unsigned long cur_adc_value=0;
    cur_adc_value=ReadCount();           //读取 HX711 的 A/D 值
    if(cur_adc_value <=FullScale)        //考虑到不稳定性,如果获取的值小于开机时
                                         //  的 0 参考点
    {
        weight=0;
    }
    else
    {
    cur_adc_value=cur_adc_value-FullScale;    //获取净重
      //最终目的是将 cur_adc_value 的最后两位取整数
    if(cur_adc_value>55)                  //55 只是一个参考值,因为 HX711 足够灵敏
    {
        if(cur_adc_value %100 >=55)   //余数>55 才执行,即 cur_adc_value>155
                                      //          才行
        {
            //以 55 为基准进行取舍,如值为 257,则取 300;如值为 240,则取 200
            cur_adc_value=cur_adc_value+(100-(cur_adc_value %100));
        }
        else
        {
```

```
                //以 55 为基准进行取舍,如值为 89 则取 100;如值为 40,则取 0
                cur_adc_value=cur_adc_value-(cur_adc_value %100);
            }
        }
        else
        {
            cur_adc_value=0;
        }
        //乘以 RATIO 系数,得到正确的准量值,该系数通过拟合得到
        //如数值为 238 时,质量为 100g,则系数 RATIO=100/238=0.420
        //取 RATIO 为 0.00420 是为了将质量缩小 100 倍
        weight=cur_adc_value * RATIO;
    }
    weight=weight_value_filter(weight); //定义了质量值滤波函数,使得质量值更
稳定
}
```

下面给出质量值滤波函数 unsigned short weight_value_filter(unsigned short wvalue)。

```
unsigned short weight_value_filter(unsigned short wvalue)    //质量值滤波函数
{
/* Local Variables */
    unsigned char i,j;
    static unsigned short lastest_5times_value[5]={0};
    static unsigned char filter_count=0;
    static unsigned short calibration_voltage=0;
    unsigned char max_equal_index=0;
    unsigned char value_equal_count[5]={0};
    /* Code Body */
    if(filter_count<5){
        filter_count++;
        lastest_5times_value[filter_count -1]=wvalue;
        return lastest_5times_value[filter_count -1];
    }
    else{
        i=0;
        while(i<4){
            lastest_5times_value[i]=lastest_5times_value[i+1];
            i++;
        }
        lastest_5times_value[4]=wvalue;
    }
    /* Find Most Times Digit */
```

```
    for(i=0; i<5; i++){
        for(j=0; j<5; j++){
            if(lastest_5times_value[i]==lastest_5times_value[j]){
                value_equal_count[i]++;
            }
        }
    }
    for(i=0; i<4; i++){
        if(value_equal_count[max_equal_index]<value_equal_count[i+1]){
            max_equal_index=i+1;
        }
    }
/* If "calibration_voltage" exist in the "lastest_5times_value";Return the "
calibration_voltage" */
    for(i=0; i<5; i++){
        if(calibration_voltage==lastest_5times_value[i]){
            return calibration_voltage;
        }
    }
    calibration_voltage=lastest_5times_value[max_equal_index];
    return calibration_voltage;
}
```

分析该函数,弄清楚该函数到底是如何对质量值进行滤波的。经过这样的处理后,才能够获取较为稳定的质量值,实现一个满足需求的电子秤。

完整的 main.c 文件内容如下。

```
#include "sys.h"
#include "delay.h"
#include "gpio.h"
#include "lcd1602.h"
#include "hx711.h"
//质量修正系数,通过称重标准砝码,然后读 HX711 返回的 A/D 值进行拟合后得到
//拟合算法决定了电子秤的精度
#define RATIO 0.00420
//定义 HX711 的 A/D 值
volatile unsigned long cur_adc_value=0;
unsigned long FullScale;   //定义电子秤的参考零点
//定义保存质量的变量
unsigned long weight;
//==========================================================
//函数名称: display_weight()
//功能概要:在显示器的第一行显示称重信息
```

```
//参数说明: void
//函数返回: void
//=========================================================
void display_weight()
{
  LCD1602_Write_Com(0x87);
    LCD1602_Write_Data(weight/1000+0x30);
    LCD1602_Write_Data('.');
    LCD1602_Write_Data(weight%1000/100+0x30);
    LCD1602_Write_Data(weight%100/10+0x30);
    LCD1602_Write_Data(weight%10+0x30);
}
//=========================================================
//函数名称: To_Zero()
//功能概要: 找回称重的参考零点
//参数说明: void
//函数返回: void
//=========================================================
void To_Zero()
{
    FullScale=ReadCount();        //读取 HX711 的 A/D 值
}
//=========================================================
//函数名称: weight_value_filter(unsigned short wvalue)
//功能概要: 质量值滤波
//参数说明: unsigned short,滤波后得到的稳定的质量值
//函数返回: unsigned short wvalue, 需要进行滤波操作的质量值
//=========================================================
unsigned short weight_value_filter(unsigned short wvalue)   //质量值滤波
{
    /* ------------------------------------------------------ */
    /* Local Variables */
    /* ------------------------------------------------------ */
    unsigned char i,j;
    static unsigned short   lastest_5times_value[5]={0};
    static unsigned char    filter_count=0;
    static unsigned short   calibration_voltage=0;
    unsigned char max_equal_index=0;
    unsigned char value_equal_count[5]={0};
    /* ------------------------------------------------------ */
    /* Code Body */
    /* ------------------------------------------------------ */
    if(filter_count<5)
```

```
{
    filter_count++;
    lastest_5times_value[filter_count -1]=wvalue;
    return lastest_5times_value[filter_count -1];
}
else
{
    i=0;
    while(i<4)
    {
        lastest_5times_value[i]=lastest_5times_value[i+1];
        i++;
    }

    lastest_5times_value[4]=wvalue;
}
/ * Find Most Times Digit * /
for(i=0; i<5; i++)
{
    for(j=0; j<5; j++)
    {
        if(lastest_5times_value[i]==lastest_5times_value[j])
        {
            value_equal_count[i]++;
        }
    }
}
for(i=0; i<4; i++)
{
    if(value_equal_count[max_equal_index]<value_equal_count[i+1])
    {
        max_equal_index=i+1;
    }
}
/ * If "calibration_voltage" exist in the "lastest_5times_value";Return the
"calibration_voltage" * /
for(i=0; i<5; i++)
{
    if(calibration_voltage==lastest_5times_value[i])
    {
        return calibration_voltage;
    }
}
```

```
        calibration_voltage=lastest_5times_value[max_equal_index];


        return calibration_voltage;

}
//=============================================================
//函数名称：get_weight()
//功能概要：获取质量值
//参数说明：void
//函数返回：void
//=============================================================
void  get_weight()                    //获得称重
{
        volatile unsigned long cur_adc_value=0;
        cur_adc_value=ReadCount();    //读取 HX711 的 A/D 值
        if(cur_adc_value<=FullScale)
        {
            weight=0;
        }
        else
        {
            //获取净重
            cur_adc_value=cur_adc_value-FullScale;
          //最终目的是把 cur_adc_value 最后两位取整
        if(cur_adc_value>55)            //55 只是一个微动值的判定,因为 HX711 足够灵敏
            {
                if(cur_adc_value %100 >=55)     //余数>55,即数值>155 才执行
{
  //cur_adc_value 以 55 为基准进行取舍,cur_adc_value=257,取整为 300
  //如 cur_adc_value=240,则取整 200
                cur_adc_value=cur_adc_value+(100-(cur_adc_value %100));
                }
                else
                {
                  //cur_adc_value 以 55 为基准进行取舍,如 cur_adc_value=89,取 100
                  //如 cur_adc_value=40,则取 0
                  cur_adc_value=cur_adc_value-(cur_adc_value %100);
                }
            }
            else
            {
                cur_adc_value=0;
            }
            weight=cur_adc_value * RATIO;     //乘以 RATIO 系数,得到正确的质量值
```

```
    }
        weight=weight_value_filter(weight);      //质量值滤波,让质量值更稳定
}
//=========================================================
//函数名称: int main(void)
//功能概要: 程序主函数
//参数说明: void
//函数返回: int
//=========================================================
int main(void)
{
    delay_init();        //调用初始化函数,完成延时功能的相关初始化(配置系统时钟)
    PC13_GPIO_Configuration();                //引脚 PC13 的 GPIO 配置
    KEY_GPIO_Configuration();                 //按键 GPIO 配置
    HX711_GPIO_Configuration();               //HX711 GPIO 配置
    LED_BUZZER_GPIO_Configuration();          //LED 灯和蜂鸣器 GPIO 配置
    delay_ms(500);                            //延时
    LCD_GPIO_Configuration();                 //LCD1602 初始化
    delay_ms(300);
    LCD1602_Write_Com(0x80);                  //显示位置
    LCD1602_Write_Word("Weight: .   kg ");
    LCD1602_Write_Com(0x80+0x40);             //显示位置
    LCD1602_Write_Word("We-Max:0.000kg  ");
    while(1)
    {
        PCout(13)=1;
        delay_ms(500);
        PCout(13)=0;
        delay_ms(500);
        get_weight();
        display_weight();
    }
}
```

连接秤盘,找到已知质量的物品进行称重测试,观察屏幕上显示的质量是否准确。如果质量基本准确,说明算法的实现是基本满足需求的,如图 5-38 所示。

至此,一个电子秤已经基本实现。另外几个亟待实现的功能是:①实现实时称重;②设置电子秤的最大量程;③称重时如果超重,则电子秤发出声光报警信号;④通过加/减按钮调整电子秤的最大量程。

5.6.8 实时称重、超重报警与量程设置

在使用电子秤时,用户都是随机地在秤盘上放置东西进行称重,因此 get_weight()这

图 5-38　质量调校测试

个函数的调用要放置在 while(1) 循环的内部。简单的做法是,每隔一定的时间间隔(ms 级别的时间间隔),电子秤就执行 get_weight() 获取质量,而不考虑是不是有人在秤盘上放置了东西。毫秒级别的响应,对于电子秤的使用者来说,完全就是"实时的"。

因此,继续改造 main.c 文件,主要完成如下业务逻辑的实现。

(1) 定义一个用于计数的变量,当该变量计数达到一定的数值时,电子秤就获取一次质量,完成称重。

(2) 在实时称重的过程中,如果获得的质量超过了预设的最大量程(显然需要一个变量 Max_Weight 表示最大量程),显示屏应该显示"超重"预警信息。

(3) 如果在称重的过程中用户按下去皮键(持续一段时间才算真正按下),程序应该重新设置电子秤的参考零点,即调用 To_Zero() 函数。

(4) 如果在实时称重过程中,用户按下加/减按钮,程序应该能够实时改变最大量程。

在 main.c 函数中做如下修改。

(1) 新增最大量程和称重时将要用到的前一次质量。

```
//定义 HX711 的 A/D 值
volatile unsigned long cur_adc_value=0;
unsigned long FullScale;            //定义电子秤的参考零点
//定义保存质量的变量
unsigned long weight;
unsigned long pre_weight;           //称重时用到的"上一次质量"
unsigned long Max_Weight=800;       //电子秤量程,默认值为 500g
```

(2) 新增一个在显示屏第二行显示最大量程的函数 display_weight_max()。

```
//========================================================
//函数名称: display_weight_max()
//功能概要: 在显示器的第二行显示电子秤的最大量程
```

```
//参数说明: void
//函数返回: void
//===========================================================
void display_weight_max()
{
    LCD1602_Write_Com(0x87+0x40);
    LCD1602_Write_Data(Max_Weight/1000+0x30);
    LCD1602_Write_Data('.');
    LCD1602_Write_Data(Max_Weight%1000/100+0x30);
    LCD1602_Write_Data(Max_Weight%100/10+0x30);
    LCD1602_Write_Data(Max_Weight%10+0x30);
}
```

（3）进一步改进 main()函数，在其中实现实时称重、去皮、量程设置等功能，改动后的 main()函数代码如下。

```
//===========================================================
//函数名称: int main(void)
//功能概要: 程序主函数
//参数说明: void
//函数返回: int
//===========================================================
int main(void)
{
    u8 interval=0;          //定义实时称重的间隔,一个计数器
    delay_init();           //调用初始化函数,完成延时功能的相关初始化(配置系统时钟)
//   PC13_GPIO_Configuration();         //引脚 PC13 的 GPIO 配置
    KEY_GPIO_Configuration();           //按键 GPIO 配置
    HX711_GPIO_Configuration();         //HX711 GPIO 配置
    LED_BUZZER_GPIO_Configuration();    //LED 灯和蜂鸣器 GPIO 配置
    delay_ms(500);                      //延时
    LCD_GPIO_Configuration();           //LCD1602 初始化
    delay_ms(300);
    To_Zero();                          //每次开机,获得称重的零参考点
    LCD1602_Write_Com(0x80);            //显示位置
    LCD1602_Write_Word("Weight: .   kg   ");
    LCD1602_Write_Com(0x80+0x40);       //显示位置
    LCD1602_Write_Word("We-Max:0.000kg   ");
    display_weight_max();               //显示最大量程
//===========================================================
    while(1)
    {
        if(KEY1==0)                     //为 KEY1 输入低电平
```

```
    {
        delay_ms(20);
        if(KEY1==0)            //20ms 后 KEY1 还是低电平,说明用户按下了 KEY1
        {
            To_Zero();          //重新设置称重的零参考点
        }
    }
    if(KEY2==0)                //为 KEY2 输入低电平,量程变大
    {
        delay_ms(20);
        if(KEY2==0)            //20ms 后 KEY1 还是低电平,说明用户按下了 KEY1
        {
            while(!KEY2);     //用户如果按住 KEY2 不放开,KEY2 一直是 0,该循环不
                                  会停止
            if(Max_Weight<9999) Max_Weight+=10;     //质量上限为 9999g
            display_weight_max();
        }
    }
    if(KEY3==0)                //为 KEY3 输入低电平,量程变大
    {
        delay_ms(20);
        if(KEY3==0)            //20ms 后 KEY3 还是低电平,说明用户按下了 KEY1
        {
            while(!KEY3);     //用户如果按住 KEY2 不放开,KEY2 一直是 0,该循环不
                                  会停止
            if(Max_Weight >=10) Max_Weight -=10;   //质量上限为 9999g
            display_weight_max();
        }
    }
    //------------------------------------------------------
    //实时称重的代码在这里实现
    //------------------------------------------------------
    if(interval++>=25 )    //大约延时 25ms
    {
        interval=0;
        get_weight();          //称重,获得质量
        //如果超量程,则显示"-.---"
        if(weight >=10000)
        {
            pre_weight=10000;
            LCD1602_Write_Com(0x87);
            LCD1602_Write_Word("_.---");
        }
```

```
            //如果不超量程
            else
            {
                if(pre_weight != weight)          //质量有变化,才显示质量
                {
                    pre_weight=weight;
                    display_weight();
                }
                if(weight >= Max_Weight)
                {
                    LED=1;
                    BEEP=1;
                }
                else
                {
                    LED=0;
                    BEEP=0;
                }
            }
        }
        delay_ms(5);
    }
}
```

连接秤盘,分别完成对实时称重、量程设置、超重等功能的测试。

5.6.9 还需要进一步深入的工作

(1) 进一步研究 HX711 芯片,优化数据拟合算法,得到更加合适的比例系数 RATIO,或者得到更加合适的 weight 和 cur_val_value 之间的函数关系式。如果想要得到非常准确的称量信息,调校质量时应该使用标准的砝码。

(2) 进一步熟悉 LCD1602 显示器件,熟练掌握其控制方法。

(3) 进一步学习 STM32 微控制器的编程知识,争取熟练使用 STM32 库函数,力争向着更加专业的方向前进。

(4) 多做项目,积累工程实践经验,及时总结,发现较为一般的规律,为后续提高工作效率奠定基础。

(5) 进一步锻炼文档撰写能力,能够熟练地处理工程项目中用到的各种文档,能够书写规范的科技论文。

第6章

综合案例——物联网智能家居模型设计与实现

◇ 6.1 项目概述

智能家居是物联网技术的重要应用方向之一,通过利用计算机技术、网络通信技术、电工技术等,依照人工工学设计,融合用户个性化需求,将人们在日常生活中使用的家居用品智能化、网络化,实现对居家环境的实时监测和对家用设备的远程控制,以期带来更加舒适的生活体验,提高生活质量。例如,用户可远程监测家庭温、湿度环境,远程控制空调、冰箱、洗衣机等家电设备。本项目涉及的物联网智能家居模型包括 3 个子业务模块。

1. 环境监测系统

物联网智能家居系统首先可实现对居家环境的实时监测,包括查看家庭现场视频、采集居家环境信息,如温度、湿度、光照强度,室内空气质量、燃气是否泄漏等。这些实时信息构成用户决策的依据,如用户根据室内温度信息决定是否远程开启空调,根据光照强度决定远程开、关窗帘,根据视频监控信息获得居家老人的活动情况等等。远程监测是物联网智能家居系统的重要功能之一,本项目通过设计与开发感知层的嵌入式系统模拟室内的智能家居,实现获取室内温、湿度信息的功能,并开发手机 App 实现信息的实时监测和系统远程控制。

2. 智能照明控制系统

物联网技术的发展使得对家用设备的远程控制具备可行性。通过综合利用嵌入式系统开发技术、网络通信技术和移动应用开发技术,家用设备可连接到互联网,用户通过移动端的应用程序即可实现对家用设备的远程控制。例如,用户在回家前半小时开启空调,上班忘记关灯后实现对照明系统的远程开关,家人忘记携带钥匙时的远程开锁,根据温、湿度信息实现对盆景植物的远程灌溉等。

普通意义上的照明控制指的是人工控制开关,用户必须依赖人工手段,前往特定的物理位置实现对照明系统的开关操作。本项目通过 LED 灯模拟室内照明灯具,通过构建具备网络功能的智能照明系统,设计和开发移动端应用

App,实现对照明系统的远程控制。

3. 移动端应用程序

对居家环境信息和智能设备状态的实时监测,以及远程控制功能的实现都离不开用户随身携带的具备互联网访问能力的移动设备,如智能手机、笔记本电脑、平板电脑等。其中,智能手机是现代人们生活中不可或缺的设备,几乎已经成为与人类形影不离的伙伴。设计和开发手机端应用程序实现对居家环境信息的远程监测和对智能照明系统的远程控制是本项目的第 3 个重要内容。

6.2　设　计　目　的

本项目旨在培养读者综合应用物联网工程专业的基本知识和基本理论分析解决实际问题、设计开发物联网应用系统、研究相关课题、使用现代工具、实施项目管理、进行团队协作以及持续学习的能力。在新工科教育背景下,本项目的实施能够为达到如下教学目标打下一定的基础。

(1) 提高政治觉悟,自觉拥护党的领导,忠于国家,忠于人民,立志发奋读书,努力掌握专业知识,练就过硬的业务素质,成长为对祖国建设有用的高科技人才。

(2) 熟悉构建物联网应用系统的常用元器件和传感器,掌握常见电路设计方法,能够使用相关工具完成硬件方案设计。

(3) 熟悉嵌入式软件开发方法,熟练使用一种嵌入式开发工具。

(4) 掌握 Android 应用开发基础,能够使用 Android Studio 设计和开发应用程序。

(5) 具备一定的文档撰写能力,能够独立完成项目中相关文档资料的编写和管理。

(6) 具备一定的自学能力,能够独立收集相关资料,自学相关知识并完成任务。

(7) 具备一定的团队协作能力,能够和团队成员积极沟通,协作完成项目实施工作。

(8) 掌握现代项目管理工具,理解现代嵌入式项目的实施流程。

(9) 掌握一定的工程实施规范,具备一定的人文素养,具有高度的社会责任感。

6.3　预　备　知　识

模拟电路和数字电路基础、C 程序设计基础、嵌入式系统与设计基础、传感器原理与应用基础、网络协议基础、移动应用开发基础。

6.4　系　统　需　求

6.4.1　系统功能性需求

(1) 设计一个嵌入式系统用以模拟家用智能设备。

(2) 设计一款 Android App,实现对智能设备的实时监测和远程控制。

（3）智能设备能够采集室内温度和湿度信息并通过网络将信息发送至用户手机 App。

（4）手机 App 能够实时获取智能设备发布的温度和湿度信息并以较为美观的方式呈现给用户。

（5）用户通过手机 App 发布开灯、关灯指令。手机 App 界面要模拟室内开灯、关灯的具体场景。

（6）智能设备能够实时收到 App 发布的开灯、关灯指令并执行开灯、关灯任务。

6.4.2　系统性能需求

（1）App 显示温度和湿度信息需有一定的实时性，要以小于 30s 的间隔刷新数据。

（2）智能设备需实时发布温度和湿度信息，发布间隔需小于 30s。

（3）用户发布灯光控制指令后，智能设备执行相关操作的延迟不得大于 5s。

（4）手机 App 不得过度占用系统资源，能够及时响应用户操作。

6.4.3　其他需求

（1）易用性：操作界面简单易用，界面布局对用户友好。

（2）可靠性：系统能够持续工作，避免出现闪退、界面卡顿、操作失灵等问题。

（3）低功耗：模拟智能设备的嵌入式系统需保持较低功耗。

（4）环境适应性：模拟智能设备的嵌入式系统需能够在常规的监测环境完成温、湿度监测任务。

（5）安全性：设备运行能够保证程序和数据安全，杜绝漏电、短路、数据丢失等故障的出现。

（6）可扩展性：系统设计需保留扩展空间，便于后期添加其他传感器。

（7）经济性：系统开发成本较低，开发周期较短。

◈ 6.5　硬件设计与实现

6.5.1　电路设计

智能家居模型的硬件系统主要包括电源电路，温湿度传感器控制电路，照明系统继电器控制电路，WiFi 网卡控制电路，智能配网按键电路，串口控制电路，硬件系统设计框图如图 6-1 所示。

根据系统需求，完成硬件电路设计，图 6-2 给出智能家居模型硬件原理图的一种设计方案。

6.5.2　硬件选型

设计好各个模块电路以及系统的整体设计原理图，就可以制作 PCB、并按照设计要求购置元器件。根据图 6-2 所示的设计图，表 6-1 列出一份物料清单（Bill of Materials，BOM），清单中所列元器件均为常见的元器件，很容易通过网购渠道获得。

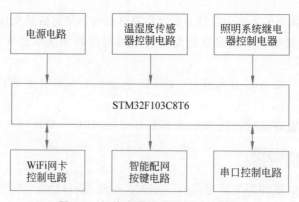

图 6-1 智能家居模型硬件设计框图

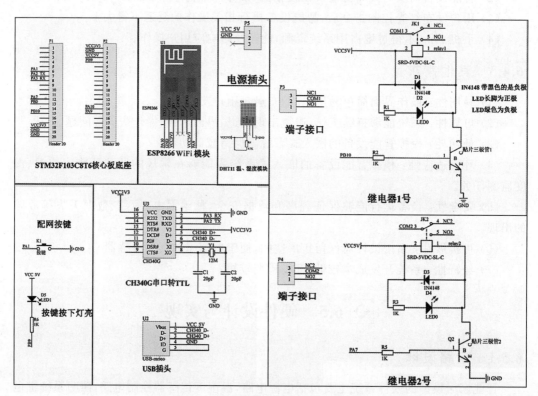

图 6-2 智能家居模型硬件设计原理图

表 6-1 电子秤物料清单

物料名称	规格型号	原理图标号	数量	参考图片
微控制器	STM32F103C8T6 核心板	P1、P2	1	

续表

物 料 名 称	规 格 型 号	原理图标号	数量	参 考 图 片
按键	立式按键,6×6×4.3	K1	1	
LED 灯(模拟照明)	5mm,白发红	D2、D4、D5	3	
二极管	IN4148	D1、D3	2	
三极管	S8050	Q1、Q2	2	
电阻器	1K	R1、R2、R3、R5、R6	5	
电阻器	4.7K	R4	1	
电容器	20pF	C1、C2	2	
继电器	SRD-5VDC-SL-C	JK1、JK2	2	
继电器接线端子	3 路	P3、P4	2	
温、湿度传感器	DHT11	U4	1	
WiFi 无线网卡	ESP8266	U1	1	

续表

物 料 名 称	规 格 型 号	原理图标号	数量	参 考 图 片
串口转 TTL 芯片	CH340G	U3	1	
USB 插头	USB-mrico	U2	1	
晶振	12M	Y1	1	
电源底座	DC005 插头,3.5×1.5	P5	1	

如果要进行 PCB 设计,物料清单中的 LED 灯、二极管、三极管、电阻器、电容器等器件可选择贴片元件,以提高电路的集成度。当然,贴片元件的焊接难度会增加不少。

6.5.3 制作硬件实物

按照电路原理图,设计 PCB 或者采用万用板实现硬件设计方案。有条件的读者应该熟练掌握 Altium Designer 软件并自行设计 PCB,待 PCB 印制成功后,尽量采用贴片元件实现电路。不具备条件的读者可以购买穿通式元器件,采用万用板实现电路。

◆ 6.6 嵌入式软件设计与实现

6.6.1 创建项目模板

在 μVision MDK5 嵌入式开发环境下创建名为 SmartHome 的工程,详细步骤见第五章 5.6.1 节,此处不再赘述。

6.6.2 点亮板载 LED

1. 了解原理图

在使用 STM32 库函数进行嵌入式开发之前,软件设计人员必须要看懂硬件原理图,要知道自己拟控制的外设都挂在芯片的哪几个引脚。SmartHome 项目中准备的核心板,有一个 LED 灯可用于测试最简单的跑马灯程序,该 LED 灯与 STM32F103C8T6 的 PC13 引脚相连接,如图 6-3 所示。

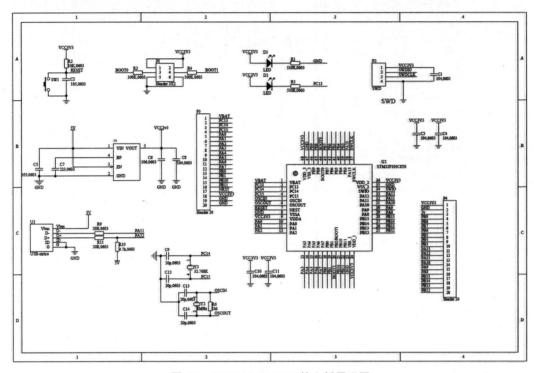

图 6-3　STM32F103C8T6 核心板原理图

2. 设计跑马灯程序

跑马灯程序的实质就是往 PC13 引脚上输出高电平,只不过这种操作需要通过 STM32 库函数实现。在项目实施过程中要遵循如下的做法。

每次新增一种有关系统的整体性功能,如时钟配置、中断配置、延时功能等关乎全局的功能,就在 D:\STM32F103\SmartHome\SYSTEM\目录下新建.h 和.c 文件。

每次使用一种设备(驱动一种外设),就在对应的 D:\STM32F103\SmartHome\HARDWARE 目录下新建对应的.h 文件和.c 文件。完成文件的新增以后,必须将.h 文件的路径添加到系统中,同时将对应的.c 文件添加至项目中对应的 Group。

(1) 实现 sys.h 和 sys.c 文件。

首先需要在 D:\STM32F103\SmartHome\SYSTEM\目录下创建 sys.h 和 sys.c 文件,并在 sys.h 头文件中,实现对 GPIO 操作的地址映射,完成类似 C51 中对 GPIO 的位带定义。向项目中创建文件的过程如下。

单击 File→New 菜单项,生成一个新的文件,默认文件名依次为 Text1、Text2、Text3,依次类推,如图 6-4 所示。

直接将新建的文件另存为 D:\STM32F103\SmartHome\SYSTEM\sys.h 即可,sys.h 文件实现了单片机位带定义,时钟配置,中断配置等功能,其内容如下。

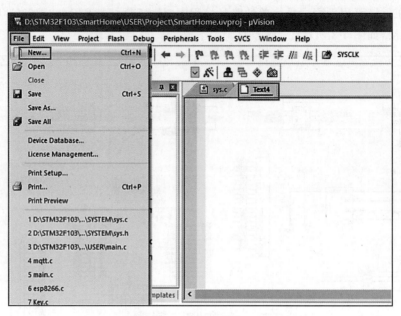

图 6-4 新建文件

```
#ifndef _ _SYS_H
#define _ _SYS_H
#include <stm32f10x.h>
//0,不支持 ucos
//1,支持 ucos
#define SYSTEM_SUPPORT_UCOS          0          //定义系统文件夹是否支持 UCOS
//位带操作,实现 C51 类似的 GPIO 控制功能
//具体实现思想,参考<<CM3 权威指南>>第 5 章(87~92 页)
//IO 口操作宏定义
#define BITBAND(addr, bitnum) ((addr & 0xF0000000)+0x2000000+((addr
&0xFFFFF)<<5)+(bitnum<<2))
#define MEM_ADDR(addr)   *((volatile unsigned long  *)(addr))
#define BIT_ADDR(addr, bitnum)   MEM_ADDR(BITBAND(addr, bitnum))
//IO 口地址映射
#define GPIOA_ODR_Addr    (GPIOA_BASE+12) //0x4001080C
#define GPIOB_ODR_Addr    (GPIOB_BASE+12) //0x40010C0C
#define GPIOC_ODR_Addr    (GPIOC_BASE+12) //0x4001100C
#define GPIOD_ODR_Addr    (GPIOD_BASE+12) //0x4001140C
#define GPIOE_ODR_Addr    (GPIOE_BASE+12) //0x4001180C
#define GPIOF_ODR_Addr    (GPIOF_BASE+12) //0x40011A0C
#define GPIOG_ODR_Addr    (GPIOG_BASE+12) //0x40011E0C

#define GPIOA_IDR_Addr    (GPIOA_BASE+8) //0x40010808
#define GPIOB_IDR_Addr    (GPIOB_BASE+8) //0x40010C08
```

```
#define GPIOC_IDR_Addr    (GPIOC_BASE+8) //0x40011008 #define GPIOD_IDR_Addr
    (GPIOD_BASE+8) //0x40011408
#define GPIOE_IDR_Addr    (GPIOE_BASE+8) //0x40011808
#define GPIOF_IDR_Addr    (GPIOF_BASE+8) //0x40011A08
#define GPIOG_IDR_Addr    (GPIOG_BASE+8) //0x40011E08


//I/O 口操作,只对单一的 I/O 口
//确保 n 的值小于 16
#define PAout(n)    BIT_ADDR(GPIOA_ODR_Addr,n)    //输出
#define PAin(n)     BIT_ADDR(GPIOA_IDR_Addr,n)    //输入

#define PBout(n)    BIT_ADDR(GPIOB_ODR_Addr,n)    //输出
#define PBin(n)     BIT_ADDR(GPIOB_IDR_Addr,n)    //输入

#define PCout(n)    BIT_ADDR(GPIOC_ODR_Addr,n)    //输出
#define PCin(n)     BIT_ADDR(GPIOC_IDR_Addr,n)    //输入

#define PDout(n)    BIT_ADDR(GPIOD_ODR_Addr,n)    //输出
#define PDin(n)     BIT_ADDR(GPIOD_IDR_Addr,n)    //输入

#define PEout(n)    BIT_ADDR(GPIOE_ODR_Addr,n)    //输出
#define PEin(n)     BIT_ADDR(GPIOE_IDR_Addr,n)    //输入

#define PFout(n)    BIT_ADDR(GPIOF_ODR_Addr,n)    //输出
#define PFin(n)     BIT_ADDR(GPIOF_IDR_Addr,n)    //输入

#define PGout(n)    BIT_ADDR(GPIOG_ODR_Addr,n)    //输出
#define PGin(n)     BIT_ADDR(GPIOG_IDR_Addr,n)    //输入
///////////////////////////////////////////////////////////////
//Ex_NVIC_Config专用定义
#define GPIO_A 0
#define GPIO_B 1
#define GPIO_C 2
#define GPIO_D 3
#define GPIO_E 4
#define GPIO_F 5
#define GPIO_G 6

#define FTIR    1        //下降沿触发
#define RTIR    2        //上升沿触发

//JTAG 模式设置定义
#define JTAG_SWD_DISABLE    0X02
```

```
#define SWD_ENABLE            0X01
#define JTAG_SWD_ENABLE       0X00
extern int Encoder_Left,Encoder_Right;      //左右编码器的脉冲计数
extern int Moto1,Moto2;                      //电机 PWM 变量
extern float Angle_Balance,Gyro_Balance;     //平衡倾角 平衡陀螺仪 转向陀螺仪
//////////////////////////////////////////////////////////////////
void Stm32_Clock_Init(u8 PLL);               //时钟初始化
void Sys_Soft_Reset(void);                   //系统软复位
void Sys_Standby(void);                      //待机模式
void MY_NVIC_SetVectorTable(u32 NVIC_VectTab, u32 Offset);   //设置偏移地址
void MY_NVIC_PriorityGroupConfig(u8 NVIC_Group);               //设置 NVIC 分组
void MY_NVIC_Init(u8 NVIC_PreemptionPriority, u8 NVIC_SubPriority, u8 NVIC_
Channel, u8 NVIC_Group);                     //设置中断
void Ex_NVIC_Config(u8 GPIOx, u8 BITx, u8 TRIM);   //外部中断配置函数(只对 GPIOA~G)
void JTAG_Set(u8 mode);
//////////////////////////////////////////////////////////////////
//以下为汇编函数
void WFI_SET(void);                          //执行 WFI 指令
void INTX_DISABLE(void);                     //关闭所有中断
void INTX_ENABLE(void);                      //开启所有中断
void MSR_MSP(u32 addr);                      //设置堆栈地址

#include <string.h>
#include <stdio.h>
#include <stdint.h>
#include <stdlib.h>
#include <string.h>
#include <math.h>
#endif
```

创建 D:\STM32F103\SmartHome\SYSTEM\sys.c 文件,sys.c 文件的内容如下:

```
#include "sys.h"
//设置向量表偏移地址
//NVIC_VectTab:基址
//Offset:偏移量
void MY_NVIC_SetVectorTable(u32 NVIC_VectTab, u32 Offset)
{
    SCB->VTOR=NVIC_VectTab|(Offset & (u32)0x1FFFFF80);
                                        //设置 NVIC 的向量表偏移寄存器
    //用于标识向量表是在 CODE 区还是在 RAM 区
}
//设置 NVIC 分组
//NVIC_Group:NVIC 分组 0~4 共 5 组
void MY_NVIC_PriorityGroupConfig(u8 NVIC_Group)
```

```
{
    u32 temp,temp1;
    temp1=(~NVIC_Group)&0x07;          //取后 3 位
    temp1<<=8;
    temp=SCB->AIRCR;                    //读取先前的设置
    temp&=0X0000F8FF;                  //清空先前的分组
    temp|=0X05FA0000;                  //写入钥匙
    temp|=temp1;
    SCB->AIRCR=temp;                   //设置分组
}
//设置 NVIC
//NVIC_PreemptionPriority:抢占优先级
//NVIC_SubPriority:响应优先级
//NVIC_Channel:中断编号
//NVIC_Group:中断分组 0~4 共 5 组
//注意优先级不能超过设定的组的范围!否则会有意想不到的错误
//组划分
//组 0:0 位抢占优先级,4 位响应优先级
//组 1:1 位抢占优先级,3 位响应优先级
//组 2:2 位抢占优先级,2 位响应优先级
//组 3:3 位抢占优先级,1 位响应优先级
//组 4:4 位抢占优先级,0 位响应优先级
//NVIC_SubPriority 和 NVIC_PreemptionPriority 的原则是,数值越小,越优先
void MY_NVIC_Init(u8 NVIC_PreemptionPriority,u8 NVIC_SubPriority,u8 NVIC_
Channel,u8 NVIC_Group)
{
    u32 temp;
    MY_NVIC_PriorityGroupConfig(NVIC_Group);        //设置分组
    temp=NVIC_PreemptionPriority<<(4-NVIC_Group);
    temp|=NVIC_SubPriority&(0x0f>>NVIC_Group);
    temp&=0xf;      //取低四位
    NVIC->ISER[NVIC_Channel/32]|=(1<<NVIC_Channel%32);
                    //使能中断位(要清除的话,相反操作就 OK)
    NVIC->IP[NVIC_Channel]|=temp<<4;        //设置响应优先级和抢断优先级
}
//外部中断配置函数
//只针对 GPIOA~G;不包括 PVD,RTC 和 USB 唤醒这三个
//参数:
//GPIOx:0~6,代表 GPIOA~G
//BITx:需要使能的位
//TRIM:触发模式
//该函数一次只能配置 1 个 I/O 口,多个 I/O 口,需多次调用
//该函数会自动开启对应中断,以及屏蔽线
void Ex_NVIC_Config(u8 GPIOx,u8 BITx,u8 TRIM)
```

```
{
    u8 EXTADDR;
    u8 EXTOFFSET;
    EXTADDR=BITx/4;                              //得到中断寄存器组的编号
    EXTOFFSET=(BITx%4) * 4;
    RCC->APB2ENR|=0x01;                          //使能 io 复用时钟
    AFIO->EXTICR[EXTADDR]&=~(0x000F<<EXTOFFSET);  //清除原来设置!!!
    AFIO->EXTICR[EXTADDR]|=GPIOx<<EXTOFFSET;   //EXTI.BITx 映射到 GPIOx.BITx
    //自动设置
    EXTI->IMR|=1<<BITx;                          //开启 line BITx 上的中断
    //EXTI->EMR|=1<<BITx;       //不屏蔽 line BITx 上的事件(如果不屏蔽这句,硬件
                                  上可以,软件仿真时无法进入中断)
    if(TRIM&0x01)EXTI->FTSR|=1<<BITx;      //line BITx 上事件下降沿触发
    if(TRIM&0x02)EXTI->RTSR|=1<<BITx;      //line BITx 上事件上升沿触发
}
//不能在这里执行所有外设复位!否则至少引起串口不工作
//把所有时钟寄存器复位
void MYRCC_DeInit(void)
{
    RCC->APB1RSTR=0x00000000;      //复位结束
    RCC->APB2RSTR=0x00000000;
    RCC->AHBENR=0x00000014;        //睡眠模式闪存和 SRAM 时钟使能,其他关闭
    RCC->APB2ENR=0x00000000;       //外设时钟关闭
    RCC->APB1ENR=0x00000000;
    RCC->CR |=0x00000001;          //使能内部高速时钟 HSION
    RCC->CFGR &=0xF8FF0000;        //复位 SW[1:0],HPRE[3:0],PPRE1[2:0],PPRE2
                                      [2:0],ADCPRE[1:0],MCO[2:0]
    RCC->CR &=0xFEF6FFFF;          //复位 HSEON,CSSON,PLLON
    RCC->CR &=0xFFFBFFFF;          //复位 HSEBYP
    RCC->CFGR &=0xFF80FFFF;        //复位 PLLSRC, PLLXTPRE, PLLMUL[3:0] and USBPRE
    RCC->CIR=0x00000000;           //关闭所有中断
    //配置向量表
#ifdef  VECT_TAB_RAM
    MY_NVIC_SetVectorTable(0x20000000, 0x0);
#else
    MY_NVIC_SetVectorTable(0x08000000,0x0);
#endif
}
//THUMB 指令不支持汇编内联
//采用如下方法实现执行汇编指令 WFI
__asm void WFI_SET(void)
{
    WFI;
}
//关闭所有中断
```

```
_ _asm void INTX_DISABLE(void)
{
    CPSID I;
}
//开启所有中断
_ _asm void INTX_ENABLE(void)
{
    CPSIE I;
}
//设置栈顶地址
//addr:栈顶地址
_ _asm void MSR_MSP(u32 addr)
{
    MSR MSP, r0    //set Main Stack value
    BX r14
}
//进入待机模式
void Sys_Standby(void)
{
    SCB->SCR|=1<<2;              //使能 SLEEPDEEP 位 (SYS->CTRL)
    RCC->APB1ENR|=1<<28;         //使能电源时钟
    PWR->CSR|=1<<8;              //设置 WKUP 用于唤醒
    PWR->CR|=1<<2;               //清除 Wake-up 标志
    PWR->CR|=1<<1;               //PDDS 置位
    WFI_SET();                   //执行 WFI 指令
}
//系统软复位
void Sys_Soft_Reset(void)
{
    SCB->AIRCR=0X05FA0000|(u32)0x04;
}
//JTAG 模式设置,用于设置 JTAG 的模式
//mode:jtag,swd 模式设置: 00,全使能;01,使能 SWD;10,全关闭;
//#define JTAG_SWD_DISABLE    0X02
//#define SWD_ENABLE          0X01
//#define JTAG_SWD_ENABLE     0X00
void JTAG_Set(u8 mode)
{
    u32 temp;
    temp=mode;
    temp<<=25;
    RCC->APB2ENR|=1<<0;          //开启辅助时钟
    AFIO->MAPR&=0XF8FFFFFF;      //清除 MAPR 的[26:24]
    AFIO->MAPR|=temp;            //设置 jtag 模式
```

```
}
//系统时钟初始化函数
//pll:选择的倍频数,从 2 开始,最大值为 16
void Stm32_Clock_Init(u8 PLL)
{
    unsigned char temp=0;
    MYRCC_DeInit();                    //复位并配置向量表
    RCC->CR|=0x00010000;               //外部高速时钟使能 HSEON
    while(!(RCC->CR>>17));             //等待外部时钟就绪
    RCC->CFGR=0X00000400; //APB1=DIV2;APB2=DIV1;AHB=DIV1;
    PLL-=2;                            //抵消 2 个单位
    RCC->CFGR|=PLL<<18;                //设置 PLL 值为 2~16
    RCC->CFGR|=1<<16;                  //PLLSRC ON
    FLASH->ACR|=0x32;                  //FLASH 2 个延时周期
    RCC->CR|=0x01000000;               //PLLON
    while(!(RCC->CR>>25));             //等待 PLL 锁定
    RCC->CFGR|=0x00000002;             //PLL 作为系统时钟
    while(temp!=0x02)                  //等待 PLL 作为系统时钟设置成功
    {
        temp=RCC->CFGR>>2;
        temp&=0x03;
    }
}
```

将 sys.c 文件添加到 SYSTEM 这个 Group 内,如图 6-5 所示。

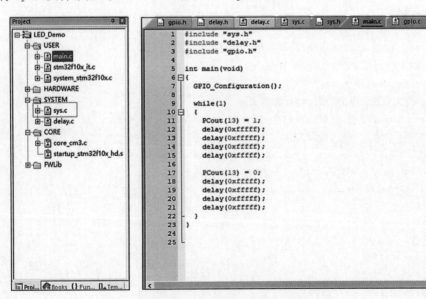

图 6-5　向 SYSTEM 组添加文件

（2）实现 delay.h 和 delay.c 文件。

由于跑马灯程序需要使用延时功能，还需要在 D：\STM32F103\SmartHome\SYSTEM\文件夹下新建 delay.h 和 delay.c 文件，以实现系统的延时功能。可在系统中编码实现若干个关于延时的函数。之后，仍然需要将 delay.c 添加到开发环境的SYSTEM 组中。

delay.h 文件的内容如下。

```
#ifndef __DELAY_H
#define __DELAY_H
#include "stm32f10x.h"
//使用 SysTick 的普通计数模式对延迟进行管理
void delay_init(u8 SYSCLK);
void delay_ms(u16 nms);
void delay_us(u32 nus);
void delay(u32 ns);            //延时秒
#endif
```

delay.c 文件的内容如下。

```
#include "stm32f10x.h"
#include "delay.h"
//使用 SysTick 的普通计数模式对延迟进行管理
//修正了中断中调用出现死循环的错误
//防止延时不准确,采用 do while 结构
static u8  fac_us=0;               //us 延时倍乘数
static u16 fac_ms=0;               //ms 延时倍乘数
/*--------------------------------------------------------------
** 函数名: delay_init
**功能描述:初始化延迟函数,SYSTICK 的时钟固定为 HCLK 时钟的 1/8
**输入参数: SYSCLK(单位 MHz)
**输出参数: 无
**调用方法:如果系统时钟被设为 72MHz,则调用 delay_init(72)
--------------------------------------------------------------*/
void delay_init(u8 SYSCLK)
{
    SysTick->CTRL&=0xfffffffb;//bit2 清空,选择外部时钟   HCLK/8
    fac_us=SYSCLK/8;
    fac_ms=(u16)fac_us*1000;
}
/*--------------------------------------------------------------
**函数名: delay_us
**功能描述:延时 nus,nus 为要延时的 us 数
**输入参数: nus
**输出参数: 无
```

```
---------------------------------------------------------------- * /
void delay_us(u32 nus)
{
    u32 temp;
    SysTick->LOAD=nus * fac_us;              //时间加载
    SysTick->VAL=0x00;                       //清空计数器
    SysTick->CTRL=0x01;                      //开始倒数
    do
    {
        temp=SysTick->CTRL;
    }
    while(temp&0x01&&!(temp&(1<<16)));       //等待时间到达
    SysTick->CTRL=0x00;                      //关闭计数器
    SysTick->VAL=0X00;                       //清空计数器
}
/ * ----------------------------------------------------------
**函数名: delay_ms
**功能描述: 延时 nms
**输入参数: nms
**输出参数: 无
**说明: SysTick->LOAD 为 24 位寄存器, 所以, 最大延时为
        nms<=0xffffff * 8 * 1000/SYSCLK
        SYSCLK 的单位为 Hz, nms 的单位为 ms
        对 72M 条件下, nms<=1864
---------------------------------------------------------------- * /
void delay_ms(u16 nms)
{
    u32 temp;
    SysTick->LOAD= (u32)nms * fac_ms;        //时间加载(SysTick->LOAD 为 24bit)
    SysTick->VAL=0x00;                       //清空计数器
    SysTick->CTRL=0x01;                      //开始倒数
    do
    {
        temp=SysTick->CTRL;
    }
    while(temp&0x01&&!(temp&(1<<16)));        //等待时间到达
    SysTick->CTRL=0x00;                      //关闭计数器
    SysTick->VAL=0X00;                       //清空计数器
}
/ * ----------------------------------------------------------
    延时秒
---------------------------------------------------------------- * /
void delay(u32 ns)
{
```

```
    int i=0;
    for(i=0;i<ns;i++)
    {
        delay_ms(1);
    }
}
```

（3）实现 gpio.h 和 gpio.c 文件。

至此，已经在 D：\STM32F103\SmartHome\SYSTEM\实现了对 GPIO 位带的定义以及系统延时功能。接下来，需要实现对 GPIO 配置函数的定义，可将 GPIO 操作视为硬件驱动操作，因此需要在 D：\STM32F103\SmartHome\HARDWARE\目录下新建 gpio.h 以及 gpio.c 文件，实现 GPIO 配置函数 PC13_GPIO_Configuration(void)。

gpio.h 的内容如下。

```
#ifndef __GPIO_H
#define __GPIO_H
#include "sys.h"
/* --------------------------------------------------------
**函数名：PC13_GPIO_Configuration
**功能描述：板载 LED 灯的 GPIO 初始化
**输入参数：无
**输出参数：无
**说明：无
-------------------------------------------------------- */
void PC13_GPIO_Configuration(void);
#endif
```

gpio.c 的内容如下。

```
#include "gpio.h"
/* --------------------------------------------------------
**函数名：PC13_GPIO_Configuration
**功能描述：板载 LED 灯的 GPIO 初始化
**输入参数：无
**输出参数：无
**说明：无
-------------------------------------------------------- */
void PC13_GPIO_Configuration(void)
{
    GPIO_InitTypeDef GPIO_InitStructure;
    RCC_APB2PeriphClockCmd(RCC_APB2Periph_GPIOC, ENABLE);
    //LED->PC13
```

```
GPIO_InitStructure.GPIO_Pin=GPIO_Pin_13;
GPIO_InitStructure.GPIO_Mode=GPIO_Mode_Out_PP;          //推挽输出
GPIO_InitStructure.GPIO_Speed=GPIO_Speed_50MHz;
GPIO_Init(GPIOC, &GPIO_InitStructure);
}
```

（4）在 main.c 文件中实现跑马灯程序。

有了 GPIO 位带操作以及系统延时功能的支持，加上已经实现了 PC13_GPIO_Configuration()函数，可在 main()函数中实现跑马灯程序，具体代码如下。

```
#include "sys.h"
#include "delay.h"
#include "gpio.h"
int main()
{
    while(1)
    {
        PCout(13)=1;
        delay(500);
        PCout(13)=0;
        delay(500);
    }
}
```

3. 编译并烧写程序

（1）单击开发环境界面上的"编译"按钮即可完成代码的编译，如图 6-6 所示。

图 6-6　编译工程

编译完成后,会在 D:\STM32F103\SmartHome\OBJ 目录下生成可以直接烧写到核心板的 SmartHome.axf 文件以及 SmartHome.hex 文件,如图 6-7 所示。

图 6-7　编译生成目标文件

(2) 使用 J-Link OB 下载代码。相关内容已在第 5 章 5.6.2 节做过详细介绍,此处不再赘述。

6.6.3　初始化调试串口(串口 2)

根据 STM32F10XX 参考手册可知,PA2 和 PA3 可以被复用作 USART2,如图 6-8 所示。

复用功能	USART2_REMAP = 0	USART2_REMAP = 1[1]
USART2_CTS	PA0	PD3
USART2_RTS	PA1	PD4
USART2_TX	PA2	PD5
USART2_RX	PA3	PD6
USART2_CK	PA4	PD7

1. 重映像只适用于 100 和 144 脚的封装

图 6-8　PA2,PA3 复用作 USART2

根据原理图可以看出,PA2 和 PA3 用于和计算机建立串口通信,通过 TTL 转 USB 实现将运行过程中的信息实时打印到计算机的功能,以便于开发者调试程序,观察程序的运行输出。

本小节实现对串口 2 的初始化。可将串口通信功能划分到系统功能当中,因此需要在 D:\STM32F103\SmartHome\SYSTEM\目录下分别新建 uart2.h 和 uart2.c 文件以实现对串口 2 的配置。

uart2.h 文件的内容如下。

```
#ifndef UART2_H
#define UART2_H
```

```
#include "sys.h"
#include "stdarg.h"
#include "stdio.h"
#include "string.h"
#define USART2_REC_LEN        512          //定义最大接收字节数 512
extern u8 USART2_RX_BUF[USART2_REC_LEN];   //接收缓冲,最大 USART_REC_LEN 字节。
                                             末字节为换行符
extern u16 USART2_RX_STA;              //接收状态标记
void uart2_Init(u32 baudrate);
void uart2_Main(void);
void u2_printf(char * fmt,...);
void Usart2_SendByte(u8 val);
void Usart2_SendBuf(u8 * buf,u8 len);
void Usart2_SendString(char * str);
#endif
```

uart2.c 文件的内容如下。

```
#include "sys.h"
#include "uart2.h"
#if SYSTEM_SUPPORT_OS
#include "FreeRTOS.h"                   //FreeRTOS 使用
#endif
u8   USART2_RX_BUF[USART2_REC_LEN];    //接收缓冲,最大 USART_REC_LEN 字节。末字
                                         节为换行符
u16 USART2_RX_STA;                     //接收状态标记
volatile u8 UART2ReceiveState=0;       //接收是否完毕标志
void uart2_Init(u32 baudrate)
{
    GPIO_InitTypeDef GPIO_InitStructure;
    USART_InitTypeDef USART_InitStructure;
    NVIC_InitTypeDef NVIC_InitStructure;
    RCC_APB1PeriphClockCmd(RCC_APB1Periph_USART2, ENABLE);
    RCC_APB2PeriphClockCmd(RCC_APB2Periph_GPIOA, ENABLE);
                                       //使能 USART2,GPIOA 时钟

    GPIO_InitStructure.GPIO_Pin=GPIO_Pin_2;               //PA.2
    GPIO_InitStructure.GPIO_Speed=GPIO_Speed_50MHz;
    GPIO_InitStructure.GPIO_Mode=GPIO_Mode_AF_PP;         //复用推挽输出
    GPIO_Init(GPIOA, &GPIO_InitStructure);                //初始化 GPIOA.2

    GPIO_InitStructure.GPIO_Pin=GPIO_Pin_3;               //PA3
    GPIO_InitStructure.GPIO_Mode=GPIO_Mode_IN_FLOATING;   //浮空输入
```

```
    GPIO_Init(GPIOA, &GPIO_InitStructure);        //初始化 GPIOA.3

    //Usart1 NVIC 配置
    NVIC_InitStructure.NVIC_IRQChannel=USART2_IRQn;
    NVIC_InitStructure.NVIC_IRQChannelPreemptionPriority=3;   //抢占优先级 3
    NVIC_InitStructure.NVIC_IRQChannelSubPriority=3;          //子优先级 3
    NVIC_InitStructure.NVIC_IRQChannelCmd=ENABLE;            //IRQ 通道使能
    NVIC_Init(&NVIC_InitStructure);       //根据指定的参数初始化 VIC 寄存器

    //USART 初始化设置
    USART_InitStructure.USART_BaudRate=baudrate;             //串口波特率
    USART_InitStructure.USART_WordLength=USART_WordLength_8b;
                               //字长为 8 位数据格式
    USART_InitStructure.USART_StopBits=USART_StopBits_1;     //一个停止位
    USART_InitStructure.USART_Parity=USART_Parity_No;        //无奇偶校验位
    USART_InitStructure.USART_HardwareFlowControl=USART_HardwareFlowControl_
    None;                               //无硬件数据流控制
    USART_InitStructure.USART_Mode=USART_Mode_Rx | USART_Mode_Tx;
                               //收发模式
    USART_Init(USART2, &USART_InitStructure);       //初始化串口 2
    USART_ITConfig(USART2, USART_IT_RXNE, ENABLE);  //开启串口接受中断
    USART_ITConfig(USART2, USART_IT_IDLE, ENABLE);  //不定长接收
    USART_Cmd(USART2, ENABLE);                      //使能串口 2
}
void USART2_IRQHandler(void)                        //串口 2 中断服务程序
{
    u8 Clear=Clear;
    if(USART_GetITStatus(USART2, USART_IT_RXNE) !=RESET)     //接收中断
    {
      USART2_RX_BUF[USART2_RX_STA&0X3FFF]=USART_ReceiveData(USART2);
      USART2_RX_STA++;
    }
    else if(USART_GetITStatus(USART2,USART_IT_IDLE) !=RESET )
    {
        Clear=USART2->SR;
        Clear=USART2->DR;
        UART2ReceiveState=1;
    }
}
static u8 USART2_TX_BUF[200];
void u2_printf(char * fmt,...)
{
    u16 i,j;
```

```
        va_list ap;
        va_start(ap,fmt);
        vsprintf((char*)USART2_TX_BUF,fmt,ap);
        va_end(ap);
        i=strlen((const char*)USART2_TX_BUF);          //此次发送数据的长度
        for(j=0;j<i;j++)                                //循环发送数据
        {
            while((USART2->SR&0X40)==0);                //循环发送,直到发送完毕
            USART2->DR=USART2_TX_BUF[j];
        }
}
//串口2发送一字节
void Usart2_SendByte(u8 val)
{
    USART_SendData(USART2, val);
    while(USART_GetFlagStatus(USART2, USART_FLAG_TC)==RESET);
                                                        //等待发送完成
}
//串口1发送一个数据包
void Usart2_SendBuf(u8 * buf,u8 len)
{
    while(len--)  Usart2_SendByte(*buf++);
}

//串口1发送一个字符串
void Usart2_SendString(char * str)
{
    while(*str)  Usart2_SendByte(*str++);
}
```

改造 main()函数(注意对代码的改动),调用串口 2 的发送功能,向串口打印信息,代码如下。

```
#include "sys.h"
#include "delay.h"
#include "gpio.h"
#include "uart2.h"
int main()
{
    delay_init(72);     //调用 delay_init()函数,将 SysTick 时钟固定为 HCLK 的 1/8
    PC13_GPIO_Configuration();
    uart2_Init(115200);
    while(1)
    {
```

```
        u2_printf("我是串口 2,这是我发送的信息 1.\n");
        delay(500);
        u2_printf("我是串口 2,这是我发送的信息 2.\n");
        delay(500);
    }
}
```

按照硬件原理图,将 TTL 转串口电路板和开发板连接起来,打开串口调试助手,可以看到,串口 2 能够正常工作,程序信息能够正常打印,如图 6-9 所示。

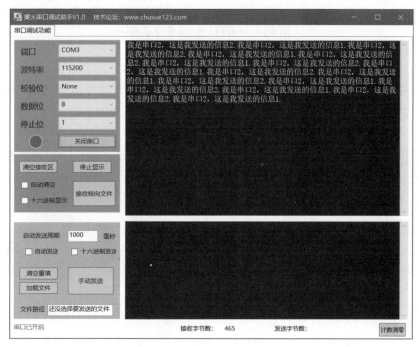

图 6-9　串口 2 调试信息

6.6.4　采集温度和湿度信息

DHT11 是一款有已校准数字信号输出的温、湿度传感器,其精度湿度±5％RH,精度温度±2℃,量程湿度 5％～95％RH,量程温度 0～＋50℃。传感器包括一个电阻式感湿元件和一个 NTC 测温元件,采用单线制串行接口,使系统集成变得简易快捷。超小的体积、极低的功耗,使其成为在苛刻应用场合的最佳选择。DHT11 温、湿度传感器为 4 针单排引脚封装,连接方便,如图 6-10 所示。

根据原理图 6-2,我们知道 DHT11 的 DATA 引脚与单片机的 PB0 相连接,因此需要针对 PB0 引脚进行初始化。此外,根据 DHT11 的电路时序,领域内早已实现 DHT11 的驱动程序,在网络上可以很容易地获取其驱动代码。建议大家亲自动手编写代码,以熟悉 DHT11 的控制方法。

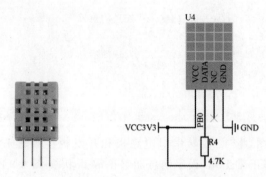

(a) DHT11温、湿度传感器实物　　(b) DHT11与单片机连接图

图 6-10　DHT11 温、湿度传感器

在 D:\STM32F103\SmartHome\HARDWARE\目录下实现 dht11.h 和 dht11.c 文件,用以控制 DHT11 温、湿度传感器。文件实现后,要将.c 文件添加到项目的 HARDWARE 这个 Group 内。

dht11.h 文件的内容如下。

```
#ifndef __DHT11_H
#define __DHT11_H
#include "sys.h"
//I/O方向设置
#define DHT11_IO_IN()  {GPIOB->CRH&=0XFFFF0FFF;GPIOB->CRH|=8<<12;}
#define DHT11_IO_OUT() {GPIOB->CRH&=0XFFFF0FFF;GPIOB->CRH|=3<<12;}
//I/O操作函数
#define DHT11_DQ_OUT PBout(0)                //数据端口 PB0
#define DHT11_DQ_IN PBin(0)                  //数据端口 PB0
u8 DHT11_Init(void);                         //初始化 DHT11
u8 DHT11_Read_Data(u8 * temp,u8 * humi);     //读取温湿度
u8 DHT11_Read_Byte(void);                    //读出一字节
u8 DHT11_Read_Bit(void);                     //读出一个位
u8 DHT11_Check(void);                        //检测是否存在 DHT11
void DHT11_Rst(void);                        //复位 DHT11
#endif
```

dht11.c 文件的内容如下。

```
#include "dht11.h"
#include "delay.h"
//初始化 DHT11 的 I/O 口 DQ 同时检测 DHT11 的存在
//返回 1:不存在
//返回 0:存在
u8 DHT11_Init(void)
{
```

```
    GPIO_InitTypeDef GPIO_InitStructure;
    RCC_APB2PeriphClockCmd(RCC_APB2Periph_GPIOB, ENABLE);
                                                            //使能 PB 端口时钟
    GPIO_InitStructure.GPIO_Pin=GPIO_Pin_0;                 //PB0 端口配置
    GPIO_InitStructure.GPIO_Mode=GPIO_Mode_Out_OD;          //开漏输出
    GPIO_InitStructure.GPIO_Speed=GPIO_Speed_50MHz;
    GPIO_Init(GPIOB, &GPIO_InitStructure);                  //初始化 I/O 口
    GPIO_SetBits(GPIOB,GPIO_Pin_0);                         //PB0 输出高
    DHT11_Rst();                                            //复位 DHT11
    return DHT11_Check();                                   //等待 DHT11 的回应
}
//复位 DHT11
void DHT11_Rst(void)
{
    DHT11_IO_OUT();                        //SET OUTPUT
    DHT11_DQ_OUT=0;                        //拉低 DQ
    delay_ms(20);                          //至少拉低 18ms
    DHT11_DQ_OUT=1;                        //DQ=1
    delay_us(30);                          //主机拉高 20~40μs
}
//等待 DHT11 的回应
//返回 1: 未检测到 DHT11 的存在
//返回 0: 存在
u8 DHT11_Check(void)
{
    u8 retry=0;
    DHT11_IO_IN();                         //SET INPUT
    while(DHT11_DQ_IN&&retry<100)          //DHT11 会拉低 40~80μs
    {
        retry++;
        delay_us(1);
    };
    if(retry>=100) return 1;
    else retry=0;
    while(!DHT11_DQ_IN&&retry<100)         //DHT11 拉低后会再次拉高 40~80μs
    {
        retry++;
        delay_us(1);
    };
    if(retry>=100) return 1;
    return 0;
}
//从 DHT11 读取一个位
```

```c
//返回值: 1/0
u8 DHT11_Read_Bit(void)
{
    u8 retry=0;
    while(DHT11_DQ_IN&&retry<100)            //等待变为低电平
    {
        retry++;
        delay_us(1);
    }
    retry=0;
    while(!DHT11_DQ_IN&&retry<100)           //等待变高电平
    {
        retry++;
        delay_us(1);
    }
    delay_us(40);                            //等待 40us
    if(DHT11_DQ_IN)   return 1;
    else return 0;
}
//从 DHT11 读取一字节
//返回值: 读到的数据
u8 DHT11_Read_Byte(void)
{
    u8 i,dat;
    dat=0;
    for (i=0;i<8;i++)
    {
        dat<<=1;
        dat|=DHT11_Read_Bit();
    }
    return dat;
}
//从 DHT11 读取一次数据
//temp: 温度值(范围:0~50℃)
//humi: 湿度值(范围:20%~90%)
//返回值: 0,正常;1,读取失败
u8 DHT11_Read_Data(u8 * temp,u8 * humi)
{
    u8 buf[5];
    u8 i;
    DHT11_Rst();
    if(DHT11_Check()==0)
    {
```

```
    for(i=0;i<5;i++)              //读取 40 位数据
    {
        buf[i]=DHT11_Read_Byte();
    }
    if((buf[0]+buf[1]+buf[2]+buf[3])==buf[4])
    {
        * humi=buf[0];
        * temp=buf[2];
    }
}else return 1;
return 0;
}
```

注意：在编码过程中，要多加思考，多问几个"为什么？"，并弄清楚问题的答案，不建议一味地抄写而不知其然。

修改 main.c 文件，完成对 DHT11 温、湿度传感器模块的测试，测试代码如下：

```
#include "sys.h"
#include "delay.h"
#include "gpio.h"
#include "uart2.h"
#include "dht11.h"
int main()
{
    u16 times=0;                  //计数
    u8 temperature;               //温度
    u8 humidity;                  //湿度

    delay_init(72);       //调用 delay_init()函数,将 SysTick 时钟固定为 HCLK 的 1/8
    PC13_GPIO_Configuration();
    uart2_Init(115200);           //初始化串口 2
    DHT11_Init();                 //初始化 DHT11
    while(1)
    {
        times++;
        delay(100);
        if(times>300)             //延时 3s
        {
            DHT11_Read_Data(&temperature,&humidity);  //读取温湿度值
            u2_printfr("Temperatue:%2d
            Humidity:%2d\r\n",temperature,humidity);
        }
    }
}
```

可通过串口看到系统打印的相关调试信息，如图 6-11 所示。

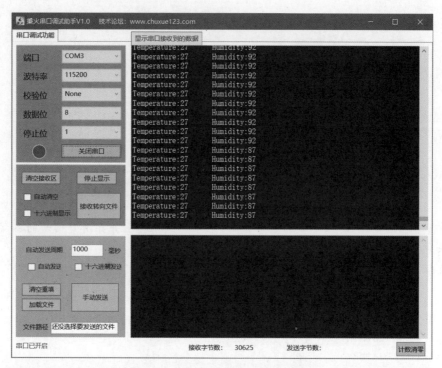

图 6-11　DHT11 温、湿度传感器测试

6.6.5　继电器控制

1. 继电器简介

继电器是具有隔离功能的自动开关元件,广泛应用于遥控、遥测、通信、自动控制、机电一体化及电力电子设备中,是最重要的控制元件之一。继电器一般都有能反映一定输入变量(如电流、电压、功率、阻抗、频率、温度、压力、速度、光等)的感应机构(输入部分);有能对被控电路实现"通""断"控制的执行机构(输出部分);在继电器的输入部分和输出部分之间,还有对输入量进行耦合隔离、功能处理和对输出部分进行驱动的中间机构(驱动部分)。作为控制元件,概括起来,继电器有如下几种作用。

(1) 扩大控制范围:例如,多触点继电器控制信号达到某一定值时,可以按触点组的不同形式,同时换接、开断、接通多路电路。

(2) 放大:例如,灵敏型继电器、中间继电器等,用一个很微小的控制量,可以控制很大功率的电路。

(3) 综合信号:例如,当多个控制信号按规定的形式输入多绕组继电器时,经过比较综合,达到预定的控制效果。

(4) 自动、遥控、监测:例如,自动装置上的继电器与其他电器一起,可以组成程序控制线路,从而实现自动化运行。

继电器硬件实物及其电路连接如图 6-12 所示。

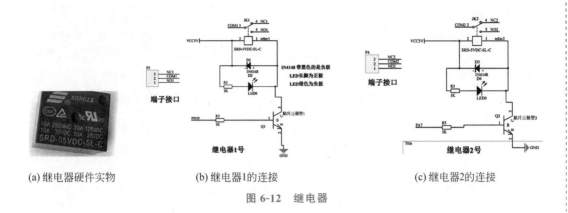

(a) 继电器硬件实物　　　　(b) 继电器1的连接　　　　(c) 继电器2的连接

图 6-12　继电器

分析电路原理图可以看出,核心板通过 PB10 引脚和继电器 1 建立连接,通过 PA7 和继电器 2 建立连接,两个继电器分别用来控制两个 LED 灯的开/闭。

2. 继电器控制

通过在 D:\STM32F103\SmartHome\HARDWARE 目录下创建 relay.h 以及 relay.c 文件实现继电器控制代码。新建文件后,需要将 relay.c 文件添加到项目的 HARDWARE 组。relay.h 文件的内容如下。

```
#ifndef __RELAY_H
#define __RELAY_H
#include "sys.h"
#define relay1 PAout(7)          //继电器 1
#define relay2 PBout(10)         //继电器 2
void Relay_Init(void);
void Relay_Control(u8 cmd);
#endif
```

relay.c 文件的内容如下。

```
#include "relay.h"
#include "stdio.h"
#include "uart2.h"
/*          继电器引脚初始化          */
void Relay_Init(void)
{
    GPIO_InitTypeDef GPIO_InitStructure;
    RCC_APB2PeriphClockCmd(RCC_APB2Periph_GPIOB, ENABLE);   //使能 PB 端口时钟
    GPIO_InitStructure.GPIO_Pin=GPIO_Pin_10;                //PB10 端口配置
    GPIO_InitStructure.GPIO_Mode=GPIO_Mode_Out_PP;          //开推挽输出
    GPIO_InitStructure.GPIO_Speed=GPIO_Speed_50MHz;
```

```
    GPIO_Init(GPIOB, &GPIO_InitStructure);              //初始化 IO 口
    GPIO_ResetBits(GPIOB,GPIO_Pin_10);                 //默认继电器给低电平
    RCC_APB2PeriphClockCmd(RCC_APB2Periph_GPIOA, ENABLE);   //使能 PA 端口时钟
    GPIO_InitStructure.GPIO_Pin=GPIO_Pin_7;            //PA7 端口配置
    GPIO_InitStructure.GPIO_Mode=GPIO_Mode_Out_PP;     //开推挽输出
    GPIO_InitStructure.GPIO_Speed=GPIO_Speed_50MHz;
    GPIO_Init(GPIOA, &GPIO_InitStructure);             //初始化 IO 口
    GPIO_ResetBits(GPIOA,GPIO_Pin_7);                  //默认继电器给低电平
}
//该函数用于实现对继电器的控制
void Relay_Control(u8 cmd)
{
    switch(cmd)
    {
        case '1':
            relay1=1;        //PAout(7)=1, 打开继电器 1
            u2_printf("%s","继电器 1 打开了\n");
            break;
        case '2':
            relay1=0;
            u2_printf("%s","继电器 1 关闭了\n");
            break;
        case '3':
            relay2=1;
            u2_printf("%s","继电器 2 打开了\n");
            break;
         case '4':
            relay2=0;
            u2_printf("%s","继电器 2 关闭了\n");
            break;
    }
}
```

修改 main()函数,完成对继电器的功能测试,代码如下:

```
#include "sys.h"
#include "delay.h"
#include "gpio.h"
#include "uart2.h"
#include "dht11.h"
#include "relay.h"
int main()
```

```
{
    delay_init(72);          //调用 delay_init()函数,将 SysTick 时钟固定为 HCLK 的 1/8
    PC13_GPIO_Configuration();
    uart2_Init(115200);  //初始化串口 2
    DHT11_Init();            //初始化 DHT11
    Relay_Init();            //初始化继电器控制引脚
    while(1)
    {
        Relay_Control('1');
        delay(3000);
        Relay_Control('2');
        delay(3000);
        Relay_Control('3');
        delay(3000);
        Relay_Control('4');
        delay(3000);
    }
}
```

可以看到,串口上能够实时打印继电器工作的提示信息,受继电器控制的 LED 灯也交替闪烁,说明继电器控制代码正确,测试结果如图 6-13 所示。

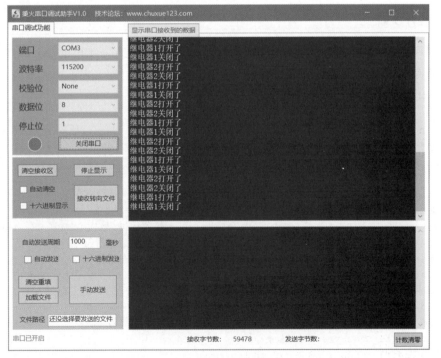

图 6-13　继电器测试信息

6.6.6 WiFi 网卡接口配置(串口 1)

1. 原理

查阅 STM32F10XX 参考手册可知,PA9 和 PA10 引脚可复用作串口 1,如图 6-14 所示。根据电路原理图(图 6-2),串口 1 与 ESP8266 无线网卡建立连接,实现单片机与无线网卡的串口通信,以一种较为简洁的方式使单片机具备无线通信功能。

复用功能	USART1_REMAP = 0	USART1_REMAP = 1
USART1_TX	PA9	PB6
USART1_RX	PA10	PB7

图 6-14 PA9,PA10 复用作串口

整个系统的工作流程如下。

(1) 发送数据:将单片机采集的温、湿度数据封装成 MQTT 数据包,经由 ESP8266 无线网卡建立 TCP 连接传输到 MQTT 服务器端。

(2) 接收数据:当 ESP8266 无线网卡接收到数据时,会在串口 1 上触发中断,相应的中断服务程序得到调度,完成对数据(手机端发送的继电器控制指令)的读取操作。

因此,需要完成的工作有:①串口 1 配置(含中断配置、中断服务程序实现);②ESP8266 无线网卡驱动程序的分析与移植。

2. 程序实现

在 D:\STM32F103\SmartHome\SYSTEM 目录下新建 usart.h 和 usart.c 文件。注意,务必将 usart.c 文件添加到项目的 SYSTEM 组。

usart.h 文件的内容如下。

```
#ifndef __USART_H
#define __USART_H
#include "stdio.h"
#include "sys.h"
#define USART_REC_LEN   512                    //定义最大接收字节数 512
#define EN_USART1_RX   1                       //使能(1)/禁止(0)串口 1 接收
extern u8  USART_RX_BUF[USART_REC_LEN];        //接收缓冲,最大 USART_REC_LEN 字节。
                                                 末字节为换行符
extern u16 USART_RX_STA;                       //接收状态标记
extern volatile u8 ReceiveState;
//如果想串口中断接收,不要注释以下宏定义
void uart_init(u32 bound);
void clear_UsartReadBuf(void);                 //清空串口缓冲区
void Usart1_SendByte(u8 val);
void Usart1_SendBuf(u8 * buf,u8 len);
void Usart1_SendString(char * str);
#endif
```

usart.c 文件的内容如下。

```
1.      #include "sys.h"
2.      #include "usart.h"
3.      #include "string.h"
4.      #include "uart2.h"
5.      #include "relay.h"
6.      #if SYSTEM_SUPPORT_OS
7.      #include "includes.h" //ucos 使用
8.      #endif
9.      //继电器标志位,继电器控制与发送温湿度只能同时执行一个,读取 DHT11 数据时不应
        该发生中断
10.     u8 relay_flag=0;
11.     //加入以下代码,支持 printf 函数,而不需要选择 use MicroLIB
12.     #if 1
13.     #pragma import(__use_no_semihosting)
14.     //标准库需要的支持函数
15.     struct __FILE
16.     {
17.         int handle;
18.     };
19.     FILE __stdout;
20.     //定义_sys_exit()以避免使用半主机模式
21.     _sys_exit(int x)
22.     {
23.         x=x;
24.     }
25.     //重定义 fputc 函数
26.     int fputc(int ch, FILE * f)
27.     {
28.         while((USART1->SR&0X40)==0);    //循环发送,直到发送完毕
29.         USART1->DR=(u8) ch;
30.         return ch;
31.     }
32.     #endif
33.     #if EN_USART1_RX                     //如果使能了接收
34.     //串口 1 中断服务程序
35.     //注意,读取 USARTx->SR 能避免莫名其妙的错
36.     u8 USART_RX_BUF[USART_REC_LEN];      //接收缓冲,最大 USART_REC_LEN 字节
37.     //接收状态
38.     //bit15,接收完成标志
39.     //bit14,接收到 0x0d
40.     //bit13~0,接收到的有效字节数目
41.     u16 USART_RX_STA=0;                  //接收状态标记
42.     volatile u8 ReceiveState=0;
```

```
43.    void uart_init(u32 bound)
44.    {
45.        //GPIO 端口设置
46.        GPIO_InitTypeDef GPIO_InitStructure;
47.        USART_InitTypeDef USART_InitStructure;
48.        NVIC_InitTypeDef NVIC_InitStructure;
49.        //使能 USART1,GPIOA 时钟
50.        RCC_APB2PeriphClockCmd(RCC_APB2Periph_USART1|RCC_APB2Periph_
           GPIOA, ENABLE);
51.        //USART1_TX GPIOA.9
52.        GPIO_InitStructure.GPIO_Pin=GPIO_Pin_9; //PA.9
53.        GPIO_InitStructure.GPIO_Speed=GPIO_Speed_50MHz;
54.        GPIO_InitStructure.GPIO_Mode=GPIO_Mode_AF_PP;    //复用推挽输出
55.        GPIO_Init(GPIOA, &GPIO_InitStructure);          //初始化 GPIOA.9
56.        //USART1_RX  GPIOA.10 初始化
57.        GPIO_InitStructure.GPIO_Pin=GPIO_Pin_10;//PA10
58.        GPIO_InitStructure.GPIO_Mode=GPIO_Mode_IN_FLOATING;    //浮空输入
59.        GPIO_Init(GPIOA, &GPIO_InitStructure);//初始化 GPIOA.10
60.        //Usart1 NVIC 配置
61.        NVIC_InitStructure.NVIC_IRQChannel=USART1_IRQn;
62.        NVIC_InitStructure.NVIC_IRQChannelPreemptionPriority=3;
                                                        //抢占优先级 3
63.        NVIC_InitStructure.NVIC_IRQChannelSubPriority=3;    //子优先级 3
64.        NVIC_InitStructure.NVIC_IRQChannelCmd=ENABLE;      //IRQ 通道使能
65.        NVIC_Init(&NVIC_InitStructure);  //根据指定的参数初始化 VIC 寄存器
66.        //USART 初始化设置
67.        USART_InitStructure.USART_BaudRate=bound;          //串口波特率
68.        USART_InitStructure.USART_WordLength=USART_WordLength_8b;
                                                        //字长为 8 位数据格式
69.        USART_InitStructure.USART_StopBits=USART_StopBits_1;//一个停止位
70.        USART_InitStructure.USART_Parity=USART_Parity_No;   //无奇偶校验位
71.        //无硬件数据流控制
72.        USART_InitStructure.USART_HardwareFlowControl=USART_
           HardwareFlowControl_None;
73.        USART_InitStructure.USART_Mode=USART_Mode_Rx | USART_Mode_Tx;
                                                        //收发模式
74.        USART_Init(USART1, &USART_InitStructure); //初始化串口 1
75.        //开启串口接受中断,当串口接收数据时,进入中断
76.        USART_ITConfig(USART1, USART_IT_RXNE, ENABLE);
77.        USART_ITConfig(USART1, USART_IT_IDLE, ENABLE);
78.        USART_Cmd(USART1, ENABLE); //使能串口 1
79.    }
80.    void RelayRev()
81.    {
```

```
82.        //接收订阅的主题发送过来的消息：主要控制继电器
83.        u16 i;
84.        u16 len=USART_RX_STA&0X3FFF;    //从 MQTT 到串口接收的数据长度
85.        for(i=0;i<len;i++)
86.        {
87.            if(USART_RX_BUF[i]=='R')     //控制继电器的命令以 R 开头：R1 R2 R3 R4
88.            {
89.                relay_flag=1;
90.                //调用了 relay.c 文件中的 Relay_Control()函数,文件要包含 relay.h
91.                Relay_Control(USART_RX_BUF[i+1]);
92.                break;
93.            }
94.        }
95.        clear_UsartReadBuf();
96.        relay_flag=0;
97.    }
98.
99.    void USART1_IRQHandler(void)          //串口 1 中断服务程序
100. {
101.    u8 Clear=Clear;
102. #if SYSTEM_SUPPORT_OS              //如果 SYSTEM_SUPPORT_OS 为真,则需要支持 OS
103.    OSIntEnter();
104. #endif
105.    if(USART_GetITStatus(USART1, USART_IT_RXNE) !=RESET)
                                       //接收中断(接收到的数据是不定长的)
106.    {
107.        USART_RX_BUF[USART_RX_STA&0X3FFF]=USART_ReceiveData(USART1);
108.        USART_RX_STA++;
109.    }
110.    else if(USART_GetITStatus(USART1,USART_IT_IDLE) !=RESET )
111.    {
112.        Clear=USART1->SR;
113.        Clear=USART1->DR;
114.        ReceiveState=1;
115.        //串口 2 打印所有串口 1 接收的数据,直接插板子上得 USB 串口,xcom 查看消息
116.        Usart2_SendBuf(USART_RX_BUF,USART_RX_STA&0X3FFF);
117.        //串口接收,继电器控制
118.        //public 接收以 30 开头
119.        if(USART_RX_BUF[0]==0x30)
120.        {
121.            RelayRev();
122.        }
123.    }
```

```
124.    #if SYSTEM_SUPPORT_OS        //如果 SYSTEM_SUPPORT_OS 为真,则需要支持 OS
125.            OSIntExit();
126.    #endif
127.    }
128.    #endif
129.    //清空串口接收缓存区
130.    void clear_UsartReadBuf()
131.    {
132.        USART_RX_STA=0;   //串口接收长度置 0
133.        memset(USART_RX_BUF, 0, sizeof(USART_RX_BUF));//串口接收缓存清 0 操作
134.    }
135.    //串口 1 发送一字节
136.    void Usart1_SendByte(u8 val)
137.    {
138.        USART_SendData(USART1, val);
139.        while(USART_GetFlagStatus(USART1, USART_FLAG_TC)==RESET);
                                                    //等待发送完成
140.    }
141.    //串口 1 发送一个数据包
142.    void Usart1_SendBuf(u8 * buf,u8 len)
143.    {
144.        while(len--)        Usart1_SendByte(*buf++);
145.    }
146.    //串口 1 发送一个字符串
147.    void Usart1_SendString(char * str)
148.    {
149.        while(*str)        Usart1_SendByte(*str++);
150.    }
```

第 67～78 行代码完成对串口 1 的常规配置。第 61～65 行完成对串口 1 的中断配置,也就是说当串口 1 收到信息时会触发中断,第 99～127 行代码所示的中断服务程序 USART1_IRQHandler()函数就会得到调用。分析程序可以看到,中断服务程序中完成了对数据的接收工作(将数据保存在数组 USART_RX_BUF 中),之后又将接收到的数据通过串口 2 打印到计算机上(第 116 行代码)。因此,系统的工作流程是,单片机将串口 1 发送过来的数据通过中断服务程序发送给串口 2,由串口 2 发送至上位机。

串口 1 的中断必须得到正确配置,中断服务程序必须正常得到调用,才能进行下一步的工作。因为串口 1 和无线网卡 ESP8266 相连接,当网卡收到控制命令时,通过触发 STM32 单片机的串口 1 中断,在中断服务程序 USART1_IRQHandler()中调用控制继电器的 RelayRev()函数(该函数位于 delay.c 文件),通过解析来自网卡的命令,实现对继电器的控制。

3. 测试串口 1 的中断功能

继续改写 main() 函数,可以看到,主函数中只保留了对继电器 1 的控制代码,这部分代码会正常得到执行,陆续在屏幕上输出"继电器 1 打开了""继电器 1 关闭了"等信息。

```c
#include "sys.h"
#include "delay.h"
#include "gpio.h"
#include "uart2.h"
#include "usart.h"
#include "dht11.h"
#include "relay.h"

int main()
{
    delay_init(72);        //调用 delay_init()函数,将 SysTick 时钟固定为 HCLK 的 1/8
    PC13_GPIO_Configuration();
    uart_init(115200);   //初始化串口 1
    uart2_Init(115200); //初始化串口 2
    DHT11_Init();        //初始化 DHT11
    Relay_Init();        //初始化继电器控制引脚
    while(1)
    {
        Relay_Control('1');
        delay(3000);
        Relay_Control('2');
        delay(3000);
    }
}
```

测试阶段,需要使用两个 TTL 转 USB 板,其中一个接到串口 1,另一个接到串口 2,必须根据原理图弄清楚 RX、TX 以及 GND 引脚的接线方法,将两个 TTL 转 USB 板插到计算机 USB 口上,同时在上位机上开启两个串口助手,一个用于连接串口 1(COM3),一个用于连接串口 2(COM4)。

注意:不同的计算机显示的 COMx 可能会有所不同,如图 6-15 所示。

图 6-15 中,左侧的串口助手连接串口 1(COM3),右侧的串口助手连接串口 2(COM4),单片机上电后,串口 2 正常打印继电器控制信息。

在串口 1 的数据发送区输入信息 R1 并不断地单击"手动发送"按钮,可以看到,信息被正确打印到串口 2。因此得出,单片机收到串口 1 发来的信息之后成功引起了中断,并在中断服务程序中将收到的信息又发送到串口 2。

通过这一个实例,除了掌握串口的常规配置方法,还要掌握串口的中断配置方法。在网络通信过程中,网卡什么时候收到数据是不确定的。也就是说,用户什么时候想发送控

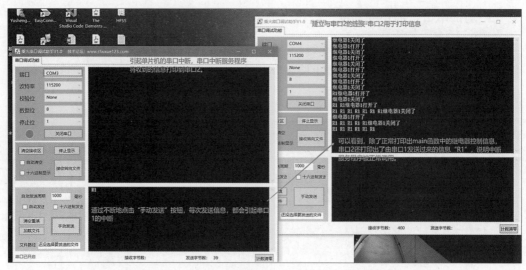

图 6-15　串口测试

制命令是不确定的,必须通过中断机制实现对网卡接收数据的处理。当网卡收到数据后触发中断,MCU 调度中断服务程序完成数据处理。本项目中,通过与 ESP8266 无线网卡相连接的串口 1 的中断服务程序来处理用户从手机 App 发出的继电器控制指令,从而实现控制继电器的开关,达到远程开灯、关灯的目的。

6.6.7　网卡驱动程序分析与移植

1. ESP8266 简介

ESP8266 芯片使用 3.3V 的直流电源,体积小,功耗低,支持透传,丢包现象不严重,而且价格低廉,图 6-16 展示的是 ESP8266-01 系列,相应的还有 ESP8266-02,ESP8266-03 等等,它们使用的核心芯片都是相同的,不同之处就是引出的引脚不同,而且有的系列对核心芯片还加了金属屏蔽壳,有的可外接陶瓷天线等。

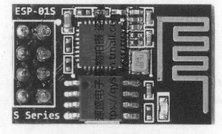

图 6-16　　ESP8266-01S

ESP8266 内置 TCP/IP,提供固件,用户可自行烧录固件代码。官方提供的 ROM 主要有两个,一个是支持 AT 命令修改参数的 AT 系列 ROM。可以使用 AT 命令来设置芯片的大部分参数,同时也可将芯片设置为透传模式,这样 ESP8266 就相当于在互联网和 UART 之间架起一座桥梁。另一个就是物联网的 ROM,此 ROM 可以通过命令来控制 ESP 的部分GPIO,而且 ESP8266 也可以采集一些温、湿度传感器的数据,然后发送到互联网。

ESP8266 的主要功能如下。

(1)串口透传:数据传输,传输的可靠性好,最大的传输速率为 460800b/s。

(2)PWM 调控:灯光调节,三色 LED 调节,电机调速等。

（3）GPIO 控制：控制开关，继电器等。

ESP8266 的工作模式有以下 3 种。

（1）Station 模式：ESP8266 模块通过路由器连接互联网，手机或计算机通过互联网实现对设备的远程控制，该模式的模式指令为：AT＋CWMODE＝1。

（2）AP 模式：ESP8266 模块作为热点，实现手机或计算机直接与模块通信，实现局域网无线控制，该模式的模式指令为：AT＋CWMODE＝2。

（3）Station＋AP 模式：两种模式的共存模式，即可以通过互联网控制可实现无缝切换，方便操作，该模式的模式指令为：AT＋CWMODE＝3。

2. 程序实现

在 D:\STM32F103\SmartHome\HARDWARE\目录下新建 esp8266.h 和 esp8266.c 文件。新建文件后，务必将 esp8266.c 文件添加到项目的 HARDWARE 组。

esp8266.h 文件的内容如下。

```
#ifndef __ESP8266_H
#define __ESP8266_H
#include "sys.h"
u8 esp8266_SetStationModel(void);        //设置 station 模式
u8 Is_SetEsp8266_OK(void);               //判断 esp8266 是否设置成功
u8 Is_Station_Model(void);               //判断是否是 station 模式
void esp8266_ConnectRouter(char * wifiname,char * wifipwd);
                                         //连接家庭路由器
void esp8266_ConnectServer(char * protocol,char * serverip,char * serverport);
                                         //连接外网或者局域网服务器
void esp8266_SetSendMode(void);          //设置为透传模式并开始透传数据
void disconnectedWifiTrans(void);        //退出透传
void AirKiss_SetEsp8266(void);           //智能配网
void RST_Esp8266(void);                  //复位模块
void DisConnetWIFI(void);                //断开 WiFi
void Free_Smart(void);                   //释放内存
void sysReset(void);                     //系统软件复位
#endif
```

esp8266.c 文件的内容如下。

```
#include "esp8266.h"
#include "usart.h"
#include "string.h"
#include "delay.h"
#include "uart2.h"
/*------------使用的 WiFi 模块是 ESP8266 01/01S AT 固件版本----------*/
```

```
/**------------------------------------------------------------
    ESP8266可以设置的模式如下：
    * 可以单独设置AP热点模式
    * 可以单独设置Station连接别人的热点模式
    * 既可以设置AP模式,也可以设置Station模式
    * 这里设置AP模式与Station模式
------------------------------------------------------------**/
u8 esp8266_SetStationModel(void)
{
    //查询工作模式
    printf("AT+CWMODE?\r\n");
    delay(20);                          //延时等待
    if(ReceiveState==1)                 //串口接收完成
    {
        ReceiveState=0;
        if(Is_Station_Model())          //如果设置的是Station模式
        {
            //返回1
            return 1;
        }
        else
        {
            //如果不是Station模式,那就设置为Station模式
            printf("AT+CWMODE=1\r\n");
            delay(20);                  //延时等待
            if(ReceiveState==1)         //串口接收完成
            {   ReceiveState=0;
                if(Is_SetEsp8266_OK())  //设置成功
                {
                    //设置成功,返回1
                    return 1;
                }
                else
                {
                    //设置失败,返回0
                    return 0;
                }
            }
        }
    }
    return 0; //默认返回0
}
/**------------------------------------------------------------
```

判断 ESP8266 返回设置结果

设置成功,串口接收缓存中有 OK,就返回 1

设置失败,串口接收缓存中有 ERROR,或者没有收到返回消息,就返回 0

```
-----------------------------------------------------------**/
u8 Is_SetEsp8266_OK()
{
    u16 i;
    u16 len;
    len=USART_RX_STA&0x3fff;      //得到此次接收到的数据长度
    for(i=0;i<len;i++)
    {
        if(USART_RX_BUF[i]=='O' && USART_RX_BUF[i+1]=='K')
        {
            clear_UsartReadBuf();
            return 1;                //如果设置成功,ESP8266 返回 OK
        }
    }
    clear_UsartReadBuf();
    return 0;   //循环结束没有 OK,或者返回了 ERROR,说明没有设置成功
}
//查询 ESP8266 模块是否为 station 模式,也就是 CWMODE:1
u8 Is_Station_Model()
{
    u16 i;
    u16 len;
    len=USART_RX_STA&0x3fff;   //得到此次接收到的数据长度
    for(i=0;i<len;i++)
    {
        if(USART_RX_BUF[i]==':' && USART_RX_BUF[i+1]=='1')
        {
            clear_UsartReadBuf();
            return 1;   //如果设置成功,则 ESP8266 返回 OK
        }
    }
    clear_UsartReadBuf();
    return 0;   //循环结束没有 OK,或者返回了 ERROR,说明没有设置成功
}
/* * -----------------esp8266 连接家庭路由器----------------------
@param wifiname, wifiport
-----------------------------------------------------------**/
void esp8266_ConnectRouter(char * wifiname,char * wifipwd)
{
    printf ( "%s%s%s%s%s%s%s%s%s","AT + CWJAP =","\"", wifiname,"\",","\"",
wifipwd,"\"","\r\n");
```

```
    delay(5000);


}
/**------------------------------------------------------------
    作为 station 模式,连接家庭路由器后,连接内网或者外网服务器,默认 TCP 模式
    @param 服务器 IP,端口;通过串口传过来的数据 IP 和端口直接以逗号分隔
    ip 可能是公网域名,也可能是公网或者局域网 IP 地址
    -----------------------------------------------------------**/
void esp8266_ConnectServer(char * protocol,char * serverip,char * serverport)
{
    printf("%s%s%s%s%s%s%s%s%s%s%s","AT+CIPSTART=","\"","TCP","\"",",","\"",
serverip,"\",",serverport,"\r\n");
    delay(5000);
}
/* -----------设置为透传模式,并开始透传数据------- * /
void esp8266_SetSendMode()
{
    printf("%s","AT+CIPMODE=1\r\n");        //单链接模式
    delay(1000);
    printf("%s","AT+CIPSEND\r\n");          //开始透传
    delay(1000);
}
/* -------------------退出透传------------------- * /
void disconnectedWifiTrans()
{
    printf("%s","+++");                     //单链接模式
    delay(1000);
}
/* -----------AirKiss 配网设置的参数------------- * /
void AirKiss_SetEsp8266(void)
{
  printf("%s","AT+CWMODE=1\r\n");           //Station 模式
  delay(200);
    printf("%s","AT+CWSTARTSMART\r\n");     //智能配网 AirKiss SmartConfig 模式
    delay(200);
}
/* -----------软件 AT 指令让 ESP8266 复位---------- * /
void RST_Esp8266(void)
{
    //复位模块
    printf("%s","AT+RST\r\n");
    delay(5000);
```

```
    clear_UsartReadBuf();
}
void Free_Smart(void)
{
    printf("%s","AT+CWSTOPSMART\r\n");
    delay(200);
}
/*-----------------断开 WiFi---------------*/
void DisConnetWIFI(void)
{
    printf("%s","AT+CWQAP\r\n");        //Station 模式
    delay(200);
}
```

在 ESP8266.c 文件中,可以看到多处调用 C 语言标准输出函数 printf(),而 printf() 函数会循环调用 fputc() 函数,单片机在执行 printf() 函数时,我们期望 MCU 的输出能够通过串口 1 进而传送至 ESP8266 无线网卡。因此,在项目的 usart.c 文件的第 25～31 行实现了对 fputc() 函数的重定义,使其输出到串口 1,具体代码如下。

```
//重定义 fputc 函数
int fputc(int ch, FILE * f)
{
    while((USART1->SR&0X40)==0);        //循环发送,直到发送完毕
    USART1->DR=(u8) ch;
    return ch;
}
```

至此,所有对 ESP8266 的控制指令,都可以通过调用 printf() 函数,经由串口 1 送达。

3. 测试

在 main.c 文件中测试 ESP8266 无线网卡的联网功能,从某个网站(http://api.k780. com:88/? app = life. time&appkey = 10003&sign = b59bc3ef6191eb9f747dd4e83c99 f2a4&format=json&HTTP/1.1)获取网络时间。

main.c 文件的内容如下。

```
#include "sys.h"
#include "delay.h"
#include "gpio.h"
#include "uart2.h"
#include "usart.h"
#include "esp8266.h"
```

```
#include "dht11.h"
#include "relay.h"
#include "esp8266.h"
#include "led.h"
#include "key.h"
#include "mqtt.h"
extern u8 flag;            //配网标志,该变量在 key.c 中定义
int main()
{
    delay_init(72);        //调用 delay_init() 函数,将 SysTick 时钟固定为 HCLK 的 1/8
    PC13_GPIO_Configuration();
    uart_init(115200);          //初始化串口 1
    uart2_Init(115200);         //初始化串口 2
    DHT11_Init();               //初始化 DHT11
    Relay_Init();               //初始化继电器控制引脚
    delay(1000);
    disconnectedWifiTrans();  //如果有 WiFi 透传先断开(如果模块进入透传模式,必须
                                先退出透传再发送其他指令)
    RST_Esp8266();              //复位一下 ESP8266 网卡
    esp8266_ConnectRouter("public","12345678");   //连接无线路由器
    delay(5000);
    //参数是 TCP 协议,域名或者公网或局域网 IP,端口
    esp8266_ConnectServer("TCP","api.k780.com","80");
                                //Station 模式连接,IP 地址为 IP 或域名
    esp8266_SetSendMode();      //开启 esp8266 透传模式并开始发送数据
    while(1)
    {
        Relay_Control('1');
        delay(3000);
        Relay_Control('2');
        delay(3000);
        printf("GET http://api.k780.com:88/?app=life.time&appkey=10003
        &sign=b59bc3ef6191eb9f747dd4e83c99f2a4&format=json&HTTP/1.1\r\n");
        //注意,在编辑器中编写程序时,GET 命令后有一个空格,之后写网址即可
        delay(3000);
        clear_UsartReadBuf();
    }
}
```

将代码下载至开发板,连接串口 2,系统上电运行。可以看到,通过网卡能够获取网络时间,并将获取的信息通过串口 2 打印到上位机串口助手,如图 6-17 所示。

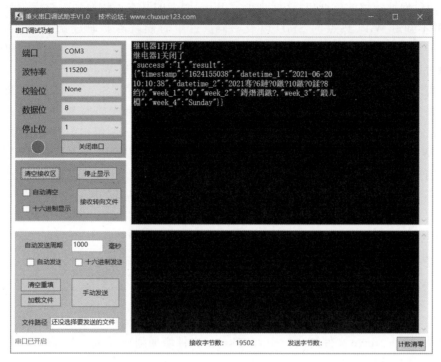

图 6-17　ESP8266 测试

6.6.8　智能配网

1. 基于 AirKiss 的智能配网技术

在 6.6.7 节的测试代码中，为 ESP8266 分配了一个固定的 SSID，并将验证密码"固化"在代码中。对于一款嵌入式产品而言，不能让用户在代码中设置好 WiFi 热点和密码以后自己编译并下载代码。更何况，用户可能会经常更换 WiFi。因此，必须为用户提供一种能够配置 WiFi 热点的方法。很多在居家环境、工业现场、汽车等应用场景下工作的嵌入式设备，基本都不会配置显示器、键盘、鼠标等标准输入/输出设备，更不可能为用户提供一个图形化的设置界面。在此类应用场景下，AirKiss 技术就可以发挥作用了。

AirKiss 是微信硬件平台提供的一种 WiFi 设备快速入网配置技术，要使用微信客户端的方式配置设备入网，需要设备支持 AirKiss 技术。目前已经有越来越多的芯片和模块厂商，提供支持 AirKiss 技术的方案。AirKiss 技术实现智能配网的基本过程如下。

（1）WiFi 设备以 Station 混杂模式运行。

（2）手机智能配置 App 通过某种协议包发送 WiFi 热点的 SSID 和密码。

（3）WiFi 设备通过抓包获取 SSID 和密码，然后连接到 WiFi 热点。

一般而言，WiFi 设备刚开始运行时就处于 Station 模式，这种模式下它抓取物理空间中所有符合 802.11 协议的数据包。但是，正常的 WiFi 设备都有一个 MAC 地址，其硬件电路会自动将 MAC 地址与自身的 MAC 地址不一致的数据包忽略掉，只接收那些与自已的 MAC 地址一致的数据包,这就是正常 WiFi 网卡的基本工作原理。对于一个新的设备,它并不知道 WiFi 热点的 SSID 以及密码。这个时候就需要通过让 WiFi 网卡进入(Station)模式才有可能接收到包含 SSID 和密码的数据包。而这些包含 SSID 和密码的数据包可以由微信程序为它提供(运行微信的手机已经接入到 WiFi 热点)。

简言之,智能配网的关键就在于让 ESP8266 无线网卡处于 Station 模式,其余的工作由微信来完成。通俗地讲,就是首先用手机连接已知 SSID 和密码的 WiFi 热点;其次,设置 ESP8266 无线网卡工作模式,使其处于 Station 模式;第三,调用相关的微信程序,该程序会将 WiFi 热点的 SSID 和密码"告知"无线网卡,而且无线网卡会记住这些信息,永久保留。当更换 WiFi 网络后,就需要重新完成"智能配网"的过程。智能配网技术很好地解决了小型嵌入式设备(网络摄像头、工业现场智能传感设备等)接入无线网络的问题。

根据原理图,在 ESP8266 进行智能配网操作时,首先要按下配网按键(挂在 PA1 上的 K1 按键)触发外部中断,在中断服务程序中完成对 ESP8266 状态的配置,使其进入 Station 模式;其次,在智能配网过程中,对应的指示灯(PB9)需处于常亮状态。

2. 程序设计与实现

在实现程序时,需在 D:\STM32F103\SmartHome\HARDWARE 目录下新增 led.h、led.c 以及 key.h、key.c 文件,并将 led.c 和 key.c 文件增加到项目的 HARDWARE 组内。

led.h 文件的内容如下。

```
#ifndef _ _LED_H
#define _ _LED_H
#include "sys.h"
#define LED0 PCout(13)           //板载上 LED 指示灯
#define KeyLED PBout(9)          //LED 指示灯
void KeyLED_Init(void);          //智能配网按键对应的指示灯初始化
void LED_Init(void);             //核心板上系统指示灯
#endif
```

led.c 文件的内容如下。

```
#include "led.h"
//LED 系统指示灯
//LED IO 初始化
void LED_Init(void)
{
    GPIO_InitTypeDef  GPIO_InitStructure;
    RCC_APB2PeriphClockCmd(RCC_APB2Periph_GPIOC, ENABLE); //使能 PC 端口时钟
    GPIO_InitStructure.GPIO_Pin=GPIO_Pin_13;                      //LED 端口配置
    GPIO_InitStructure.GPIO_Mode=GPIO_Mode_Out_PP;          //推挽输出
```

```
    GPIO_InitStructure.GPIO_Speed=GPIO_Speed_50MHz;       //I/O 口的速度为 50MHz
    GPIO_Init(GPIOC, &GPIO_InitStructure);        //根据设定参数初始化 GPIOC13
}
//智能配网指示灯,配网按键按下指示灯亮
void KeyLED_Init(void)
{
    GPIO_InitTypeDef GPIO_InitStructure;
    RCC_APB2PeriphClockCmd(RCC_APB2Periph_GPIOB, ENABLE); //使能 PC 端口时钟
    GPIO_InitStructure.GPIO_Pin=GPIO_Pin_9;                 //LED 端口配置
    GPIO_InitStructure.GPIO_Mode=GPIO_Mode_Out_OD;         //开漏输出
    GPIO_InitStructure.GPIO_Speed=GPIO_Speed_50MHz;       //I/O 口的速度为 50MHz
    GPIO_Init(GPIOB, &GPIO_InitStructure);        //根据设定参数初始化
    GPIO_SetBits(GPIOB,GPIO_Pin_9);               //默认高电平
}
```

key.h 文件的内容如下。

```
#ifndef _KEY_H_
#define _KEY_H_
#include "stm32f10x.h"
#define KEY GPIO_ReadInputDataBit(GPIOA,GPIO_Pin_1)
void KEY_Init(void);          //按键配置
void Key_Exit_Init(void);     //按键外部中断初始化
#endif
```

key.c 文件的内容如下。

```
#include "stm32f10x.h"
#include "key.h"
#include "delay.h"
#include "led.h"
/ *-------------------------------------------
这里使用外部中断按键,PA1
好处是比直接判断按键是否按下要灵敏
直接判断按键按下是否为低电平也可
------------------------------------------- * /
u8 flag=1;//标志位,直接进入配网标志
void KEY_Init(void)//按键配置
{
    GPIO_InitTypeDef GPIO_InitStructure;
    RCC_APB2PeriphClockCmd(RCC_APB2Periph_GPIOA,ENABLE);
                                                //使能 PORTA,PORTE 时钟
    GPIO_InitStructure.GPIO_Pin=GPIO_Pin_1;      //PA.1
    GPIO_InitStructure.GPIO_Mode=GPIO_Mode_IPU;  //设置成上拉输入
```

```
        GPIO_Init(GPIOA, &GPIO_InitStructure);              //初始化 GPIOA.1
}
//按键外部中断初始化函数
void Key_Exit_Init(void)                                   //I/O初始化
{
    EXTI_InitTypeDef EXTI_InitStructure;
    NVIC_InitTypeDef NVIC_InitStructure;
    KEY_Init();
    RCC_APB2PeriphClockCmd(RCC_APB2Periph_AFIO,ENABLE);     //使能复用功能时钟
    EXTI_InitStructure.EXTI_Mode=EXTI_Mode_Interrupt;
    EXTI_InitStructure.EXTI_Trigger=EXTI_Trigger_Falling;
    EXTI_InitStructure.EXTI_LineCmd=ENABLE;
    //GPIOA.1  中断线以及中断初始化配置 下降沿触发 //KEY1
    GPIO_EXTILineConfig(GPIO_PortSourceGPIOA,GPIO_PinSource1);
    EXTI_InitStructure.EXTI_Line=EXTI_Line1;
    EXTI_Init(&EXTI_InitStructure);
    NVIC_InitStructure.NVIC_IRQChannel=EXTI1_IRQn;
                                        //使能按键 KEY1 所在的外部中断通道
    NVIC_InitStructure.NVIC_IRQChannelPreemptionPriority=2;  //抢占优先级 2
    NVIC_InitStructure.NVIC_IRQChannelSubPriority=2;         //子优先级 2
    NVIC_InitStructure.NVIC_IRQChannelCmd=ENABLE;   //使能外部中断通道
    NVIC_Init(&NVIC_InitStructure);
}
//外部中断 1 服务程序
void EXTI1_IRQHandler(void)
{
    if(EXTI_GetITStatus(EXTI_Line1)!=RESET)
    {
        delay_ms(10);//消抖
        //按下 AirKiss 智能配网按键 设置智能配网模式,配合手机微信或者 App 开始配网
        //如果再更换连接的 WiFi 需要重新按下按键开始配网
        //手机显示配网成功后,需要重新上电开发板或者按开发板复位键重启
        if(KEY==0)//读到按键按下,设置标志进入智能配网状态
        {
            flag=0;
        }
        EXTI_ClearITPendingBit(EXTI_Line1);         //清除 LINE1 上的中断标志位
    }
}
```

3. 测试

改写 main()函数,在其中完成对按键外部中断的测试,实际上,按键按下时系统应该

执行智能配网,即让 ESP8266 网卡进入 Station 模式,之后的操作通过微信完成。

main.c 文件的内容如下。

```
#include "sys.h"
#include "delay.h"
#include "gpio.h"
#include "uart2.h"
#include "usart.h"
#include "esp8266.h"
#include "dht11.h"
#include "relay.h"
#include "esp8266.h"
#include "led.h"
#include "key.h"
#include "mqtt.h"
extern u8 flag;          //配网标志,该变量在 key.c 中定义
int main()
{
    delay_init(72);      //调用 delay_init()函数,将 SysTick 时钟固定为 HCLK 的 1/8
    //PC13_GPIO_Configuration();
    uart_init(115200);   //初始化串口 1
    uart2_Init(115200);  //初始化串口 2
    DHT11_Init();        //初始化 DHT11
    Relay_Init();        //初始化继电器控制引脚
    LED_Init();
    KeyLED_Init();
    KEY_Init();
    Key_Exit_Init();
    delay(1000);
    while(1)
    {
        Relay_Control('1');
        delay(3000);
        Relay_Control('2');
        delay(3000);
        //配网按键触发外部中断,说明要进入智能配网状态,此处只是简单在让网卡获取网络
          时间
        //实际上,智能配网只需要网卡进入 Station 模式即可,剩下的工作由微信来完成
        if(flag==0)      //按键按下,外部中断被触发,在中断服务程序中仅仅实现了对
                           flag 的设置
        {
            KeyLED=0;    //配网指示灯常亮
            flag=2;      //使系统始终停留在配网状态,直到手动复位
```

```
disconnectedWifiTrans();      //如果有 WiFi 透传,则先断开,这一点很重要
//按下 AirKiss 智能配网按键,设置智能配网模式,配合手机微信或者 App 开始
    配网
//如果再更换连接的 WiFi 需要重新按下按键开始配网
//手机显示配网成功后,需要重新上电开发板或者按开发板复位键重启
RST_Esp8266();
//AirKiss smartconfig 智能配网,仅支持 2.4GHz 频率的路由器,不支持双频
    段 5GHz 频率的路由器
//配网过程会持续几分钟,待微信小程序提示"配网成功"后复位开发板即可
AirKiss_SetEsp8266();
    }
    }
}
```

编译并下载代码,连接串口 2,系统刚刚开始运行时,打印继电器控制信息;当长按智能配网按键待配网指示灯亮时,使用微信程序进行配网操作。首先使用微信扫描如图 6-18 所示的二维码进入配网页面(注意,手机必须已经连接 WiFi 热点)。

图 6-18 所示的二维码是安信可公司开发的配网页面,用户可以直接使用。手机所连接的 WiFi 热点必须是 2.4GHz 频率的,不能连接 5GHz 的 WiFi 热点。单击"开始配置",如图 6-19 所示。

图 6-18　配网界面二维码　　　　　　　图 6-19　开始配网

输入 WiFi 密码,单击"连接"等待配置完成,如图 6-20 所示。

这个过程需要几分钟,需耐心等待,直到弹出"配置成功"的提示信息,如图 6-21 所示。当然配网过程也可能会得到"连接超时"的提示,只需重新配网即可。

图 6-20 连接 WiFi 热点

图 6-21 "配网成功"提示信息

智能配网完成后,复位开发板即可。完成配置后,ESP8266 无线网卡会记住这个 WiFi 热点的 SSID 和密码,每次启动后都会尝试连接该热点。因此,如果用户更换了 WiFi 热点,需要重新执行智能配网的过程。在整个配网过程中,也可以在串口调试助手看到,ESP8266 获得 WiFi 热点的相关信息,如图 6-22 所示。

图 6-22 配网过程信息

当然,完成智能配网的方法不止这一种,利用安信可公司提供的微信页面进行智能配网是较为便捷的一种方法。

6.6.9　MQTT 协议分析与移植

1. MQTT 协议简介

MQTT(Message Queuing Telemetry Transport,消息队列遥测传输协议),是一种基于发布/订阅(publish/subscribe)模式的"轻量级"通信协议,该协议构建于 TCP/IP 上,由 IBM 在 1999 年发布。MQTT 的最大优点在于,能够以极少的代码和有限的带宽,为连接远程设备提供实时可靠的消息服务。作为一种低开销、低带宽占用的即时通信协议,MQTT 在物联网、小型设备、移动应用等方面有较广泛的应用。

MQTT 是一个基于客户端—服务器的消息发布/订阅传输协议。MQTT 协议是轻量、简单、开放和易于实现的,这些特点使它适用范围非常广泛,包括受限的环境中,如机器与机器(M2M)通信和物联网(IoT)。其在通过卫星链路通信传感器、偶尔拨号的医疗设备、智能家居及一些小型化设备中广泛使用。

2. MQTT 协议设计规范

由于物联网的环境的特殊性,MQTT 遵循以下设计原则。

(1) 精简,不添加可有可无的功能。

(2) 发布/订阅模式,方便消息在传感器之间传递。

(3) 允许用户动态创建主题,零运维成本。

(4) 把传输量降到最低以提高传输效率。

(5) 把低带宽、高延迟、不稳定的网络等因素考虑在内。

(6) 支持连续的会话控制。

(7) 理解客户端计算能力可能很低。

(8) 提供服务质量管理。

(9) 假设数据不可知,不强求传输数据的类型与格式,保持灵活性。

3. MQTT 协议的主要特点

MQTT 协议工作在低带宽,设计时考虑了不可靠网络中的远程传感器和控制设备的通信问题,它具有以下主要的几项特性。

(1) 使用发布/订阅消息模式,提供一对多的消息发布,解除应用程序耦合。

这一点很类似于 XMPP,但是 MQTT 的信息冗余远小于 XMPP,因为 XMPP 使用 XML 格式文本传递数据。

(2) 对负载内容屏蔽的消息传输。

(3) 使用 TCP/IP 提供网络连接。

主流的 MQTT 是基于 TCP 连接进行数据推送的,但是同样有基于 UDP 的版本,叫作 MQTT-SN。这两种版本由于基于不同的连接方式,优缺点自然也就各有不同。

（4）有 3 种消息发布服务质量，具体如下。

"至多一次"：消息发布完全依赖底层 TCP/IP 网络，会发生消息丢失或重复。这一级别可用于环境传感器数据传输、普通 App 消息推送等应用场景，丢失一次读记录无所谓，因为不久后还会有第二次推送。

"至少一次"：确保消息到达，但消息重复可能会发生。

"只有一次"：确保消息到达一次。在一些要求比较严格的计费系统中，可以使用此级别。在计费系统中，消息重复或丢失会导致不正确的结果。这种最高质量的消息发布服务还可以用于即时通信类的 App 的推送，确保用户收到且只会收到一次。

（5）小型传输，开销很小（固定长度的头部是 2 字节），协议交换最小化，以降低网络流量。

这就是为什么在介绍里说它非常适合"在物联网领域，传感器与服务器的通信，信息的收集"，要知道嵌入式设备的运算能力和带宽都相对较弱，使用这种协议来传递消息再适合不过了。

（6）使用 Last Will 和 Testament 特性通知有关各方客户端异常中断的机制。

Last Will：遗言机制，用于通知同一主题下的其他设备发送遗言的设备已经断开连接。

Testament：遗嘱机制，功能类似于 Last Will。

4. 协议原理

1）MQTT 协议实现方式

实现 MQTT 协议需要客户端和服务器端通信完成，在通信过程中，MQTT 协议中有 3 种身份：发布者（Publish）、代理（Broker）（即服务器）、订阅者（Subscribe）。其中，消息的发布者和订阅者都是客户端，消息代理是服务器，消息发布者可以同时是订阅者。

MQTT 传输的消息分为：主题（Topic）和负载（Payload）两部分：

（1）Topic：可以理解为消息的类型，订阅者订阅后，就会收到该主题的消息内容（Payload）。

（2）payload，可以理解为消息的内容，是指订阅者具体要使用的内容。

2）网络传输与应用消息

MQTT 会构建底层网络传输：它将建立客户端到服务器的连接，提供两者之间的一个有序的、无损的、基于字节流的双向传输。

当应用数据通过 MQTT 网络发送时，MQTT 会把与之相关的服务质量（QoS）和主题名（Topic）相关联。

3）MQTT 客户端

一个使用 MQTT 协议的应用程序或者设备，它总是建立到服务器的网络连接。客户端可以完成如下几项工作。

（1）发布其他客户端可能会订阅的信息。

（2）订阅其他客户端发布的消息。

（3）退订或删除应用程序的消息。

（4）断开与服务器连接。

4）MQTT 服务器端

MQTT 服务器也称为"消息代理（Broker）"，可以是一个应用程序或一台设备。它位于消息发布者和订阅者之间，它具备如下功能。

（1）接受来自客户的网络连接。

（2）接受客户发布的应用信息。

（3）处理来自客户端的订阅和退订请求。

（4）向订阅的客户转发应用程序消息。

5）MQTT 协议中订阅、主题、会话

（1）订阅。订阅包含主题筛选器（Topic Filter）和最大服务质量（QoS）。订阅会与一个会话（Session）关联。一个会话可以包含多个订阅。每一个会话中的每个订阅都有一个不同的主题筛选器。

（2）会话。每个客户端与服务器建立连接后就是一个会话，客户端和服务器之间有状态交互。会话存在于一个网络之间，也可能在客户端和服务器之间跨越多个连续的网络连接。

（3）主题名。连接到一个应用程序消息的标签，该标签与服务器的订阅相匹配。服务器会将消息发送给订阅所匹配标签的每个客户端。

（4）主题筛选器。一个主题名通配符筛选器，在订阅表达式中使用，表示订阅所匹配到的多个主题。

（5）负载。消息订阅者所具体接收的内容。

6）MQTT 协议中的方法

MQTT 协议中定义了一些方法（也被称为动作），用来表示对确定资源所做的操作。这个资源可以代表预先存在的数据或动态生成的数据，这取决于服务器的实现。通常来说，资源指服务器上的文件或输出。主要方法有以下几种。

（1）Connect。等待与服务器建立连接。

（2）Disconnect。等待 MQTT 客户端完成所做的工作，并与服务器断开 TCP/IP 会话。

（3）Subscribe。等待完成订阅。

（4）UnSubscribe。等待服务器取消客户端的一个或多个 topics 订阅。

（5）Publish。MQTT 客户端发送消息请求，发送完成后返回应用程序线程。

5. MQTT 协议移植

首先，将 MQTT 协议的源代码复制到项目目录，本项目 MQTT 的源代码目录如图 6-23 所示。

注意：图 6-23 所示的目录中包含所有 MQTT 协议的.h 头文件，需要将该目录配置到系统的 Include Paths 当中（单击"魔法棒"→C/C++ 选项卡→设置 Include Paths），如图 6-24 所示。也就是说，项目中所有的.h 头文件的路径都必须告知系统，这样编译时编译器才能找到文件。

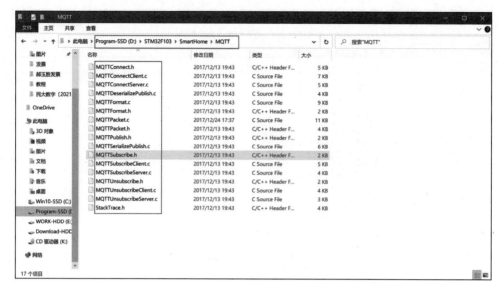

图 6-23　MQTT 源代码

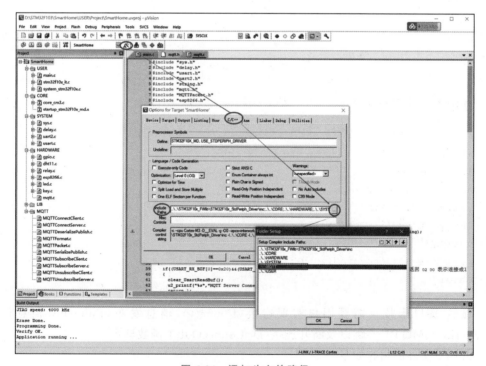

图 6-24　添加头文件路径

　　其次,需要在项目中创建 MQTT 组,并将目录下的所有.c 文件添加至组内,如图 6-25 所示。

　　第三,需要在 D:\STM32F103\SmartHome\HARDWARE\目录下实现 mqtt.h 和 mqtt.c 文件(工作的重点),完成对 MQTT 协议接口函数的设计与开发工作。

图 6-25 向 Group 添加文件

mqtt.h 文件内容如下。

```
#ifndef __MQTT_H
#define __MQTT_H
#include "sys.h"
u8 mqtt_connect(void);
u8 mqttPublish(char * sub,char * sp);
u8 mqttsubscribe(char * sp);
void MQTT_heart(void);
void MQTT_DisConnected(void);
#endif
```

显然,接口函数只需要用户实现连接(Connect)、消息发布(Publish)、消息订阅(Subscribe)、MQTT 心跳以及断开连接(DisConnect)几个函数即可。

mqtt.c 文件的内容如下。

```
1.    #include "sys.h"
2.    #include "delay.h"
3.    #include "usart.h"
4.    #include "uart2.h"
5.    #include "string.h"
```

```
6.      #include "mqtt.h"
7.      #include "MQTTPacket.h"
8.      #include "esp8266.h"
9.      u8 SendData[300];                        //发送缓冲区
10.     u16 MQTT_packid=1;                       //MQTT 报文标识符
11.     u8  MQTT_DisConnected_Flag=0;            //MQTT 断开重新连接标志
12.     u8 mqtt_connect(void)
13.     {
14.         u8 connectBuf[200];                  //连接数组缓存
15.         u16 i;
16.         int32_t len;
17.         MQTTPacket_connectData data=MQTTPacket_connectData_initializer;
18.          data.clientID.cstring="XBMU_IoT_C1G00";   //MQTT 客户端 ID
19.         data.keepAliveInterval=60;                 //MQTT 心跳时间,单位为 s
20.         data.cleansession=0;                       //清理会话标志置位
21.         data.username.cstring="mqttuser";          //MQTT 用户名
22.         data.password.cstring="mqttuserpwd";       //MQTT 密码
23.         len=MQTTSerialize_connect(connectBuf, sizeof(connectBuf), &data);
24.         u2_printf("发起连接,%s,%s,%s.\n",data.username.cstring,data.
            password.cstring,data.clientID.cstring);
25.         Usart1_SendBuf(connectBuf,len);
26.         for(i=0;i<8000;i++)      //等待 8s 返回连接
27.         {
28.             //接收 MQTT 服务器返回 02 00 表示连接成功
29.             if((USART_RX_BUF[0]==0x20)&&(USART_RX_BUF[1]==0x02)&&
                (USART_RX_BUF[3]==0x00))
30.             {
31.                  clear_UsartReadBuf();
32.                 u2_printf("%s","MQTT Server Connected!");
33.                 return 1;
34.             }
35.             else
36.             {
37.                 delay(1);
38.             }
39.         }
40.         u2_printf("%s","MQTT Server DisConnected!");
41.         return 0;
42.     }
43.     //返回温度字符串的长度
44.     static u16 trlen(u8 * sp)
45.     {
46.         u16 n=0;
```

```
47.        u8 * tr=sp;
48.        while(0!=(*tr))
49.        {
50.            tr++;
51.            n++;
52.        }
53.        return n;
54.    }
55.    //MQTT 发布函数 u8 * sp 必须指向字符串,即以'\0'结尾的字符串
56.    //返回 1 表示成功,返回 0 表示失败
57.    /**@parma * sub 发布主题, * sp 发布内容**/
58.    u8 mqttPublish(char * sub,char * sp)
59.    {
60.        u32 payloadlen,len;
61.        u8 * payload=(u8 *) sp;
62.        MQTTString topicString=MQTTString_initializer;
63.        topicString.cstring=sub;
64.        payloadlen=trlen((u8 *) sp);
65.        len=MQTTSerialize_publish(SendData, sizeof(SendData), 0, 0, 0,
66.                MQTT_packid++, topicString, (unsigned char *) payload,
                    payloadlen);          //至多一次
67.        u2_printf("发布消息,主题:%s,内容%s.\n",topicString.cstring,payload);
68.        Usart1_SendBuf(SendData,len);
69.        return 1;
70.    }
71.    //MQTT 订阅函数 u8 *  sp 必须指向字符串,即以'\0'结尾的字符串
72.    //返回 1 表示成功,返回 0 表示失败 @param * sp 订阅主题
73.    u8 mqttsubscribe(char * sp)
74.    {
75.        int req_qos=0;
76.        u32 len;
77.        MQTTString topicString=MQTTString_initializer;
78.        topicString.cstring=sp;
79.        len=MQTTSerialize_subscribe(SendData, sizeof(SendData), 0, MQTT_
80.                packid++, 1, &topicString, &req_qos);//至多一次
81.        u2_printf("订阅主题:%s.\n",topicString.cstring);
82.        Usart1_SendBuf(SendData,len);
83.        delay(2000);        //订阅主题延时 2s,如果 qos=1,每次客户端连接时,服务器
                                默认发送保留的数据,应该清理
84.        clear_UsartReadBuf();
85.        return 1;
86.    }
87.    //MQTT 心跳处理
```

```
88.    void MQTT_heart()
89.    {
90.        u2_printf("MQTT 发送心跳.\n");
91.        Usart1_SendByte(0xc0);
92.        Usart1_SendByte(0x00);
93.        delay(1000);
94.        if(!(USART_RX_BUF[0]==0xD0 && USART_RX_BUF[1]==0x00))
                                                    //如果 MQTT 断开了
95.        {
96.            sysReset();                          //系统复位重启
97.        }
98.        clear_UsartReadBuf();
99.    }
100.   //MQTT 断开连接
101.   void MQTT_DisConnected()
102.   {
103.       Usart1_SendByte(0xE0);
104.       Usart1_SendByte(0x00);
105.       u2_printf("MQTT 断开连接.\n");
106.       delay(1000);
107.   }
108.   /* -------------系统软件复位----------------- */
109.   void sysReset(void)
110.   {
111.       __set_FAULTMASK(1);       //关闭所有中断
112.       NVIC_SystemReset();       //复位
113.   }
```

6. 测试

至此,已经完成整个系统的大部分开发工作,系统能够采集温、湿度数据,能够控制继电器,具备通过 ESP8266 无线网卡建立 TCP 连接的能力,也能够支持 MQTT 协议。下面通过几个测试用例来验证整个系统的各个功能。

(1) 通过 MQTT 协议发布主题,主题名的命名规则为:IoT/C1TempHumi00。其中,加粗的 1 为班级号,加粗的 00 代表所在的项目组编号,书中举例时使用 1 班 00 组,各小组编程时务必使用正确的班级号和组号。通过该主题发布单片机采集到的温、湿度信息。当然,读者在发布主题时,完全可以采用自己喜欢的命名,此处不要生搬硬套。

(2) 通过 MQTT 协议接收主题,能够接收其他客户端发布到服务器的主题信息。实际上,后期项目还要求大家完成一个 Android App,这个 App 需要向服务器发布一个名为 IoT/C1LAY00 的主题,该主题上发布的信息用于控制单片机的继电器。

整个系统相当于有两个客户端,一个是 STM32 单片机,它通过一个主题向服务器发布温、湿度信息;同时,单片机也订阅另外一个主题用于接收控制继电器的命令;另一个客户端则是 Android App,该客户端向服务器发布一个主题,通过该主题发布控制继电器的命令;同时,也订阅 STM32 单片机发布的主题,用于接收温、湿度信息并显示在 Android App 界面上。系统的整体结构如图 6-26 所示。

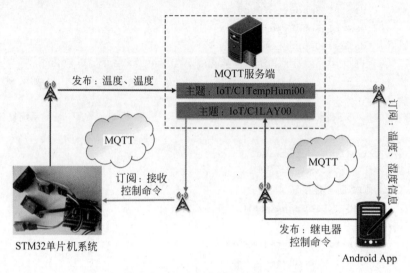

图 6-26 智能家居模型整体结构

(3) main.c 文件的内容如下。

```
1.      #include "sys.h"
2.      #include "delay.h"
3.      #include "gpio.h"
4.      #include "uart2.h"
5.      #include "usart.h"
6.      #include "esp8266.h"
7.      #include "dht11.h"
8.      #include "relay.h"
9.      #include "esp8266.h"
10.     include "led.h"
11.     #include "key.h"
12.     #include "mqtt.h"
13.     //配网标志,该变量在 key.c 中定义
14.     extern u8 flag;
15.     //定义继电器标志位,发送温湿度数据和接收继电器控制命令只能运行一个。原因在
            哪里
16.     extern u8 relay_flag;
17.     int main()
18.     {
19.        u16 times=0;          //计数
20.        u8 temperature;       //温度
21.        u8 humidity;          //湿度
```

```
22.        char temphumString[5]={0,0,0,0,'\0'};      //构造温度字符串和湿度字符串
23.        delay_init(72);    //调用 delay_init()函数,将 SysTick 时钟固定为 HCLK 的 1/8
24.        uart_init(115200);                          //初始化串口 1
25.        uart2_Init(115200);                         //初始化串口 2
26.        DHT11_Init();                               //初始化 DHT11
27.        Relay_Init();                               //初始化继电器控制引脚
28.        LED_Init();
29.        KeyLED_Init();
30.        KEY_Init();
31.        Key_Exit_Init();
32.        //单片机复位,MQTT 先断开连接
33.        MQTT_DisConnected();
34.        //如果有 WiFi 透传,则先断开(如果模块进入了透传模式,必须先退出透传再发
           送,其他指令才起作用)
35.        disconnectedWifiTrans();
36.        //ESP8266 模块复位,采用发送 AT 指令的方式
37.        RST_Esp8266();
38.        //是否设置为 Station 模式,如果没有,就设置 Station 模式(esp8266 模式设置
           永久保存在模块中,断电记忆)
39.        esp8266_SetStationModel();
40.        //参数是 TCP,域名/公网/局域网 IP,端口
41.        //作为 Station 模式连接,IP 地址可以是局域网公网 IP 或域名 nemiot.com 提
           供的 emq,可以使用
42.        esp8266_ConnectServer("TCP","49.235.247.145","1883");
43.        esp8266_SetSendMode();              //开启 esp8266 透传模式,并开始发送数据
44.        clear_UsartReadBuf();
45.        //开始连接 MQTT 服务器
46.        mqtt_connect();
47.        //订阅主题:用于接收继电器控制命令
48.        //手机 App 端必须发布同名主题:IoT/C1LAY00,单片机端才能接收到信息
49.        mqttsubscribe("IoT/C1LAY00"); //根据命名规则自己修改主题名
50.        while(1)
51.        {
52.            if(flag==1)
53.            {
54.                times++;
55.                delay(10);
56.                if(times>300)   //延时 3s
57.                {
58.                    DHT11_Read_Data(&temperature,&humidity);
                                            //读取温度值和湿度值
59.                    temperature=temperature-2;  //温度矫正,根据实际情况调整
60.                    humidity=humidity-2;        //湿度矫正,根据实际情况调整
```

```
61.              sprintf(&temphumString[0],"%d%d",temperature,humidity);
                                    //构造温度字符串和湿度字符串
62.                  if(relay_flag==0)
63.                  {
64.                      //向主题发布信息：发送温度和湿度数据；手机 App 端订阅该主题
65.                      mqttPublish("IoT/C1TempHumi00",temphumString);  //
                         根据命名规则，修改发布主题名
66.                      delay(1000);  //延时 1s
67.                      clear_UsartReadBuf();  //清理串口接收数组
68.                      MQTT_heart();  //发送心跳
69.                  }
70.                  times=0;
71.              }
72.              else
73.              {
74.                  LED0=!LED0;      //PC13 处的 LED 闪烁,提示系统正在运行
75.                  delay(40);       //延时 40ms
76.              }
77.          }
78.          if(flag==0)              //flag=0 时进入配网
79.          {
80.              flag=2;              //flag=2 时一直停在配网,直到配网成功,
                                      自己手动复位或者重启
81.              MQTT_DisConnected();  //MQTT 先断开连接
82.              disconnectedWifiTrans();
                                      //如果有 WiFi 透传,则先断开,这一点很重要
83.              //按下 AirKiss 智能配网按键,设置智能配网模式,配合手机微信或者
                 App 开始配网
84.              //如果更换了 WiFi 热点,则需要重新执行配网
85.              //手机显示配网成功后,需要重新上电开发板或者按开发板上的复位键重启
86.              RST_Esp8266();
87.              AirKiss_SetEsp8266();  //AirKiss 智能配网,仅支持 2.4GHz 频率的
                                        路由器,不支持双频段 5GHz 频率的路由器
88.              //配网时间较长,成功后手机 App 会有显示,复位开发板或者重新上电即可
89.              KeyLED=0;//配网按键按下,指示灯常亮,直到复位重启
90.          }
91.      }
92.  }
```

第 42 行代码中使用了第三方提供的 MQTT 服务器地址 49.235.247.145,提供服务的端口号为 1883,建立连接的协议类型为 TCP。读者完全可以使用自己搭建的 MQTT 服务器地址。关于如何搭建 MQTT 服务器,网络上的教程非常多,囿于篇幅,此处不再赘述。

第 49 行代码实现了对主题 IoT/C1LAY00 的订阅,Android App 必须发布一个同名的主题,当用户通过 App 操作界面上的"开/关"按钮时,控制命令由 Android App 通过该主题进行发布。

第 65 行代码实现了对主题 IoT/C1TempHumi00 的发布,系统定期向该主题发布采集到的温度和湿度信息。当然,Android App 必须订阅该主题,才可以获得开发板发布的温、湿度信息并显示到界面上。

同时,每个 MQTT 的客户端都有一个 Client ID,对 Client ID 的修改位于 mqtt.c 文件的第 18 行代码处,将单片机 Client ID 修改为 XMBU_IoT_C1G00,表示"西北民族大学物联网 1 班第 00 组",读者完全可以设置自己的 Client ID。根据 MQTT 协议规范,Client ID 的长度不得超过 23 个字符,读者在设置 Client ID 时在保证长度小于 23 个字符的情况下,还要考虑 Client ID 的唯一性(同一个服务器上可能连接有很多 Client)。同时,也可以在代码中看到建立 MQTT 连接时所使用的用户名和密码。

main.c 文件修改完毕后,编译并下载代码,连接串口(便于实时查看系统输出),开发板上电运行。

首先,按下智能配网按键,待配网指示灯变成红色后进行智能配网,配网成功后复位开发板。观察系统在串口的输出,可以看到,系统能够发布主题,并将温、湿度信息通过主题 IoT/C1TempHumi00 发布到服务器,发布的内容就是代码中构造好的温、湿度字符串,如图 6-27 所示。

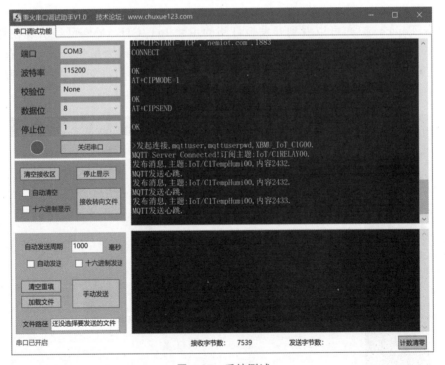

图 6-27 系统测试

使用下面的链接可登录 MQTT 服务器,详细信息如下。

登录地址：http://49.235.247.145:18083/#/。

用户名：TESTUSER。

密码：TESTPASS。

注意，上述 MQTT 服务器地址为第三方提供的服务器，如果使用不便，读者可自行搭建 MQTT 服务器。登录服务器，可以看到服务器端已经连接一个 Client，其 ID 为程序代码中设定的 XBMU_IoT_C1G00，说明开发板已经成功连接到服务器，如图 6-28 所示。

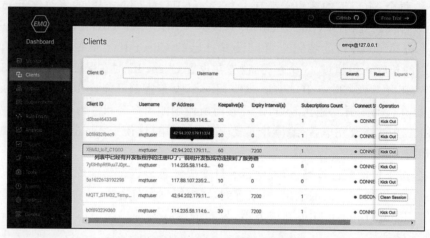

图 6-28　MQTT 服务器主界面

单击 Topics 选项，可以看到开发板订阅的主题 IoT/C1LAY00 已经出现在列表中，但是看不到开发板发布的主题 IoT/C1TempHumi00，这是因为虽然开发板发布了主题 IoT/C1TempHumi00，但是并没有客户端（比如 Android App）订阅该主题。当服务器发现有客户端订阅该主题时，主题就会显示在列表中，如图 6-29 所示。

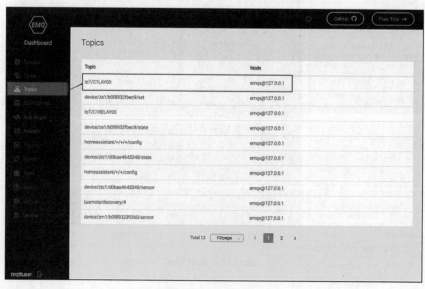

图 6-29　Topic 列表

至此,MQTT 协议似乎能够正常工作,整个项目实施已经迈进一大步。但是,依然存在两个关键问题:①如何确认开发板的确向 MQTT 服务器发布了温、湿度信息呢?②如何通过 IoT/C1LAY00 主题发布控制命令,以控制继电器工作呢?

7. 使用 MQTT.fx 客户端测试系统

在构建基于 MQTT 协议的应用时,学会使用 MQTT 客户端测试软件是必备的技能。在"工具软件"目录下找到"MQTT_FX 客户端"并完成安装(安装过程从略)。安装完毕后,打开 MQTT.fx 客户端,按照下面的步骤进行配置。

(1)新建配置文件。单击主界面的 ⚙ 按钮,完成配置文件的编辑。输入配置文件的名称、MQTT 服务器 IP 地址、端口号等信息,在 General 选项卡下做如图 6-30 所示的配置,之后单击 Apply 按钮。

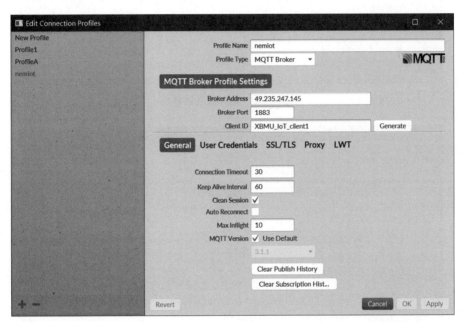

图 6-30　新建配置文件

在 User Credentials 选项卡下输入用户名(mqttuser)和密码(mqttuserpwd),并单击 Apply 按钮,如图 6-31 所示。

在 LWT 选项卡下做如下设置并单击 Apply 按钮,如图 6-32 所示。

之后,单击窗口右上角的关闭按钮,完成对配置文件的编辑。

(2)建立 MQTT 连接。在主界面选择配置文件 nemiot,单击主界面的 Connet 按钮,当右侧的绿灯亮起说明 MQTT.fx 客户端成功建立和服务器端的连接,如图 6-33 所示。

(3)订阅主题。在主界面单击 Subscribe 选项卡,在下拉列表中输入开发板发布的主题 IoT/C1TempHumi00 并单击 Subscribe 按钮,可以看到右侧的区域收到一个个数据包,单击选中每个数据包,其内容会在右下侧展示,如图 6-34 所示。

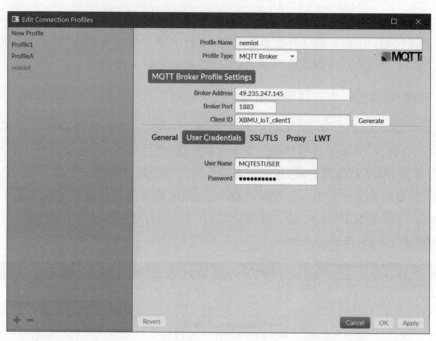

图 6-31　输入账号信息

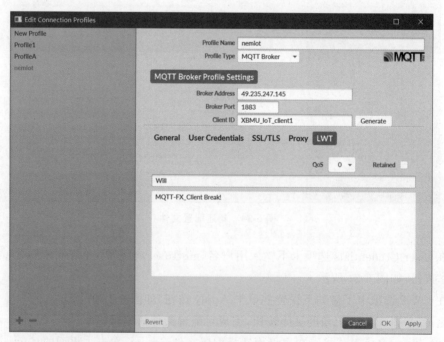

图 6-32　LWT 设置

（4）发布主题。在主界面单击 Publish 选项卡，模拟 Android App 发布 IoT/C1LAY00 主题。在该主题下分别发布 R1、R2、R3、R4 四种类型的消息（见表 6-2）。开发板收到消息时会做如下表所示的处理（实现代码位于 relay.c 文件的第 31～51 行）。

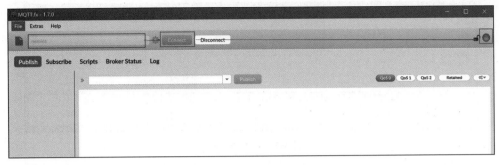

图 6-33 建立 MQTT 连接

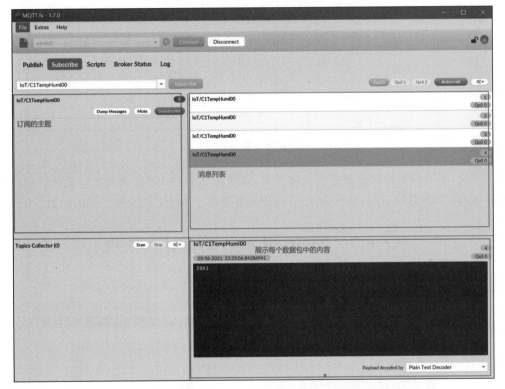

图 6-34 订阅"主题"

表 6-2 继电器控制消息

消 息	对 应 动 作	消 息	对 应 动 作
R1	打开继电器 1	R3	打开继电器 2
R2	关闭继电器 1	R4	关闭继电器 2

在下拉列表输入框中输入开发板发布的主题 IoT/C1LAY00,在消息区域分别输入四种类型的消息并单击 Publish 按钮,观察开发板上的继电器,可以看到继电器能够被 MQTT.fx 客户端发送的命令所控制,LED 灯交替打开和关闭,如图 6-35 所示。

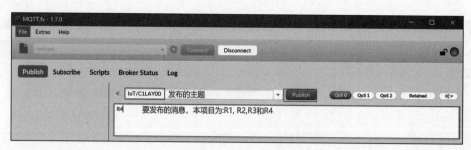

图 6-35 "发布"消息

（5）断开 MQTT 连接。单击主界面上的 Disconnect 按钮，断开与 MQTT 服务器的连接，如图 6-36 所示。

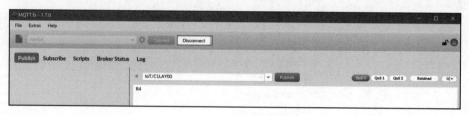

图 6-36 断开连接

至此，所有的功能均测试完毕。接下来，需要在 Android 手机端开发一款能够接收并发布 MQTT 消息的 App，显然该 App 需要具备类似于 MQTT.fx 客户端的功能。

◆ 6.7 Android App 的设计与实现

6.7.1 新建项目

在 Android Studio 的欢迎界面单击 Create New Project 选择项，如图 6-37 所示。

图 6-37 新建项目

在弹出的窗口中,选择 Phone and Tablet 选项,在右侧的区域选择 Empty Activity 选项,如图 6-38 所示。

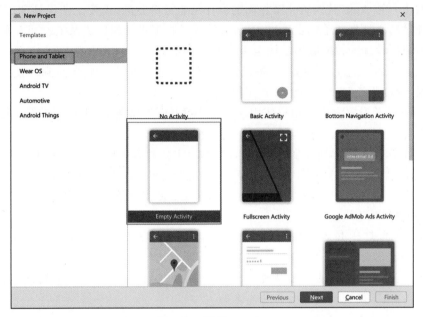

图 6-38　选择 Activity

单击 Next 按钮,在弹出的窗口中输入项目相关信息,如图 6-39 所示。

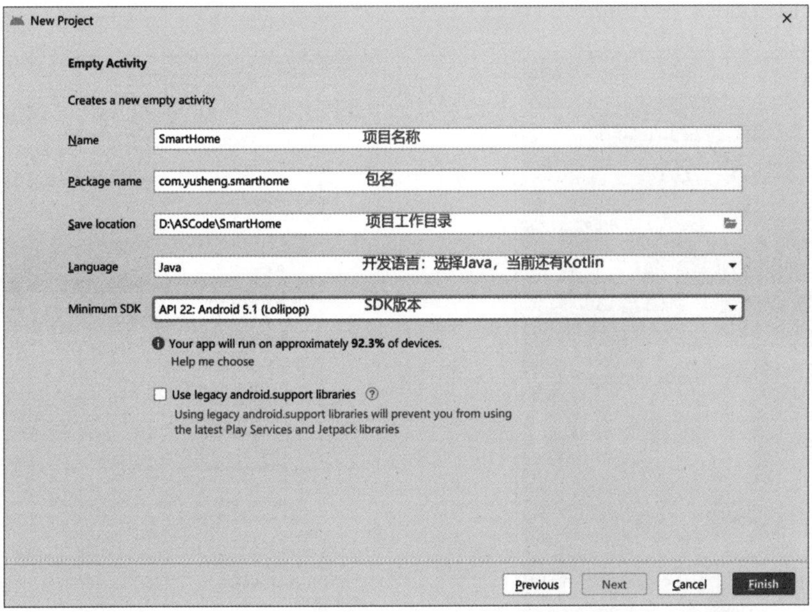

图 6-39　输入项目信息

单击 Finish 按钮完成项目创建。

6.7.2　App 主界面设计

一款优秀的 App，其人机交互界面的设计是非常讲究的，需要工业设计和 UI 设计领域的设计师精心规划并给出设计稿，系统开发人员根据设计稿完成系统的开发实现。

本项目所设计的智能家居系统至少需要如下 4 个界面。

（1）主界面。界面上布局 3 个按钮，单击相应的按钮能够分别导航到"MQTT 设置"界面，"温、湿度监控"界面以及"灯光控制"界面。

（2）MQTT 设置界面。用户使用 App 连接 MQTT 服务端，为用户提供配置 MQTT 连接的界面。

（3）温、湿度监控界面。实时显示通过 MQTT 连接获取的温、湿度信息。

（4）灯光控制界面。为用户提供远程操作继电器的界面，以实现对室内灯光的远程控制。

本节主要实现对 App 主界面的设计。假设 UI 设计师给出如下的主界面，并提供背景图片，如图 6-40 所示。

注意：UI 设计师给出的具体设计要求是：按钮默认的背景是"浅绿色（♯A9D18E)"，文字前景色为"白色"。当用户单击相应的按钮时，为了使主界面上的 3 个按钮富有动感，按钮的背景应立刻转换为"橙色（♯ED7D31)"，文字前景色继续保持白色不变。与此同时，系统跳转到相应的功能界面。

在项目目录 D:\ASCode\SmartHome\app\src\main\res 下新建一个文件夹 drawable-xxhdpi(注意，文件夹名不能出错，否则后续无法使用图片资源)。将设计师提供的 App 背景图像 img_app_bg 存在该目录下(务必把项目的目录结构搞清楚，跟 Eclipse 类似)，如图 6-41 所示。

图 6-40　App 主界面

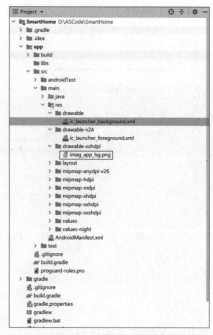

图 6-41　资源目录结构

在 drawable 目录下新增一个资源文件，设计美化按钮，如图 6-42 所示。

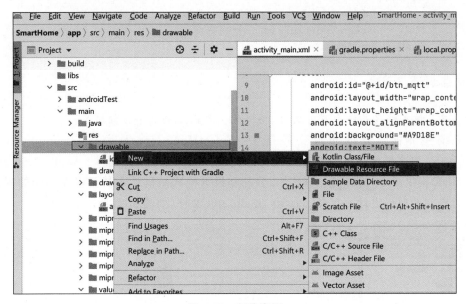

图 6-42　新建资源

在弹出的窗口中输入资源文件名 btn_change.xml，根元素输入 selector（选择器），如图 6-43 所示。

项目目录中应该成功生成 button_change.xml 文件，如图 6-44 所示。

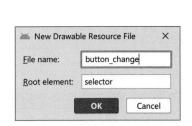

图 6-43　新建 selector 资源

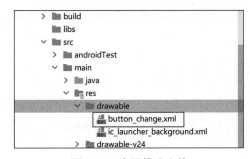

图 6-44　资源描述文件

编辑 button_change.xml 的文件内容如下。

```xml
<selector xmlns:android="http://schemas.android.com/apk/res/android">
    <item android:state_pressed="true">    <!--当按钮被按下时-->
        <shape>
            <solid android:color="#ED7D31"/>    <!--按钮被按下时的颜色-->
            <corners android:radius="32dp"/>    <!--按钮形状为圆角矩形-->
        </shape>
    </item>
    <item android:state_pressed="false">    <!--当按钮没有被按下时-->
```

```
        <shape>
            <solid android:color="#A9D18E"/>
            <corners android:radius="32dp"/>
        </shape>
    </item>
</selector>
```

注意：该文件只是一个资源文件，为美化主界面上的 3 个按钮服务。

系统主界面默认的布局文件是 D:/SmartHome/app/src/main/layout/activity_main.xml。对主界面的布局要在该文件中完成。布局文件用于设计 Android Studio 的界面，IDE 提供了 3 种设计模式（代码、分割和设计模式），设计人员可以在不同的视图下完成对界面的布局设计。打开 activity_main.xml 文件，如图 6-45 所示。

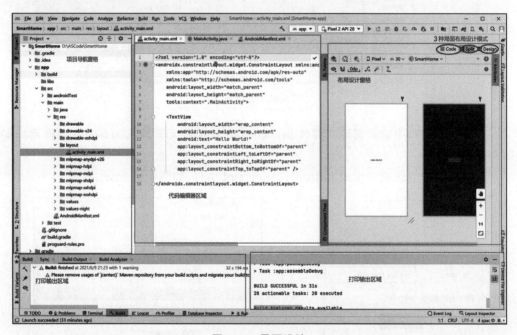

图 6-45　界面设计

观察系统生成的默认代码，可以看到，该布局文件中默认包含一个＜TextView＞控件，该控件用于在界面上展示文本 HelloWorld，主界面上用不到该控件，可将其删除。同时，新版本的 Android Studio 默认使用的是 ConstraintLayout 布局，本项目中使用 RelativeLayout 布局，其中 3 个按钮的布局使用了 LinearLayout 布局，需要对 activity_main.xml 文件做出重要的修改，修改后的布局文件内容如下。

```
<?xml version="1.0" encoding="utf-8"?>
<RelativeLayout xmlns:android="http://schemas.android.com/apk/res/android"
    android:layout_width="fill_parent"
```

```xml
    android:layout_height="fill_parent"
    android:background="@drawable/imag_app_bg"
    android:orientation="vertical">
<LinearLayout
    android:layout_width="match_parent"
    android:layout_height="wrap_content"
    android:orientation="horizontal"
    android:layout_alignParentBottom="true">
    <Button
        android:id="@+id/btn_mqtt"
        android:layout_width="100dp"
        android:layout_height="wrap_content"
        android:layout_weight="1"
        android:layout_alignParentBottom="true"
        android:background="@drawable/button_change"
        android:text="MQTT"
        android:textSize="18sp"
        android:textColor="#FFFFFF"
        android:focusable="false"
        android:layout_marginLeft="10dp"
        android:layout_marginBottom="10dp"/>
    <Button
        android:id="@+id/btn_temphumi"
        android:layout_width="100dp"
        android:layout_height="wrap_content"
        android:layout_weight="1"
        android:layout_alignParentBottom="true"
        android:background="@drawable/button_change"
        android:layout_toRightOf="@+id/btn_mqtt"
        android:text="温湿度"
        android:textSize="18sp"
        android:textColor="#FFFFFF"
        android:focusable="false"
        android:layout_marginLeft="10dp"
        android:layout_marginBottom="10dp"/>
    <Button
        android:id="@+id/btn_relay"
        android:layout_width="100dp"
        android:layout_height="wrap_content"
        android:layout_weight="1"
        android:layout_alignParentBottom="true"
        android:background="@drawable/button_change"
        android:layout_toRightOf="@+id/btn_temphumi"
        android:text="灯光"
```

```
        android:textSize="18sp"
        android:textColor="#FFFFFF"
        android:focusable="false"
        android:layout_marginLeft="10dp"
        android:layout_marginRight="10dp"
        android:layout_marginBottom="10dp"/>
    </LinearLayout>
</RelativeLayout>
```

可以看到,布局文件中使用了前面创建的资源文件 button_change.xml。在模拟器上运行程序。可以看到,界面上的按钮均是圆角按钮,当按钮被按下时,按钮背景色从浅绿色变换为橙色,如图 6-46 所示。

图 6-46 按钮资源显示效果

需要注意,此时单击按钮只是通过转换颜色显示了一种动态效果,但并没有实现界面跳转功能。提示:如果设置按钮的背景颜色无效,在 main/res/values/目录下打开 themes.xml 文件,修改<style>标记,在其 parent 属性中做如下修改。

```
<resources xmlns:tools="http://schemas.android.com/tools">
    <!--Base application theme. -->
    <style name="Theme.SmartHome" parent="Theme.MaterialComponents.DayNight.
    DarkActionBar.Bridge">
```

```
        <!--Primary brand color. -->
        <item name="colorPrimary">@color/purple_500</item>
        <item name="colorPrimaryVariant">@color/purple_700</item>
        <item name="colorOnPrimary">@color/white</item>
        <!--Secondary brand color. -->
        <item name="colorSecondary">@color/teal_200</item>
        <item name="colorSecondaryVariant">@color/teal_700</item>
        <item name="colorOnSecondary">@color/black</item>
        <!--Status bar color. -->
        <item name="android:statusBarColor" tools:targetApi="l">?attr/
colorPrimaryVariant</item>
        <!--Customize your theme here. -->
    </style>
</resources>
```

6.7.3　MQTT 设置界面设计

Android App 之所以能够获取 MQTT 服务器上发布的消息,关键在于其实现了 MQTT 的消息订阅和发布功能。简言之,Android App 需具备像 MQTT.fx 客户端那样的基本功能。在设置界面,需提供如表 6-3 所示的几个输入框以供用户建立 MQTT 连接。

表 6-3　MQTT 配置字段

字　　段	说　　明
客户端 ID	Android App 充当 MQTT 客户端时的 ID 号
MQTT 域名	MQTT 服务器域名
MQTT 端口	MQTT 服务器开放的端口,默认为 1883
MQTT 用户名	登录服务器的用户名
MQTT 密码	登录服务器的密码
发布主题	用以发布控制继电器指令的主题,开发板会订阅该主题
订阅主题	由开发板发布、Android App 订阅的传递温度和湿度信息的主题

除此之外,界面上还需提供用于连接 MQTT 服务器的"打开连接"和"关闭连接"的按钮,以及用于显示连接状态的信息提示框。整个设计界面如图 6-47 所示。

设计与实现过程如下。

首先,需要新增一个 MQTTActivity。右击目录 main/java 中的 com.yusheng.smarthome,在弹出的快捷菜单中选择 New→Activity→Empty Activity 菜单项,如图 6-48 所示。

在弹出的窗口中输入相关信息,一般而言,只需要输入 Activity Name,其他使用系统默认的即可,如图 6-49 所示。

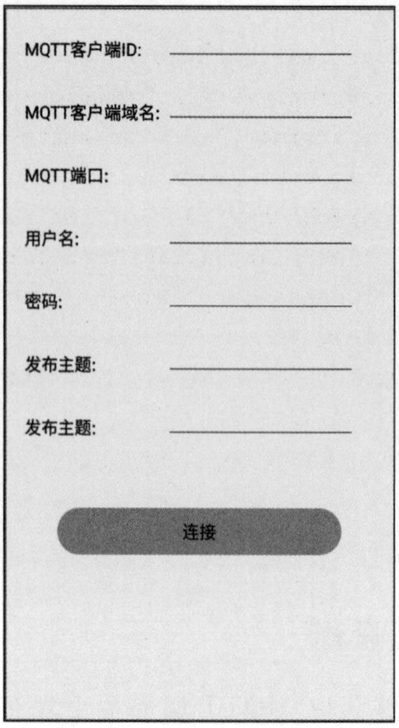

MQTT客户端ID: ＿＿＿＿＿＿＿＿＿

MQTT客户端域名: ＿＿＿＿＿＿＿＿＿

MQTT端口: ＿＿＿＿＿＿＿＿＿

用户名: ＿＿＿＿＿＿＿＿＿

密码: ＿＿＿＿＿＿＿＿＿

发布主题: ＿＿＿＿＿＿＿＿＿

发布主题: ＿＿＿＿＿＿＿＿＿

连接

图 6-47　MQTT 设置界面

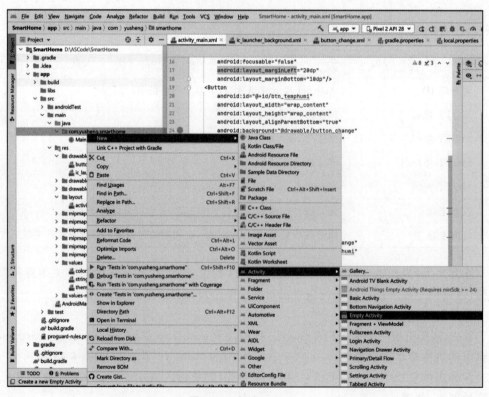

图 6-48　新建 Activity

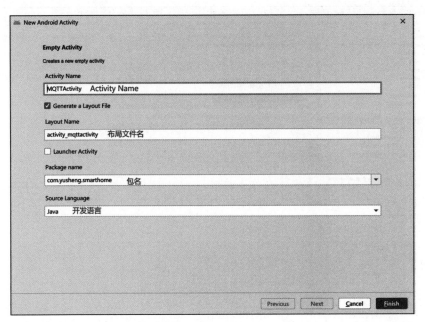

图 6-49　输入 Activity 信息

上述操作会在 main/java/com.yusheng/smarthome/下新增一个名为 MQTTActivity. java 的文件,内容如下。

```
package com.yusheng.smarthome;
import androidx.appcompat.app.AppCompatActivity;
import android.os.Bundle;
public class MQTTActivity extends AppCompatActivity {
    @Override
    protected void onCreate(Bundle savedInstanceState) {
        super.onCreate(savedInstanceState);
        setContentView(R.layout.activity_mqttactivity);
    }
}
```

注意:窗口左侧有关于 MQTTActivity.java 文件的提示信息,单击相应的提示符选择 AndroidManifest. xml 就会在 AndroidManifest. xml 文件中注册 MQTTActivity,如图 6-50 所示。

提示:Android 程序的 Activity 都需要在 AndroidManifest.xml 文件中注册,如果没有注册,需要手工添加注册信息。

AndroidManifest.xml 文件内容如下。

```
<?xml version="1.0" encoding="utf-8"?>
<manifest xmlns:android="http://schemas.android.com/apk/res/android"
    package="com.example.smarthome">
```

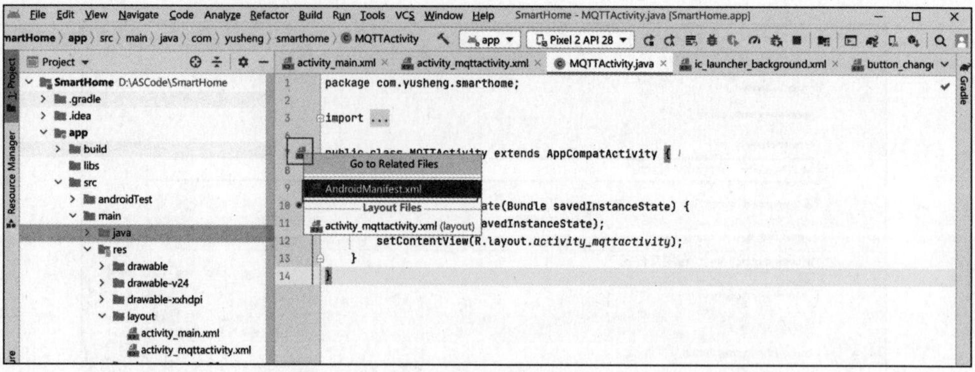

图 6-50　注册 Activity

```
<application
    android:allowBackup="true"
    android:icon="@mipmap/ic_launcher"
    android:label="@string/app_name"
    android:roundIcon="@mipmap/ic_launcher_round"
    android:supportsRtl="true"
    android:theme="@style/Theme.SmartHome">
    <activity android:name=".MainActivity">
        <!--系统默认已经注册了 MainActivity-->
        <intent-filter>
            <action android:name="android.intent.action.MAIN" />
            <category android:name="android.intent.category.LAUNCHER" />
        </intent-filter>
    </activity>
    <activity android:name=".MQTTActivity" ></activity>
        <!--注册 MQTTActivity-->
</application>
</manifest>
```

　　与此同时，系统也会在 main/res/layout/ 目录下生成与 MQTTActivity 对应的布局文件 activity_mqttactivity.xml，对 MQTT 设置界面的所有布局都在该文件下完成，如图 6-51 所示。

　　可以这样通俗地理解：在 Android 开发中，每一个用户界面都有一个 Activity 与之对应，同时也有一个.xml 布局文件与之对应。Activity 是 Java 代码文件，用于实现界面功能。.xml 文件是布局文件，用于完成界面设计和布局。

　　从本节开始，在布局文件中完成界面布局时使用统一定义的字符串。因为一个好的 App 有可能会在全世界各地得到应用（国际化），这种情况下，界面上出现的字符串不应该以某种特定的语言（如汉语）固定下来，而应该能够灵活配置。

　　对于这种 App 需要国际化的问题，Android 在 main/res/values 目录下定义了一个 strings.xml 配置文件，可以在该文件中定义 App 可能会用到的所有字符串。当 App 界

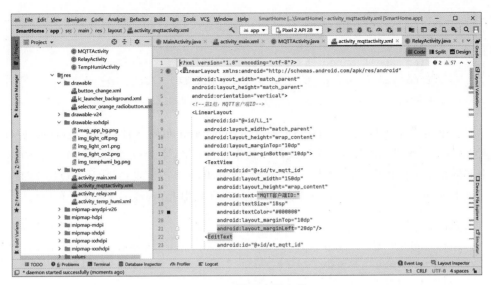

图 6-51 界面布局文件

面上的语言需要更换时,只需要在该文件中完成修改即可。通过这种方法,可以快速实现 App 的国际化。

在 MQTT 界面,各个控件用到的提示字符串见表 6-4。

表 6-4 各控件使用的字符串资源

控件类型	显示字符串	变 量 名
TextView	客户端 ID	mqtt_client_id
TextView	MQTT 域名	mqtt_domain
TextView	MQTT 端口	mqtt_port
TextView	MQTT 用户名	mqtt_username
TextView	MQTT 密码	mqtt_pwd
TextView	发布主题	publish_topic
TextView	订阅主题	subscribe_topic
TextView	连接状态	connection_state
Button	"连接"按钮	connect_button_str

在 strings.xml 文件中完成对上述字符串的定义,文件内容如下。

```
<resources>
    <string name="app_name">SmartHome</string>
    <string name="mqtt_client_id">MQTT 客户端 ID:</string>
    <string name="mqtt_domain">MQTT 客户端域名:</string>
    <string name="mqtt_port">MQTT 端口:</string>
    <string name="mqtt_username">用户名:</string>
    <string name="mqtt_pwd">密码:</string>
    <string name="publish_topic">发布主题:</string>
```

```
<string name="subscribe_topic">订阅主题:</string>
    <string name="connection_state">连接状态:</string>
    <string name="connect_button_stroff">连接断开:</string>
    <string name="connect_button_stron">连接成功:</string>
</resources>
```

字符串定义完毕后,进入 activity_mqttactivity.xml 布局文件,利用 Android 控件完成对 MQTT 设置界面的布局。布局文件一共分为 8 个组,第 1～7 组都由一个 TextView 和一个 EditText 控件构成;第 8 组是一个"连接"按钮,单击该按钮建立/断开 MQTT 连接。

整个 activity_mqttactivity.xml 文件内容如下(采用 LinearLayout 线性布局)。

```
<?xml version="1.0" encoding="utf-8"?>
<LinearLayout xmlns:android="http://schemas.android.com/apk/res/android"
    android:layout_width="match_parent"
    android:layout_height="match_parent"
    android:orientation="vertical">
    <!--第1组: MQTT 客户端 ID-->
    <LinearLayout
        android:id="@+id/LL_1"
        android:layout_width="match_parent"
        android:layout_height="wrap_content"
        android:layout_marginTop="10dp"
        android:layout_marginBottom="10dp">
        <TextView
            android:id="@+id/tv_mqtt_id"
            android:layout_width="150dp"
            android:layout_height="wrap_content"
            android:text="@string/mqtt_client_id"
            android:textSize="18sp"
            android:textColor="#000000"
            android:layout_marginTop="10dp"
            android:layout_marginLeft="20dp"/>
        <EditText
            android:id="@+id/et_mqtt_id"
            android:layout_width="200dp"
            android:layout_height="wrap_content"
            android:layout_toRightOf="@+id/tv_mqtt_id"
            android:layout_alignParentRight="true"/><!--右对齐-->
    </LinearLayout>
    <!--第2组: MQTT 服务器域名-->
    <LinearLayout
        android:id="@+id/LL_2"
        android:layout_width="match_parent"
        android:layout_height="wrap_content"
        android:layout_marginTop="10dp"
```

```xml
                android:layout_marginBottom="10dp">
            <TextView
                android:id="@+id/tv_mqtt_domain"
                android:layout_width="150dp"
                android:layout_height="wrap_content"
                android:text="@string/mqtt_domain"
                android:textSize="18sp"
                android:textColor="#000000"
                android:layout_marginTop="10dp"
                android:layout_marginLeft="20dp"/>
            <EditText
                android:id="@+id/et_mqtt_domain"
                android:layout_width="200dp"
                android:layout_height="wrap_content"
                android:layout_toRightOf="@+id/tv_mqtt_domain"
                android:layout_alignParentRight="true"/><!--右对齐-->
        </LinearLayout>
        <!--第 3 组: MQTT 服务端口-->
        <LinearLayout
            android:id="@+id/LL_3"
            android:layout_width="match_parent"
            android:layout_height="wrap_content"
            android:layout_marginTop="10dp"
            android:layout_marginBottom="10dp">
            <TextView
                android:id="@+id/tv_mqtt_port"
                android:layout_width="150dp"
                android:layout_height="wrap_content"
                android:text="@string/mqtt_port"
                android:textSize="18sp"
                android:textColor="#000000"
                android:layout_marginTop="10dp"
                android:layout_marginLeft="20dp"/>
            <EditText
                android:id="@+id/et_mqtt_port"
                android:layout_width="200dp"
                android:layout_height="wrap_content"
                android:layout_toRightOf="@+id/tv_mqtt_port"
                android:layout_alignParentRight="true"/><!--右对齐-->
        </LinearLayout>
        <!--第 4 组: MQTT 服务器用户名-->
        <LinearLayout
            android:id="@+id/LL_4"
```

```xml
        android:layout_width="match_parent"
        android:layout_height="wrap_content"
        android:layout_marginTop="10dp"
        android:layout_marginBottom="10dp">
        <TextView
            android:id="@+id/tv_mqtt_username"
            android:layout_width="150dp"
            android:layout_height="wrap_content"
            android:text="@string/mqtt_username"
            android:textSize="18sp"
            android:textColor="#000000"
            android:layout_marginTop="10dp"
            android:layout_marginLeft="20dp"/>
        <EditText
            android:id="@+id/et_mqtt_username"
            android:layout_width="200dp"
            android:layout_height="wrap_content"
            android:layout_toRightOf="@+id/tv_mqtt_username"
            android:layout_alignParentRight="true"/><!--右对齐-->
    </LinearLayout>
    <!--第 5 组：MQTT 服务器用户密码-->
    <LinearLayout
        android:id="@+id/LL_5"
        android:layout_width="match_parent"
        android:layout_height="wrap_content"
        android:layout_marginTop="10dp"
        android:layout_marginBottom="10dp">
        <TextView
            android:id="@+id/tv_mqtt_pwd"
            android:layout_width="150dp"
            android:layout_height="wrap_content"
            android:text="@string/mqtt_pwd"
            android:textSize="18sp"
            android:textColor="#000000"
            android:layout_marginTop="10dp"
            android:layout_marginLeft="20dp"/>
        <EditText
            android:id="@+id/et_mqtt_pwd"
            android:layout_width="200dp"
            android:layout_height="wrap_content"
            android:layout_toRightOf="@+id/tv_mqtt_pwd"
            android:layout_alignParentRight="true"/><!--右对齐-->
    </LinearLayout>
```

```xml
<!--第 6 组：发布主题-->
<LinearLayout
    android:id="@+id/LL_6"
    android:layout_width="match_parent"
    android:layout_height="wrap_content"
    android:layout_marginTop="10dp"
    android:layout_marginBottom="10dp">
    <TextView
        android:id="@+id/tv_publish_topic"
        android:layout_width="150dp"
        android:layout_height="wrap_content"
        android:text="@string/publish_topic"
        android:textSize="18sp"
        android:textColor="#000000"
        android:layout_marginTop="10dp"
        android:layout_marginLeft="20dp"/>
    <EditText
        android:id="@+id/et_publish_topic"
        android:layout_width="200dp"
        android:layout_height="wrap_content"
        android:layout_toRightOf="@+id/tv_publish_topic"
        android:layout_alignParentRight="true"/><!--右对齐-->
</LinearLayout>
<!--第 7 组：订阅主题-->
<LinearLayout
    android:id="@+id/LL_7"
    android:layout_width="match_parent"
    android:layout_height="wrap_content"
    android:layout_marginTop="10dp"
    android:layout_marginBottom="10dp">
    <TextView
        android:id="@+id/tv_subscribe_topic"
        android:layout_width="150dp"
        android:layout_height="wrap_content"
        android:text="@string/publish_topic"
        android:textSize="18sp"
        android:textColor="#000000"
        android:layout_marginTop="10dp"
        android:layout_marginLeft="20dp"/>
    <EditText
        android:id="@+id/et_subscribe_topic"
        android:layout_width="200dp"
        android:layout_height="wrap_content"
```

```
                android:layout_toRightOf="@+id/tv_subscribe_topic"
                android:layout_alignParentRight="true"/><!--右对齐-->
        </LinearLayout>
        <!--第8组：连接按钮-->
        <LinearLayout
            android:id="@+id/LL_7"
            android:layout_width="match_parent"
            android:layout_height="wrap_content"
            android:layout_marginTop="60dp"
            android:layout_marginBottom="10dp"
            android:gravity="center_horizontal"><!--设置居中-->
            <Button
                android:id="@+id/button_mqtt_connect"
                android:layout_width="300dp"
                android:layout_height="wrap_content"
                android:text="连接"
                android:textSize="18sp"
                android:background="@drawable/button_change"/>
        </LinearLayout>
    </LinearLayout>
```

本节只给出 Code 模式下的布局代码，在设计过程中，可以随时切换到 Design 设计视图，或者 Split 分割视图，以"所见即所得"的方式查看并设计界面。

MQTT 操作界面的 UI 设计完毕后，启动 App，单击主界面上的 MQTT 按钮后程序会不会跳转到 MQTT 操作界面呢？就目前所做的工作而言，答案是否定的。需要我们通过编程来实现界面跳转。具体做法参照如下步骤（这个"套路"要非常熟悉，以后凡是通过按钮实现界面跳转都可以采用这种方法）。

打开与 App 主界面对应的 MainActivity.java 文件，默认代码如下。

```
package com.yusheng.smarthome;
import androidx.appcompat.app.AppCompatActivity;
import android.os.Bundle;
public class MainActivity extends AppCompatActivity {
    @Override
    protected void onCreate(Bundle savedInstanceState) {
        super.onCreate(savedInstanceState);
        setContentView(R.layout.activity_main);
    }
}
```

做如下修改，新增阴影部分的代码。在敲代码的过程中，要充分利用 IDE 提供的代码补全功能，不要逐个字符照抄。修改完毕后，完整的代码如下。

```
package com.example.smarthome;
import androidx.appcompat.app.AppCompatActivity;
import android.os.Bundle;
import android.view.View;
import android.widget.Button;
import android.content.Intent;
public class MainActivity extends AppCompatActivity {
    private Button mBtnMQTT;             //1.定义 Button 类型的变量
    @Override
    protected void onCreate(Bundle savedInstanceState) {
        super.onCreate(savedInstanceState);
        setContentView(R.layout.activity_main);
        //2.调用 findViewById 函数,从布局文件 activity_main 中找到 btn_mqtt 控件
            并绑定到变量 mBtnMQTT
        mBtnMQTT=(Button)findViewById(R.id.btn_mqtt);
        //3.为按钮 mBtnMQTT 设置监听器
        mBtnMQTT.setOnClickListener(new View.OnClickListener() {
            @Override
            //4.监听 OnClick 事件,当事件发生时,通过 Intent 实现跳转
            public void onClick(View view) {
                Intent intent=new Intent(MainActivity.this,MQTTActivity.class);
                startActivity(intent);
            }
        });
    }
}
```

再次运行程序,单击主界面上的 MQTT 按钮,发现程序能够跳转到已经设计好的 MQTT 操作界面,如图 6-52 所示。

图 6-52　界面跳转

6.7.4　温湿度显示界面设计

温湿度界面完成向用户传递温度和湿度信息的功能,不需要实现和用户的交互。因此,只需要使用 TextView 控件向用户展示从网络获取的温度和湿度数据即可(至于如何通过 MQTT 连接获取温度和湿度数据,暂时不予考虑)。在设计过程中,可以考虑使用一些图片元素。假设 UI 设计师给出的设计稿如图 6-53 所示。

图 6-53　温湿度显示界面

将 UI 设计师提供的背景图片 img_temphumi_bg.png 保存在 main/res/drawable-xxhdpi/ 目录下,如图 6-54 所示。

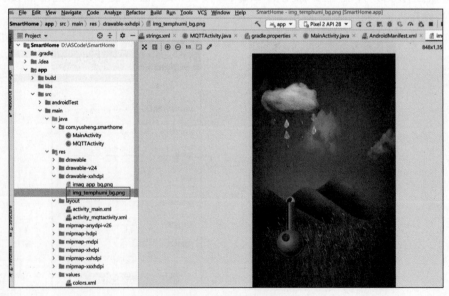

图 6-54　导入图片资源

新建一个 Empty Activity。右击 main/java/目录下的 com.yusheng.smarthome/，从弹出的快捷菜单选择 New→Activity→Empty Activity 菜单项，如图 6-55 所示。

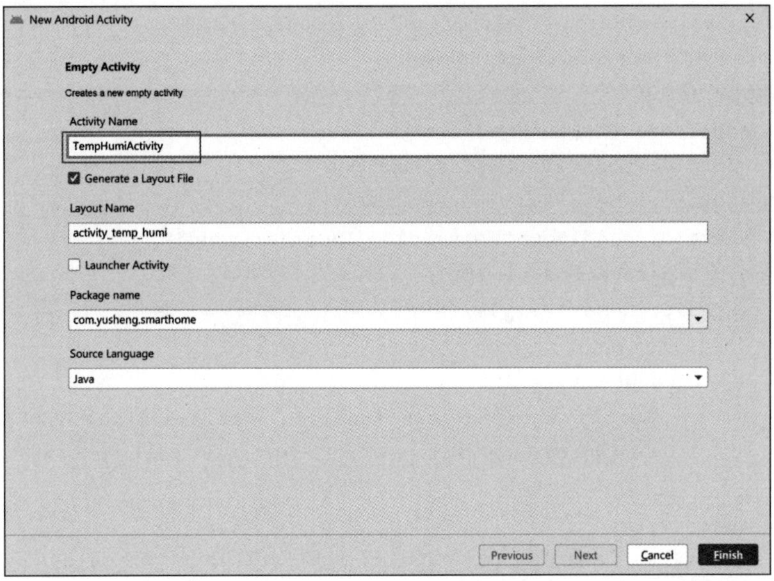

图 6-55　新建 Activity

细心的读者可能会发现，每次新建一个 Activity，有个叫 gradle 的程序总是会默默运行，如图 6-56 所示。gradle 是 Android Studio 中帮助程序员构建应用程序的强大工具，初学者暂不必深究，gradle 有时运行速度较慢，需等待片刻。

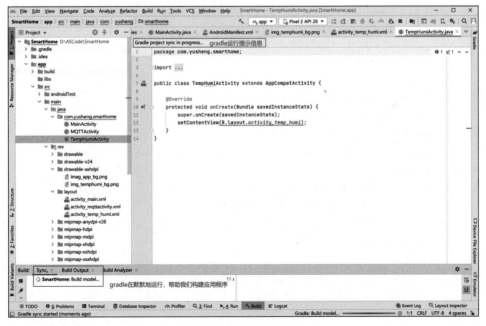

图 6-56　gradle 运行

在 AndroidManifest.xml 文件中注册 TempHumiActivity。

```xml
<?xml version="1.0" encoding="utf-8"?>
<manifest xmlns:android="http://schemas.android.com/apk/res/android"
    package="com.example.smarthome">
    <application
        android:allowBackup="true"
        android:icon="@mipmap/ic_launcher"
        android:label="@string/app_name"
        android:roundIcon="@mipmap/ic_launcher_round"
        android:supportsRtl="true"
        android:theme="@style/Theme.SmartHome">
        <activity android:name=".MainActivity">
            <intent-filter>
                <action android:name="android.intent.action.MAIN" />
                <category android:name="android.intent.category.LAUNCHER" />
            </intent-filter>
        </activity>
        <activity android:name=".TempHumiActivity" ></activity>
            <!--注册 TempHumiActivity-->
        <activity android:name=".MQTTActivity" ></activity>
            <!--注册 MQTTActivity-->
    </application>
</manifest>
```

在 activity_temp_humi.xml 文件中完成布局,其中使用了 UI 设计师提供的背景图像以及 TextView 和 Button 控件,文件内容如下。

```xml
<?xml version="1.0" encoding="utf-8"?>
<LinearLayout xmlns:android="http://schemas.android.com/apk/res/android"
    android:layout_width="fill_parent"
    android:layout_height="fill_parent"
    android:orientation="vertical"
    android:background="@drawable/img_temphumi_bg">
<RelativeLayout
    android:id="@+id/LL_1"
    android:layout_width="match_parent"
    android:layout_height="0dp"
    android:layout_weight="4">
    <TextView
        android:id="@+id/tv_humidity_tag"
        android:layout_width="180dp"
        android:layout_height="100dp"
```

```xml
            android:text="湿度"
            android:textSize="60sp"
            android:textColor="#FF9900"
            android:layout_alignParentRight="true"
            android:layout_centerVertical="true">
        </TextView>
        <TextView
            android:id="@+id/tv_humidity_value"
            android:layout_width="180dp"
            android:layout_height="100dp"
            android:text="___%"
            android:textSize="60sp"
            android:textColor="#FF9900"
            android:layout_alignParentRight="true"
            android:layout_centerVertical="true"
            android:layout_below="@+id/tv_humidity_tag"
            >
        </TextView>
    </RelativeLayout>
    <RelativeLayout
        android:id="@+id/LL_2"
        android:layout_width="match_parent"
        android:layout_height="0dp"
        android:layout_weight="4">
        <TextView
            android:id="@+id/tv_temp_tag"
            android:layout_width="180dp"
            android:layout_height="100dp"
            android:text="温 度"
            android:textSize="60sp"
            android:textColor="#FF9900"
            android:layout_alignParentRight="true"
            android:layout_centerVertical="true">
        </TextView>
        <TextView
            android:id="@+id/tv_temp_value"
            android:layout_width="180dp"
            android:layout_height="100dp"
            android:text-"____℃"
            android:textSize="60sp"
            android:textColor="#FF9900"
            android:layout_alignParentRight="true"
            android:layout_centerVertical="true"
```

```
        android:layout_below="@+id/tv_temp_tag"
        >
        </TextView>
    </RelativeLayout>
    <RelativeLayout
        android:id="@+id/LL_3"
        android:layout_width="match_parent"
        android:layout_height="0dp"
        android:layout_weight="1">
        <Button
            android:id="@+id/button_temphumi_refresh"
            android:layout_width="match_parent"
            android:layout_height="40dp"
            android:layout_alignParentBottom="true"
            android:layout_marginBottom="24dp"
            android:layout_marginLeft="50dp"
            android:layout_marginRight="50dp"
            android:background="@drawable/btn_change"
            android:text="刷新数据"
            android:textSize="18sp"
            android:textColor="#ffffff"
            android:layout_centerVertical="true"/>
    </RelativeLayout>
</LinearLayout>
```

针对最外层 LinearLayout 中的 3 个 RelativeLayout,采用按比例布局的方法,即将每个 RelativeLayout 的 height 设置为 0dp,然后设定其 weight 属性。将整个界面划分为 9 份,其中 3 个 RelativeLayout 的占比分别为 4/9,4/9 以及 1/9。

界面布局完毕后需要在 MainActivity.java 文件中实现主界面上"温、湿度"按钮的跳转。即单击主界面上的"温、湿度"按钮,系统跳转到温、湿度界面,具体做法与实现 MQTT 按钮的跳转一样(即前文要求大家熟悉的"套路"),分为如下步骤。

(1) 定义一个 Button 变量。

(2) 调用 findViewById()函数找到布局文件中的控件,并初始化 Button 变量。

(3) 调用 Button 变量的 setOnClickListener()方法设置监听器,实现对控件 onClick() 事件的监听。

(4) 在 OnClick()函数中实现跳转。

MainActivity.java 文件内容如下。

```
package com.example.smarthome;
import androidx.appcompat.app.AppCompatActivity;
import android.os.Bundle;
```

```
import android.view.View;
import android.widget.Button;
import android.content.Intent;

public class MainActivity extends AppCompatActivity {
    private Button mBtnMQTT;          //1. 定义 Button 类型的变量
    private Button mBtnTempHumi;
    @Override
    protected void onCreate(Bundle savedInstanceState) {
        super.onCreate(savedInstanceState);
        setContentView(R.layout.activity_main);
        //2.调用 findViewById 函数,从布局文件 activity_main 中找到 btn_mqtt 控件
            并绑定到变量 mBtnMQTT
        mBtnMQTT= (Button) findViewById(R.id.btn_mqtt);
        //3.为按钮 mBtnMQTT 设置监听器
        mBtnMQTT.setOnClickListener(new View.OnClickListener() {
            @Override
            //4.监听 OnClick 事件,当事件发生时,通过 Intent 实现跳转
            public void onClick(View view) {
                Intent intent=new Intent(MainActivity.this,MQTTActivity.class);
                startActivity(intent);
            }
        });
        mBtnTempHumi= (Button) findViewById(R.id.btn_temphumi);
        mBtnTempHumi.setOnClickListener(new View.OnClickListener() {
            @Override
            public void onClick(View view) {
                Intent intent=new Intent(MainActivity.this,TempHumiActivity.
                class);
                startActivity(intent);
            }
        });
    }
}
```

在模拟器中运行测试,可以看到,系统能够正常实现跳转,如图 6-57 所示。

正常情况下,TempHumiActivity 只要加载了,就应该立刻去获取订阅主题上的温、湿度信息并显示在界面上,此处暂时不予处理,待后续再实现此功能。不妨先简单实现"刷新数据"按钮的单击事件,当该按钮被单击时,先使用一个随机指定的温度和湿度数据完成对界面上两个 TextView 控件的初始化,以模拟温、湿度数据的显示过程。

由于"刷新数据"按钮在布局时位于 activity_temp_humi.xml 文件,与该界面对应的 Java 代码是 TempHumiActivity.java,因此要在 TempHumiActivity.java 文件中实现对温、湿度数据的显示。TempHumiActivity.java 文件内容如下。

图 6-57　温、湿度界面跳转

```java
package com.example.smarthome;
import androidx.appcompat.app.AppCompatActivity;
import android.os.Bundle;
import android.view.View;
import android.widget.Button;
import android.widget.TextView;
import  java.util.Random;
public class TempHumiActivity extends AppCompatActivity {
    private Button mBtnRefresh;
    private TextView mTvHumidity;
    private TextView mTvTemperature;
    Random rd=new Random();
    @Override
    protected void onCreate(Bundle savedInstanceState) {
        super.onCreate(savedInstanceState);
        setContentView(R.layout.activity_temp_humi);
        mBtnRefresh=(Button) findViewById(R.id.button_temphumi_refresh);
        mBtnRefresh.setOnClickListener(new View.OnClickListener() {
            @Override
            public void onClick(View view) {
                mTvHumidity=(TextView) findViewById(R.id.tv_humidity_value);
                mTvTemperature=(TextView) findViewById(R.id.tv_temp_value);
                int temp=rd.nextInt(40-10)+10;     //生成 10~40 的随机整数
                int humi=rd.nextInt(99-5)+5;        //生成 5~99 的随机整数
                mTvHumidity.setText(String.valueOf(humi)+"%");
                mTvTemperature.setText(String.valueOf(temp)+"℃");
```

```
        }
    });
    }
}
```

在模拟器中运行代码，进入温湿度界面，单击"刷新数据"按钮，可以看到随机生成的温、湿度数据能够在界面上不断更新，如图 6-58 所示。

图 6-58　温、湿度界面测试

显然，随机生成的数据并不是开发板发布的真实温、湿度数据。如果温、湿度数据是通过 MQTT 从订阅的主题那里获取的，我们的目的就达到了。但是，关于如何实现 MQTT 客户端的工作，读者将在本书的最后看到实现方法。继续往后学习，完成对灯光控制界面的布局。

6.7.5　灯光控制界面设计

该界面上，UI 设计师模拟了黑暗的房间开灯的效果图。由于在该界面上使用了 RadioButton 控件，首先在 main/res/drawable 下创建一个名为 selector_orange_radiobutton.xml 的资源文件（右击→New→Drawable Resource File），用于美化 RadioButton 的选择效果。当一个 RadioGroup 内的某个 RadioButton 被选定时，其背景色显示为橙色。

selector_orange_radiobutton.xml 文件内容如下。

```xml
<?xml version="1.0" encoding="utf-8"?>
<selector xmlns:android="http://schemas.android.com/apk/res/android">
    <item android:state_checked="true">
        <shape>
            <solid android:color="#FF9900"/><!--选中时显示橙色-->
            <corners android:radius="10dp"/>
        </shape>
    </item>
    <item android:state_checked="false">
```

```
        <shape>
            <solid android:color="#ffffff"/><!--不选中时显示白色-->
            <corners android:radius="10dp"/>
        </shape>
    </item>
</selector>
```

同时,准备好两张模拟房屋开灯场景(imag_light_on.png)和房屋关灯场景(imag_light_off.png)的照片,并放在 main/res/drawable－xxhdpi/目录。当用户在 RadioGroup 中选择"开灯"时,App 中的 ImageView 控件加载 imag_light_on.jpg,模拟房屋开灯场景。当用户在 RadioGroup 中选择"关灯"时,App 中的 ImageView 控件加载 imag_light_off.png,模拟房屋关灯的场景。

新建一个 RelayActivity,不要忘记在 AndroidManifest.xml 中注册 RelayActivity;在对应的布局文件 activity_relay.xml 中完成布局,通过对该界面的布局,学会使用 Android 的 ImageView 控件和 RadioButton 控件。

activity_relay.xml 文件的内容如下。

```
<?xml version="1.0" encoding="utf-8"?>
<LinearLayout xmlns:android="http://schemas.android.com/apk/res/android"
    android:layout_width="match_parent"
    android:layout_height="match_parent"
    android:orientation="vertical">
    <LinearLayout
        android:id="@+id/LL_1"
        android:layout_width="match_parent"
        android:layout_height="0dp"
        android:layout_weight="1"
        android:orientation="horizontal">
        <TextView
            android:id="@+id/tv_room1"
            android:layout_width="wrap_content"
            android:layout_height="wrap_content"
            android:layout_weight="2"
            android:text="1号房间"
            android:textColor="#FF9900"
            android:textSize="32sp" />
        <RadioGroup
            android:id="@+id/rg_room1"
            android:layout_width="wrap_content"
            android:layout_height="wrap_content"
            android:orientation="horizontal">
```

```xml
            <RadioButton
                android:id="@+id/rb_room1_on"
                android:layout_width="80dp"
                android:layout_height="40dp"
                android:layout_weight="1"
                android:background="@drawable/selector_orange_radiobutton"
                android:button="@null"
                android:checked="false"
                android:gravity="center"
                android:text="开灯"
                android:textColor="#000000"
                android:textSize="18sp" />
            <RadioButton
                android:id="@+id/rb_room1_off"
                android:layout_width="80dp"
                android:layout_height="40dp"
                android:checked="true"
                android:button="@null"
                android:textSize="18sp"
                android:gravity="center"
                android:textColor="#000000"
                android:background="@drawable/selector_orange_radiobutton"
                android:text="关灯" />
        </RadioGroup>
    </LinearLayout>
    <LinearLayout
        android:id="@+id/LL_2"
        android:layout_width="match_parent"
        android:layout_height="40dp"
        android:layout_weight="5"
        android:orientation="horizontal" >
        <ImageView
            android:id="@+id/iv_room1"
            android:layout_width="match_parent"
            android:layout_height="match_parent"
            android:background="@drawable/img_light_off"
            android:scaleType="fitXY"/>
    </LinearLayout>
    <LinearLayout
        android:id="@+id/LL_3"
        android:layout_width="match_parent"
        android:layout_height="0dp"
        android:layout_weight="1">
```

```xml
        <TextView
            android:id="@+id/tv_room2"
            android:layout_width="wrap_content"
            android:layout_height="wrap_content"
            android:layout_weight="2"
            android:text="2 号房间"
            android:textColor="#FF9900"
            android:textSize="32sp" />
        <RadioGroup
            android:id="@+id/rg_room2"
            android:layout_width="wrap_content"
            android:layout_height="wrap_content"
            android:orientation="horizontal">
            <RadioButton
                android:id="@+id/rb_room2_on"
                android:layout_width="80dp"
                android:layout_height="40dp"
                android:layout_weight="1"
                android:background="@drawable/selector_orange_radiobutton"
                android:button="@null"
                android:checked="false"
                android:gravity="center"
                android:text="开灯"
                android:textColor="#000000"
                android:textSize="18sp" />
            <RadioButton
                android:id="@+id/rb_room2_off"
                android:layout_width="80dp"
                android:layout_height="40dp"
                android:background="@drawable/selector_orange_radiobutton"
                android:button="@null"
                android:checked="true"
                android:gravity="center"
                android:text="关灯"
                android:textColor="#000000"
                android:textSize="18sp" />
        </RadioGroup>
    </LinearLayout>
    <LinearLayout
        android:id="@+id/LL_4"
        android:layout_width="match_parent"
        android:layout_height="40dp"
        android:layout_weight="5">
```

```
        <ImageView
            android:id="@+id/iv_room2"
            android:layout_width="match_parent"
            android:layout_height="match_parent"
            android:background="@drawable/img_light_off"
            android:scaleType="fitXY" />
    </LinearLayout>
</LinearLayout>
```

同样,实现主界面上"灯光"按钮的跳转功能,当单击该按钮时,系统跳转到灯光控制界面。通过前几节的实践,通过响应按钮的单击事件实现界面跳转的方法已经被读者所熟悉,此处不再赘述,读者自行实现,实现效果如图 6-59 所示。

图 6-59　灯光控制界面跳转

可以看到,默认情况下两间房内都是黑暗的,开关处于关灯状态。当用户在不同房间的开关上选择"开灯"时,App 界面应该模拟开灯的场景(加载开灯场景照片)。同时,还应该通过 MQTT 主题发布继电器控制命令,实现对室内灯具的远程控制。此处,暂时模拟加载开灯场景图像的情况,发布控制指令的任务留待后续实现。

在布局文件 activity_relay.xml 中使用了 RadioGroup 控件,RadioGroup 控件中可以包含多个 RadioButton,一个 RadioGroup 中所有的 RadioButton 每次只能被用户选中一个。需要在代码中为 RadioGroup 添加监听器,当监听到用户的操作变化时,进一步判断是哪一个 RadioButton 被选中,从而使 ImageView 控件加载开灯或者关灯场景图像以实现对开关灯的模拟。

在 RelayActivity.java 中实现上述功能,具体代码如下。

```
package com.example.smarthome;
import androidx.appcompat.app.AppCompatActivity;
```

```java
import android.os.Bundle;
import android.widget.ImageView;
import android.widget.RadioGroup;
public class RelayActivity extends AppCompatActivity {
    private RadioGroup mRg_Room1, mRg_Room2;
    private ImageView mIv_Room1, mIv_Room2;
    @Override
    protected void onCreate(Bundle savedInstanceState) {
        super.onCreate(savedInstanceState);
        setContentView(R.layout.activity_relay);
        mRg_Room1=(RadioGroup) findViewById(R.id.rg_room1);
        mIv_Room1=(ImageView) findViewById(R.id.iv_room1);
        mRg_Room1.setOnCheckedChangeListener(new RadioGroup.
        OnCheckedChangeListener() {
            @Override
            public void onCheckedChanged(RadioGroup radioGroup, int i) {
                MqttMessage msgMessage=null;
                if(i==R.id.rb_room1_on) {
                    mIv_Room1.setBackground(getResources().getDrawable(R.
                    drawable.img_light_on1));
                }
                else {
                    mIv_Room1.setBackground(getResources().getDrawable(R.
                    drawable.img_light_off));
                }
            }
        });
        mRg_Room2=(RadioGroup) findViewById(R.id.rg_room2);
        mIv_Room2=(ImageView) findViewById(R.id.iv_room2);
        mRg_Room2.setOnCheckedChangeListener(new RadioGroup.
        OnCheckedChangeListener() {
            @Override
            public void onCheckedChanged(RadioGroup radioGroup, int i) {
                if(i==R.id.rb_room2_on) {
                    mIv_Room2.setBackground(getResources().getDrawable(R.
                    drawable.img_light_on2));
                }
                else {
                    mIv_Room2.setBackground(getResources().getDrawable(R.
                    drawable.img_light_off));
                }
            }
        });
    }
}
```

在模拟器中运行，单击两个房间的开关，可以看到，RelayActivity 主界面上呈现出开灯和关灯的场景模拟效果，如图 6-60 所示。

图 6-60　灯光控制场景模拟

6.7.6　MQTT 客户端功能实现

通过在项目中导入 Ecipse 官网提供的 mqtt-client-0.4.0.jar 的外部工具包，可以在温、湿度界面和灯光控制界面对应的 Activity 中快速实现 MQTT 功能，完成对主题的订阅和发布。

1. 配置工作

首先，复制 mqtt-client-0.40.jar 文件，在 Android Studio 的项目目录 app/libs 上右击，在弹出的列表中选择 Paste(粘贴)选项，如图 6-61 所示。

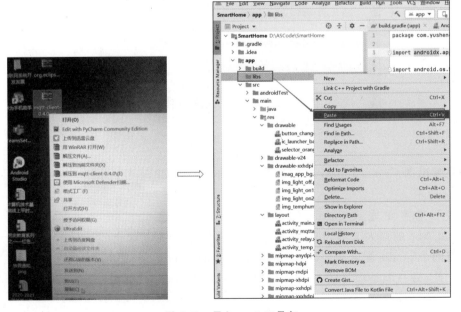

图 6-61　导入 mqtt 工具包

在弹出的窗口中单击 OK 按钮,如图 6-62 所示。

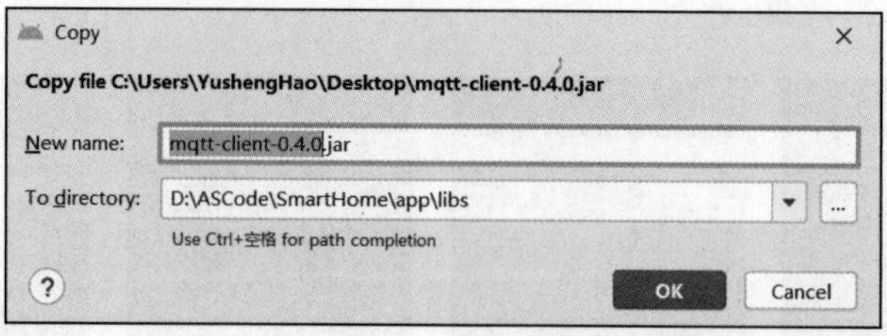

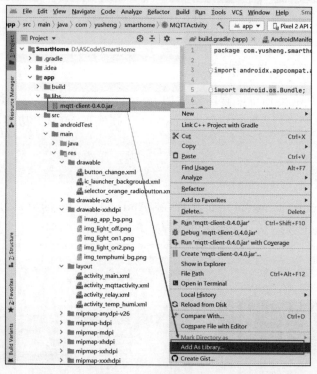

图 6-62　工具包复制

可以看到,在 libs 目录下出现了导入的 jar 工具包。右击 jar 工具包,选择 Add As Library,如图 6-63 所示。

图 6-63　添加库文件

在弹出的 Create Library 窗口中选择 OK 按钮,如图 6-64 所示。

接下来需要完成 gradle 的配置,gradle 是构建 Android App 的强大工具,初学者暂不深究其细节。项目中有两个 gradle 配置文件,一个是 App 本身的 gradle 配置文件,另一个是项目的 gradle 配置文件,如图 6-65 所示。

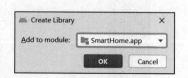

图 6-64　添加库文件确认

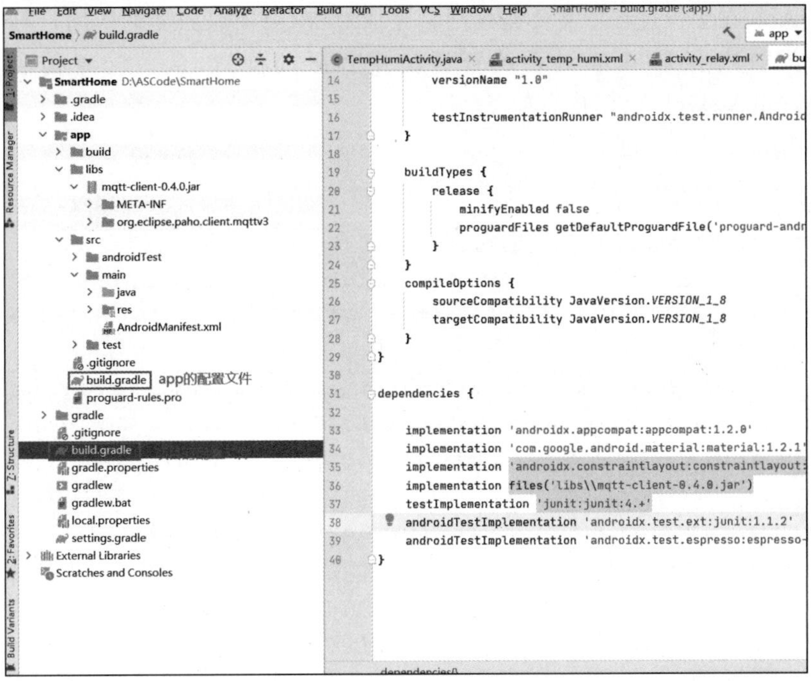

图 6-65　gradle 配置

整个项目的 gradle 配置文件可以保持默认。针对 App 的 gradle 配置文件，一定要确保其中有对 mqtt-client-0.4.0.jar 的依赖，如图 6-66 所示。

图 6-66　App 的 gradle 配置文件

由于 App 在运行过程中需要连接网络完成对 MQTT 服务器的访问,因此需要完成的第三个配置内容是 App 对系统资源使用权限的配置,这些配置信息都要写入 AndroidManifest.xml 文件,内容如下。

```xml
<?xml version="1.0" encoding="utf-8"?>
<manifest xmlns:android="http://schemas.android.com/apk/res/android"
    package="com.example.smarthome">
    <uses-permission android:name="android.permission.INTERNET"/>
    < uses - permission  android: name =" android. permission. WRITE _ EXTERNAL _
STORAGE" />"
    <uses-permission android:name="android.permission.CHANGE_NETWORK_STATE " />
    <uses-permission android:name="android.permission.ACCESS_NETWORK_STATE " />
    <uses-permission android:name="android.permission.READ_PHONE_STATE " />
    <uses-permission android:name="android.permission.INTERNET"/>
    <uses-permission android:name="android.permission.ACCESS_WIFI_STATE "/>
    <uses-permission android:name="android.permission.WAKE_LOCK"/>
    <uses-permission android:name="android.permission.CHANGE_WIFI_STATE "/>
    <uses-permission android:name="android.permission.VIBRATE" />
    <application
        android:allowBackup="true"
        android:icon="@mipmap/ic_launcher"
        android:label="@string/app_name"
        android:roundIcon="@mipmap/ic_launcher_round"
        android:supportsRtl="true"
        android:theme="@style/Theme.SmartHome">
        <activity android:name=".MainActivity">
            <intent-filter>
                <action android:name="android.intent.action.MAIN" />
                <category android:name="android.intent.category.LAUNCHER" />
            </intent-filter>
        </activity>
        <activity android:name=".RelayActivity"></activity>
        <activity android:name=".TempHumiActivity" ></activity>
        <activity android:name=".MQTTActivity" ></activity>
    </application>
</manifest>
```

2. 获取温度和湿度数据

在 UI 设计时,我们在该文件中完成对温度和湿度数据的模拟(采用生成随机数的办法),本节讲解在 TempHumiActivity.java 文件中通过引用外部工具包 mqtt-client-0.4.0. jar 构建一个 MQTT Client,完成对开发板发布的 IoT/C1TempHumi00 主题的订阅,从而达到从 MQTT 服务器获取数据的目的。

所做的主要工作如下。

(1)实现了 MqttInit()函数。

(2)定义了一个获取温、湿度数据的线程类 MqttConnectThread,通过线程保持和 MQTT 服务器的连接,使数据能够实时更新。

修改后的 TempHumiActivity.java 文件内容如下。

```java
package com.example.smarthome;
import androidx.appcompat.app.AppCompatActivity;
import android.os.Bundle;
import android.view.View;
import android.widget.Button;
import android.widget.TextView;
import android.widget.Toast;
import  java.util.Random;
import org.eclipse.paho.client.mqttv3.IMqttDeliveryToken;
import org.eclipse.paho.client.mqttv3.MqttCallback;
import org.eclipse.paho.client.mqttv3.MqttClient;
import org.eclipse.paho.client.mqttv3.MqttConnectOptions;
import org.eclipse.paho.client.mqttv3.MqttException;
import org.eclipse.paho.client.mqttv3.MqttMessage;
import org.eclipse.paho.client.mqttv3.MqttSecurityException;
import org.eclipse.paho.client.mqttv3.persist.MemoryPersistence;
public class TempHumiActivity extends AppCompatActivity {
    private Button mBtnRefresh;
    private TextView mTvHumidity;
    private TextView mTvTemperature;
    Random rd=new Random();
    String serverUri="tcp://49.235.247.145";           //URL
    String clientID="XBMU_C1TempHumi05";               //客户端 ID
    String userName="mqttuser";                        //用户名
    String userPwd="mqttuserpwd";                      //密码
    String mqtt_sub_topic="IoT/C1TempHumi05";          //订阅主题
    private MqttClient client;                          //MQTT 客户端
    private MqttConnectOptions options;                //MQTT 连接配置选项
    MqttConnectThread mqttConnectThread=new MqttConnectThread();   //自定义类
    @Override
    protected void onCreate(Bundle savedInstanceState) {
        super.onCreate(savedInstanceState);
        setContentView(R.layout.activity_temp_humi);
        mBtnRefresh=(Button) findViewById(R.id.button_temphumi_refresh);
        mBtnRefresh.setOnClickListener(new View.OnClickListener() {
            @Override
            public void onClick(View view) {
```

```
                    mTvHumidity=(TextView) findViewById(R.id.tv_humidity_value);
                    mTvTemperature=(TextView) findViewById(R.id.tv_temp_value);
                    MqttInit();
                    mqttConnectThread.start();
                }
            });
        }
    private void  MqttInit(){
        try {
            client=new MqttClient(serverUri,clientID, new MemoryPersistence());
        }catch (MqttException e){
            e.printStackTrace();
        }
        options=new MqttConnectOptions();
        options.setCleanSession(true);
        options.setUserName(userName);
        options.setPassword(userPwd.toCharArray());
        options.setConnectionTimeout(10);
        options.setKeepAliveInterval(20);
        client.setCallback(new MqttCallback() {
            public void messageArrived(String arg0, MqttMessage arg1) throws
            Exception {
                final String  topic=arg0;
                final String msgString=arg1.toString();
                runOnUiThread(new Runnable() {
                    public void run() {
                        mTvHumidity.setText(msgString.substring(2,4)+" %");
                        mTvHumidity.setText(msgString.substring(0,2)+" ℃");
                    }
                });
            }
            public void deliveryComplete(IMqttDeliveryToken arg0) {
            }
            public void connectionLost(Throwable arg0) {
            }
        });
    }
    class MqttConnectThread extends Thread {
        public void run() {
            try {
                client.connect(options);
                client.subscribe(mqtt_sub_topic,0);
                runOnUiThread(new Runnable() {
                    public void run() {
```

```
                    Toast.makeText(getApplicationContext(),"Succeed",
                    Toast.LENGTH_LONG).show();
                }
            });
        }catch (MqttSecurityException e){
        }
        catch (MqttException e){
        }
    }
  }
}
```

在模拟器中运行 App,可以看到,App 温、湿度界面上已经能够获取开发板在主题 IoT/C1TempHumi00 上发布的温、湿度数据。在测试阶段,要学会熟练使用 MQTT.fx 客户端开发工具,通过客户端模拟发布主题 IoT/C1TempHumi00,在手机 App 端实时查看结果。

另外,要及时登录 MQTT 服务器 http://49.235.247.145:18083/查看客户端是否已经连接到服务器(服务器上可以看到每个客户端的 ClientID,MQTT 协议要求每个 Client 的 ID 长度不得超过 23 个字符,超过 23 个字符则无法建立 MQTT 连接,这一点编程时要注意)。

3. 控制灯光

前文通过订阅 MQTT 主题实现了对温、湿度数据的读取,本小节通过 Android App 基于 MQTT 协议发布一个主题 IoT/C1LAY00 来传送控制命令,开发板代码中需要订阅该主题。通过前面开发板的设计和开发工作可知,用于控制灯光的命令很简单,分别是 R1,R2,R3 和 R4 四个字符串。当开发板读取到 R1、R2 命令时,实现对 LED1 的开关;当开发板读取到 R3、R4 命令时,实现对 LED2 的开关。

修改后的 RelayActivity.java 文件内容如下。

```
package com.example.smarthome;
import androidx.appcompat.app.AppCompatActivity;
import android.os.Bundle;
import android.view.View;
import android.widget.Button;
import android.widget.ImageView;
import android.widget.RadioGroup;
import android.widget.TextView;
import android.widget.Toast;
import org.eclipse.paho.client.mqttv3.IMqttDeliveryToken;
import org.eclipse.paho.client.mqttv3.MqttCallback;
import org.eclipse.paho.client.mqttv3.MqttClient;
```

```java
import org.eclipse.paho.client.mqttv3.MqttConnectOptions;
import org.eclipse.paho.client.mqttv3.MqttException;
import org.eclipse.paho.client.mqttv3.MqttMessage;
import org.eclipse.paho.client.mqttv3.MqttPersistenceException;
import org.eclipse.paho.client.mqttv3.MqttSecurityException;
import org.eclipse.paho.client.mqttv3.persist.MemoryPersistence;
import java.util.Random;
public class RelayActivity extends AppCompatActivity {
    private RadioGroup mRg_Room1, mRg_Room2;
    private ImageView mIv_Room1, mIv_Room2;
    String serverUri="tcp://49.235.247.145:18083";     //URL
    String clientID="IoT/C1G05/TempHumi";              //客户端 ID
    String userName="mqttuser";                        //用户名
    String userPwd="mqttuserpwd";                      //密码
    String mqtt_sub_topic="ToT/C1TempHumi004";         //订阅主题
    String mqtt_pub_topic="IoT/C1LAY004";              //发布主题
    private MqttClient client2;                        //MQTT 客户端
    private MqttConnectOptions options;                //MQTT 连接配置选项
    RelayActivity.MqttConnectThread mqttConnectThread=new RelayActivity.
    MqttConnectThread();                               //自定义类
    @Override
    protected void onCreate(Bundle savedInstanceState) {
        super.onCreate(savedInstanceState);
        setContentView(R.layout.activity_relay);
        MqttInit();        //在 Create()方法中建立 MQTT 连接
        mqttConnectThread.start();
        mRg_Room1=(RadioGroup) findViewById(R.id.rg_room1);
        mIv_Room1=(ImageView) findViewById(R.id.iv_room1);
        mRg_Room1.setOnCheckedChangeListener(new RadioGroup.
        OnCheckedChangeListener() {
            @Override
            public void onCheckedChanged(RadioGroup radioGroup, int i) {
                MqttMessage msgMessage=null;
                if(i==R.id.rb_room1_on) {
                    mIv_Room1.setBackground(getResources().getDrawable(R.
                    drawable.img_light_on1));
                    msgMessage=new MqttMessage("R1".getBytes());
                    try {
                        client2.publish(mqtt_pub_topic, msgMessage);
                    } catch (MqttPersistenceException e) {
                        e.printStackTrace();
                    } catch (MqttException e) {
                        e.printStackTrace();
```

```
                } catch (Exception e) {
                }
            }
            else {
                mIv_Room1.setBackground(getResources().getDrawable(R.
                drawable.img_light_off));
                msgMessage=new MqttMessage("R2".getBytes());
                try {
                    client2.publish(mqtt_pub_topic, msgMessage);
                } catch (MqttPersistenceException e) {
                    e.printStackTrace();
                } catch (MqttException e) {
                    e.printStackTrace();
                } catch (Exception e) {
                }
            }
        }
    });
    mRg_Room2=(RadioGroup) findViewById(R.id.rg_room2);
    mIv_Room2=(ImageView) findViewById(R.id.iv_room2);
    mRg_Room2.setOnCheckedChangeListener(new RadioGroup.
    OnCheckedChangeListener() {
        @Override
        public void onCheckedChanged(RadioGroup radioGroup, int i) {
            MqttMessage msgMessage=null;
            if(i==R.id.rb_room2_on) {
                mIv_Room2.setBackground(getResources().getDrawable(R.
                drawable.img_light_on2));
                msgMessage=new MqttMessage("R3".getBytes());
                try {
                    client2.publish(mqtt_pub_topic, msgMessage);
                } catch (MqttPersistenceException e) {
                    e.printStackTrace();
                } catch (MqttException e) {
                    e.printStackTrace();
                } catch (Exception e) {
                }
            }
            else {
                mIv_Room2.setBackground(getResources().getDrawable(R.
                drawable.img_light_off));
                msgMessage=new MqttMessage("r4".getBytes());
                try {
```

```
                                      client2.publish(mqtt_pub_topic, msgMessage);
                            } catch (MqttPersistenceException e) {
                                e.printStackTrace();
                            } catch (MqttException e) {
                                e.printStackTrace();
                            } catch (Exception e) {
                            }
                        }
                    }
                });
        }
    private void MqttInit(){
        try {
            client2=new MqttClient(serverUri,clientID,new MemoryPersistence());
        }catch (MqttException e){
            e.printStackTrace();
        }
        options=new MqttConnectOptions();
        options.setCleanSession(true);
        options.setUserName(userName);
        options.setPassword(userPwd.toCharArray());
        options.setConnectionTimeout(10);
        options.setKeepAliveInterval(20);
        client2.setCallback(new MqttCallback() {
            public void messageArrived(String arg0, MqttMessage arg1) throws
            Exception {
                final String topic=arg0;
                final String msgString=arg1.toString();
                runOnUiThread(new Runnable() {
                    public void run() {
                        //处理订阅主题消息
                        //mTvHumidity.setText(msgString.substring(0,2)+"%")
                        //mTvHumidity.setText(msgString.substring(2,4)+"℃");
                    }
                });
            }
            public void deliveryComplete(IMqttDeliveryToken arg0) {
            }
            public void connectionLost(Throwable arg0) {
            }
        });
    }
    class MqttConnectThread extends Thread {
```

```
            public void run() {
                try {
                    client2.connect(options);
                    client2.subscribe(mqtt_sub_topic,0);
                    runOnUiThread(new Runnable() {
                        public void run() {
                            Toast.makeText(getApplicationContext(),"Succeed",
                            Toast.LENGTH_LONG).show();
                        }
                    });
                }catch (MqttSecurityException e){
                }
                catch (MqttException e){
                }
            }
        }
    }
```

　　运行 App，进入灯光控制界面；之后登录 MQTT 服务器网页，可以发现 Client 已经连接；同时，使用测试工具 MQTT.fx 订阅由手机 App 发布的主题 IoT/C1LAY00，当手机 App 上执行开/关灯操作时，客户端可以成功收到灯光操作指令，如图 6-67 所示。

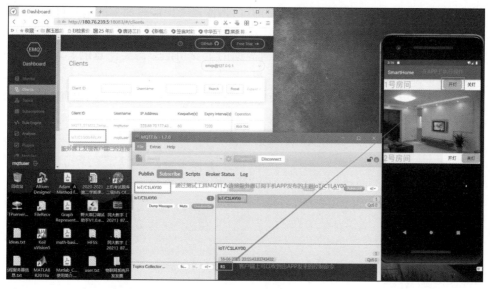

图 6-67　灯光控制测试

6.7.7　软硬件联合调试

　　在 6.7.6 节的内容实施完毕后，可得到具备 MQTT 客户端功能的智能家居嵌入式系统，该系统能够向 MQTT 服务器特定的主题上发布温、湿度信息并通过订阅另外的主题实现对照明系统的控制。

同样的,在得到具备 MQTT 客户端功能的 Android App 之后,用户可通过手机 App 订阅 MQTT 服务器上的主题获取温、湿度数据,同时通过手机 App 发布控制照明系统的指令。

在软硬件系统实施完毕后,应该掌握软硬件联合调试方法,其基本步骤如下。

(1) 要确保模拟智能家居的嵌入式系统能够正确连接到 MQTT 服务器上。

(2) 要确保模拟智能家居的嵌入式系统能够成功发布和订阅主题,调试过程中要熟练掌握 MQTT.fx 客户端软件的使用。

(3) 要确保 Android App 能够正确连接到 MQTT 服务器。

(4) 要确保 Android App 能够正确订阅和发布主题。

(5) 结合模拟智能家居的嵌入式系统以及 Android App,完成对系统的调试。

6.7.8 系统优化

完成上述 7 个任务后,可以得到一个能够在 Android 手机上运行的 App,能够在温、湿度监控界面实时监测室内温、湿度信息,在灯光控制界面实现对灯光的远程控制。细心的读者也许会发现系统中仍然存在下述几个问题。

(1) 在实现 MQTT Client 功能过程中,系统中温、湿度界面和灯光控制界面声明了不同的 Client,这对于节省系统资源并没有什么益处,尽管目前的手机已经配备足够快的 CPU 和足够大的内存,但从软件优化的角度讲,一款 App 应该尽量使用一个 Client 完成对 MQTT 服务端所有主题的订阅和发布即可,请读者考虑应该如何改进并付诸实践。

(2) 仅完成了 MQTT 设置界面的 UI 设计,并没有实现其具体功能,由于该功能比较简单,相信读者能够自己实现 MQTT 设置界面的主要功能。需要注意的是,其中应该使用 Android 的数据保存机制。

(3) 项目实施过程中,始终在使用第三方搭建好的 MQTT 服务器,如何搭建自己的 MQTT 服务器呢?

结合上述 3 个问题,自己完成对系统的改进。

参 考 文 献

[1] 罗蕾,李允,陈丽蓉,等. 嵌入式系统及应用[M]. 北京：电子工业出版社,2016.

[2] 徐英慧,马忠梅,王磊,等. ARM9 嵌入式系统设计——基于 S3C2410 与 Linux[M]. 3 版. 北京：北京航空航天大学出版社,2015.

[3] 周立功,王祖麟,陈明计,等. ARM 嵌入式系统基础教程 [M]. 3 版. 北京：北京航空航天大学出版社,2021.

[4] SCHERZ P,MONK S. 实用电子元器件与电路基础[M]. 夏建生,译. 北京：电子工业出版社,2017.

[5] 蔡杏山. 电气工程师自学成才手册(基础篇)[M]. 北京：电子工业出版社,2018.

[6] 普源精电科技有限公司. DG1022 双通道函数/任意波形发生器用户手册[M]. 北京：北京普源精电科技有限公司,2008.

[7] Tektronix. DPO 2000 和 MSO 2000 系列示波器用户手册[M]. 上海：泰克科技（中国）有限公司,2003.

[8] 普源精电科技有限公司. DP 800A 系列可编程线性直流电源用户手册[M]. 北京：北京普源精电科技有限公司,2013.

[9] Altium 中国技术支持中心. Altium Designer 19 PCB 设计官方指南[M]. 北京：清华大学出版社,2019.

[10] 陈颖琪,袁焱,李安琪,等. 电子工程综合实践[M]. 北京：清华大学出版社,2016.

[11] 王剑,刘鹏,李波,等. 嵌入式系统设计与应用——基于 ARM Cortex－A8 和 Linux[M]. 2 版. 北京：清华大学出版社,2020.

[12] 廖建尚,张凯,郝丽萍. 面向物联网的 Android 应用开发与实践[M]. 北京：电子工业出版社,2020.

[13] 张冬玲,杨宁. Android 应用开发教程[M]. 北京：清华大学出版社,2013.

[14] 冯新宇. ARM Cortex－M3 嵌入式系统原理及应用：STM32 系列微处理器体系结构、编程与项目实战[M]. 北京：清华大学出版社,2020.

[15] YIU J. ARM Cortex－M3 与 Cortex-M4 权威指南[M]. 3 版. 吴常玉,曹孟娟,王丽红,译. 北京：清华大学出版社,2015.

[16] 付强. 物联网系统开发：从 0 到 1 构建 IoT 平台[M]. 北京：机械工业出版社,2020.

[17] HILLAR C C. MQTT Essentials—A Lightweight IoT Protocol[M]. Birmingham：Packt Publishing,2017.

图 书 资 源 支 持

感谢您一直以来对清华版图书的支持和爱护。为了配合本书的使用，本书提供配套的资源，有需求的读者请扫描下方的"书圈"微信公众号二维码，在图书专区下载，也可以拨打电话或发送电子邮件咨询。

如果您在使用本书的过程中遇到了什么问题，或者有相关图书出版计划，也请您发邮件告诉我们，以便我们更好地为您服务。

我们的联系方式：

地　　址：北京市海淀区双清路学研大厦 A 座 714

邮　　编：100084

电　　话：010-83470236　010-83470237

客服邮箱：2301891038@qq.com

QQ：2301891038（请写明您的单位和姓名）

资源下载：关注公众号"书圈"下载配套资源。

资源下载、样书申请　　　图书案例

书 圈

清华计算机学堂

观看课程直播